生态文明之绿色术语

符济湘 编著

中国建筑工业出版社

GREEN
TERMS
for
ECOLOGICAL
CIVILIZATION

前　言

　　值此全球关注人口、资源与污染三大危机和人类可持续发展之际，我国提出了"生态文明建设"号召，指明了占全球人口近五分之一的国人今后应走的"环境友好"之路；也明示了国家与全民肩负着建设生态文明的重任。这本小册子源于作者的学习笔记；退休后，在近二十年的相关专业活动中曾遇到不少生态领域问题，诸般困惑伴随着几十年建筑规划与设计工作中对"空间"和"物质"的触摸和领悟，促使个人在对上述领域的不断学习、请教与查录当中积累所得、整理成籍，供自习之外还愿献给读者共享。书中试以生态学的视角，以条目的方式，环绕"生态文明建设"分别记述了"生态"、"景观"、"环境"、"城市"和"建筑"五个专题及相关学科的基本概念，同时附有大量的英语对应术语，有助于进一步阅读国际文献。之所以这样安排五个专题陈述，是因为它们之间既有其内在的紧密关联，又都分别直面你我的生存和世代的发展。

生态

　　"生态学"这个名称出现于 19 世纪下半叶，因此常被人们视为新的学科，实则生态与环境问题研究，自有人类活动以来就已开始，一直伴随着人类文明而出现、而发展。生态学原本是研究生物有机体同其生存环境间相互作用的学科。应该说，继渔猎和游牧而出现的农业定居，就是文明发展史中的一个重大转折，要建设农田，就要大力改造环境，当可视为最古老的生态工程。况且相应的住所建造、道路配置，甚至带轮车辆的发展都相继而来。更重要的是，粮食的增加为专业手工业者、商人以及智力工作者提供了社会分工的可能性。继之文字的出现更便利了知识积累和传承，成为今日文明的基础。畜牧业和农业的实践迫使人们去研究环境对动植物的影响，而这些朴素观察及实验验证便成为后来动物生理学和植物生理学的内容，如今则又被归属于个体生态学的名下。产业革命以后，人类从农业社会先后步入工业社会，环境问题与日俱增，生态学研究随之发展，曾经着力于当时的区域性生态环境治理与保护。20 世纪中叶，动物生态学和植物生态学趋向结合，生态学的研究重心转向生态系统，及至 20 世纪 70 年代以后，在环境、人口、资源世界性问题的影响下，生态学的研究迅速与其他学科相互渗透、交叉，不断扩大学科内容和边界，成为一门综合性的学科。回顾生态学的发展，可知，它本来就是建立在众多生物学分支学科的基础之上，渊源深远。它的整合本是从进化论得到启发，英国博物学家达尔文提出用"自然选择说"来解释物种形成和生物进化，德国动物学家海克尔却发现这个所谓的"自然"正是广义的生物环境的概念，于是倡议以"生态学"一词冠名这个多科合流的综合领域。此刻，本书生态专题内各条目所探讨的内容，实质上涵盖了全书涉及的基本学理。

景观

景观属于生态学的研究对象，景观生态学曾被视为一种大尺度的生态学，且随观测手段的发展，由目视所及范围一直扩大到卫星的视野，逐渐融入全球生态学的领域。考其发展，在人类出现之前，地表覆盖的都是自然景观，各种生态系统和谐并存，其类型主要由当地自然条件（气候、水文、土壤）所决定，而其界线则多与自然地理屏障相符。及至人类出现，人工构筑物打碎了自然景观中的镶嵌格局，例如溪流被填、自然生态系统碎裂、系统代谢途径被打乱、物流和能流受阻。动物本可自由迁徙之处被道路或人工界障所割断。原本可以自我维持和自我调节的自然系统，到了人工系统中，不仅需要人类投入大量辅助能量和物资，而且所产废物超出环境自净能力，积累成灾，毒害自身，这就要求我们在大尺度的范围内对人工系统进行合理调整（已建的）或规划（待建的）。而这正属于土地规划和城镇规划工作的范围。实际上景观研究就是在欧洲一些国家中随着土地规划工作而兴起；说明景观生态学对区域规划的重要性。

环境

所谓环境科学，它是一个多科合流的综合学术领域。在科学（science）与技术（technology）之间，它更偏重于后者。直到今日，它究竟是一门统一学科（environmental science）还是一个学科群（environmental sciences），尚在争议之中。不可否认，环境问题之所以引起人们的注意，甚至引起联合国开专门会议来讨论、来设法解决，首先是震惊世界的区域环境污染事件。但随后，当我们用生态学原理来梳理这一切环境问题的缘起和发生时，就会发现交织在一起的还有人口问题、资源短缺问题等，特别是对不可更新资源的滥用，于是又导致了可持续性（sustainability）和生物多样性（biodiversity）等问题在联合国的探讨。环境问题是伴随工业化和都市化而出现的。生活垃圾（包括病人排泄物）污染了饮水源，导致疫病发生。继而是工业污染的频发，但污染导致的病害发病徐缓一时难以明确归因于污染，一直到 1952 英国首都伦敦的烟雾事件惊动了当权者，这才引发英国政府的反污染举动。其他国家对污染的响应也同样地缓慢，到了 20 世纪六七十年代，一些发达国家虽相继采取了行动，但污染事件仍然频发，且规模不断增加。酸雨经气流携带可影响多国，瑞士的化工产品流入莱茵河污染了下游多个国家，废气排放导致的温室效应更是波及全球。于是环境问题成了近些年联合国面临的主要议题之一。本书"环境"专题对这些发展作了简单回顾，书中专题既介绍了有关环境科学、学术研究及发展、环境保护与评价、可持续发展等宏观的一面，又阐述了人类与环境间相互关系的实际问题，包括如：区域性公害事件及其防治、全球环境破坏及相关国际行动、全球三大危机的相关内容及全球治理等。

城市

生态学中曾出现城市生态学这个分支，有的学者把城市看作一个超级生物体（super-organism），甚至把城市内的能流等同于一个生态系统中的能流，其实两者有着本质的差别。对于现代的城市规划来讲，从景观生态学中倒是可以得到许多启发和借鉴。早期对城市作大功能分区（zoning）、依赖汽车交通联系的观点，现已受到很大的质疑。很多学者更倾向于小型的、交通方便的紧凑型建筑群，鼓励步行和自行车等绿色代步工具。强调建筑的多样性，力求做到住宅、工作地点、商店、医院、学校、娱乐场所以及反映当地历史特色的小规模建筑组群、广场、园林等综合配置，且都在步行可达范围。总之，一个绿色的、和谐的人文环境更成为人们的追求。这一切在本专题内都有所涉及。"城市"专题条目除理论介绍了城市的生态学、生态系统、物质循环以及人类对城市的历史探索与现代追求外，并定量地陈述了城市作为人造环境以及其中工业、建筑、交通、生活等方面的巨大消耗、严重污染及其治理，交通问题与规划以及农村城镇化等。当前，如何本着生态学原则建设城镇，特别是如何建设好农村城镇，是我国建设面临的关键问题之一。

建筑

建筑学同生态学两者之间，应说在本质上是相通的，因为建筑本意就在于为其中人群创造一个有益健康并便于生活和工作的建筑环境（built environment）。受生物学的启发，人们现在看问题更加全面了，开始考虑到一个建筑的整个生命周期（whole life cycle），包括由选址、设计、备料、建造，直至建成后的运行、维护、更新，再到最终拆毁、废料处置、土地再利用等全过程。但考察目前的建筑业，仅建筑材料（钢铁、水泥、玻璃等）的生料开采，成品制造和运输就已是国民经济中的耗能特大户。而在运行期间，建筑的照明、保温、通风等能耗也极为可观。及至建筑的更新、改建他用，以及最终拆毁、废料处置、土地再利用等环节处处都需能耗。其实，这一切还不仅只是个能源消耗问题，还是个排污和废物循环利用问题。例如化石燃料消耗产生的 CO_2 是最主要的温室气体，是使地球变暖的罪魁祸首。惊人的是全球建筑业排放所占其中份额竟居首位。因此，全建筑业的节能减排已是当务之急，是建筑学急需考虑的重大课题。根据生命周期观点，一个建筑在每个环节都必须达到节能减排才能称为"环境友好的"、"可持续的"，也即"绿色的"建筑。本书"建筑"专题条目着眼于"建筑是城市的细胞，是节能减排的基点"，定量陈述了建筑全寿命周期中的能源、资源、土地、材料、人工等消耗，以及如何在建筑全寿命周期中不同阶段的节能、节水、节材与减排，重点介绍了当今建设生态文明事业中这个举足轻重的大课题。

从农业社会过渡到工业社会、从蒸汽机时代升级到电气时代、从两次世界大战到战后的和平建设，多少个世纪以来，人类为了自身生存和发展，而又限于认识和技术能力，往往在利用和改造自然界的过程中对环境造成污染和破坏，从而相应产生危害生物资源、危害人类生存等意外后果。以至于到 20 世纪 50~60 年代陆续爆发了震惊世界的区域性污染公害事件，成为重大社会问题。尽管当时人们全力以赴治理区域性污染，但由于人类无限扩大地开采自然资源，无偿和无节制地利用环境，使生态破坏以更快的步伐席卷全球。及至 20 年后的 20 世纪 80 年代，环境回报人类的则是：全球性大气污染、大面积生态破坏、突发性严重污染事件迭起，资源短缺、生物多样性锐减，以及随之而来的能源、资源、饮水、住房、灾害等一系列全球问题。

事实证明，无论人类创造了多么空前巨大的物质财富和前所未有的社会文明，人类与环境的关系已不自觉地走向了对立，对环境的污染、治理、再污染、再治理，以及对不可再生自然资源的消耗、再消耗、无尽消耗，将会使人类陷入不能持续生存的危机之中。只有遵循生态学所指出的客观规律，走"环境友好"之路，人类才能实现"永续生存"、造福自身、贻惠后人。联合国于 1987 年发表并通过的报告《我们共同的未来》中首次提出"可持续发展"概念及相关建议，表明人们终于认识到环境保护的目的不再仅是控制和治理污染、消除公害，更重要的是自然保护、生态平衡以及维持人类持续发展的资源。"持续发展"新观念迅速得到普遍接受，"保护全球生态环境是全人类的共同责任"则已成为世界各国人民的共识。

最近，中国将"生态文明建设"列入了建设中国特色社会主义总体布局的"五位一体"之中，充分认识自身肩负着迎战全球三大危机的重任。作为个人的响应，《生态文明之绿色术语》则谨为各界广大读者在实现"中国梦"的征程中提供"千里之行始于足下"的绿色一步。全书既可供系统专题阅读，又可用作词语工具手册按具体名词或问题去查阅所需内容，书中为这双重目的提供了检索条件。

应作者之邀，本书有幸承中国大百科出版社的编审、老友全如瑊先生，对书稿的写作进行了多方指点。全先生曾在大百科出版社编辑《生物科学》等多部专集，曾于20世纪80年代在北京大学生物系讲授"生态学"，并于20世纪90年代获维也纳大学及联合国教科文组织INFOTERM全球术语网联合颁发的[Eugen Wüster]特殊奖，以及从20世纪90年代起主编美国出版的英文期刊《国际临床针灸杂志》达10年之久。他曾为本书的定向、构成与资料补充给予了长期大力帮助；脱稿之前全书曾经由作者女儿符峥进行校对；我的挚友、国内微振动控制技术专家俞渭雄先生，对本书的问世给予了深切关心与帮助，并作为第一读者对书稿提出了宝贵的修改意见；此外，台湾出版界清华老友戴吾明先生对本书给予了不断关注，一并深深致谢。

承老友、清华校友、前世界华人建筑师协会副会长兼秘书长，吴国力先生的大力支持，使本书得以顺利出版；并承清华校友、建筑大师何玉如先生为本书封面题字，均此致谢。

最后，铭感至深的是，八年耕耘背后作者妻子付容敷的默默奉献与坚强支撑。

2014冬，符济湘于北京

目　录

02 | 景观

03 | 环境

04 │ 城市

05 | 建筑

01 生态

生态学（ecology）

1. 生态学与生命组织层次

生态学是研究生物与生物之间以及生物与其非生物环境之间交互作用的学科。生态学的英文 Ecology 来源于希腊文，Eco 这个字头本有家、住所或栖息地的意思，logos 是道理、学问、科学或研究的意思。在这里把"Eco"引申为"生物栖居地"即生物环境的含义。

一个生物个体所处的环境可分为两个部分：(1) 狭义的环境常仅指非生物环境（abiotic environment 或 physical environment）。(2) 广义的环境还包括生物环境（biotic environment），即其他一切栖于同一生境（habitat）的生物，包括动物（animals）、植物（plants）、原初生物（protists，一切单细胞生物及它们近缘的多细胞后裔）、真菌（fungi）和细菌（bacteria）等，其中既有我们赖以为食的动植物，也有危害我们的微生物、寄生虫等。

正是出于这种考虑，有的学者把生态学称为环境生物学，把它视为环境科学的一个分支。但"环境（environment）"一词在用法上，更侧重于当今人类面临的重大环境问题，如污染、人口暴增、资源短缺等。而生态学则多着眼于基础生物学问题，如生物群体动态、生物间相互作用、生态策略与进化、系统能流和系统稳定性等。

其实，生态学更可视为进化生物学的一个分支。18~19 世纪博物学（natural history，也可译为自然史）盛行，它强调对地表宏观现象的直接观察，重点是动植物和有关的地学现象；history 一词指出了它重视历史的观察，重视事物的起源和变化。大博物学家（naturalist）如德人洪堡（Humboldt, Alexander von，1769~1859）和英人达尔文（Darwin, Charles，1809~1882）及华莱士（Wallace, Alfred, 1823~1913）等都曾远航异域，考察了各地多样的自然世界。进化论和生态学就脱胎于这个传统。1859 年达尔文发表其进化学说后，德国动物学家海克尔（Haeckel, Ernst，1834~1919）就于 1869 年提出生态学这一概念，并指出："……in a word, ecology is the study of all those complex interrelations referred to by Darwin as the conditions of the struggle of existence.（……一言以蔽之，生态学就是研究达尔文称其为生存竞争的条件的诸般复杂相互关系的学科。）"达尔文在进化论中提出的生存竞争（struggle for existence）和自然选择（natural selection）等概念被中国学者概括为"物竞天择"四字，言简意赅。这里的"自然"和"天"字指的正是生物赖以生存、繁衍的条件和资源，也就是广义的生物环境，正是环境选择了哪个生物得以生存并将其基因传递下去。

自然界中，有多种多样的生物体构成了生物圈，这是地球与其他星球最根本的区别。这些形式多样、丰富多彩的生命体尽管都以个体的形式存在，但是它们从来都不是孤立的，由于亲缘和生态关系使它们彼此之间以及与环境之间都有着不可分割的联系，形成了不同层次的生命系统。学术界把生命的组织层次简称生命层次或组织层次（level of organization），分为：个体、种群（population）（是指在一定时空中同种〈conspecific〉①个体的组合）、群落（biotic community 或 biocoenosis）（是指在一定时空条件下各种生物种群的有规律的集合）、生态系统（生态系统是在一定空间内由生物成分和非生物成分组成的一个具有生态学功能的综合体中，生物与其栖息的环境之间不断地进行着物质循环、能量流动和信息传递）以及生物圈这几个层次。生物圈（biosphere）是一个以物质和能量流循环为其特点的大系统，它为整个地球上所有生物体的生存和繁殖提供了必需的物质和能量，生物圈内物质和能量的循环是生命存在的根本条件与保障。显然，开展生物圈这个层次的研究，对于保护物种、保护地球上生物的多样性、保护人类的生存环境是至关重要的。

2. 定义

第一位给生态学（ecology）以确切定义的人是 E. 海克尔（Ernst Heinrich Haeckel 1834~1919，德国动物学家）。他给生态学的定义：生态学（ecology）是研究生物与其周围环境——包括非生物环境和生物环境的相互关系的科学。显然，海克尔 1869 年的这个定义在此强调的是相互关系或相互作用（interaction），即生物与非生物环境（如温度、水、风等）的相互作用和生物与生物环境（如同种或异种的其他生物）的相互作用。而生物之间的相互作用又可以分为同种生物之间和异种生物之间的相互作用，即种内相互作用和种间相互作用。前者如种内竞争，后者如种间竞争、捕食、寄生和互利共生。

---

① 同种。对于动植物这些营有性生殖的物种（species）来讲，我们一般是采用生物学种（biological species）的概念，即一切可以相互自由交配育种（free interbreeding），把它们的性状（trait）代代遗传下去的生物群体称为同种，即同一个物种（马和驴是不同的种；马和驴可以交配并生出骡，但骡不复能生育，因而马和驴不属同种）。此外还有一个更广义的物种概念，全世界的马都是同一个种，只是因地理隔离，实际上无法相互交配，理论上它们仍然属于同种。本文则只采用狭义的定义，即仅指同一生境中的群体，这样我们才能谈得到一个个彼此独立的种群。生物学种是个可操作的定义（operational definition），为了要证明两群生物是否同种，只需做个交配试验。只是这个定义对于古生物行不通。对于细菌等营无性繁殖的生物，也不适用。

一些著名生态学家曾结合各自不同的研究对象与研究重点，对生态学的定义有过不同的探讨。1927 年，英国生态学家 C. S. Elton 在最早的一本《动物生态学》中，把生态学定义为"科学的博物学"；1954 年，澳大利亚生态学家 H. G. Andrewartha 和 L. C. Birch 在他们的著作《动物的分布与多度》这本当时被广泛采用的动物生态学教科书中提出，生态学是研究生物的分布和多度的科学。两位学者是动物生态学家，强调的是种群生态学。其实早在 1909 年，植物生态学家 E. Warming 就曾提出植物生态学研究"影响植物生活的外在因子及其对植物……的影响"。1932 年法国的 J. Braun-Blanquet，也曾把植物生态学称为植物社会学，认为它是一门研究植物群落的科学。20 世纪 60 ~ 70 年代，动物生态学和植物生态学趋向汇合，生态系统的研究日益受到重视，并与系统理论相交叉。在环境、人口、资源等世界性问题的影响下，生态学的研究重心转向生态系统，所以又有一些学者提出了新的定义。美国生态学家 E.Odum（1958）提出：生态学是研究生态系统的结构和功能的科学。这些定义反映了他们各自的研究热点，不过都有其局限性。

虽然诸位学者给生态学下的定义很不相同，但是归纳起来大致可分为三类：第一类研究重点是博物和进化；第二类强调的是动物的种群生态学和植物的群落生态学；第三类则是生态系统生态学。这三类定义代表了生态学发展的不同阶段，强调了基础生态学的不同分支领域。

生态学这个名词的提出已有一百多年历史，海克尔 1869 年提出的定义，尽管有所不足，但至今仍被广泛应用，普遍被科学家们所接受。因此，我们可以认为："生态学是研究生命系统与环境系统相互作用的规律及其机理的科学"。

生态学的形成和发展经历了一个漫长的历史过程，概括地讲，大致可分为四个时期：生态学的萌芽时期、生态学的建立时期、生态学的巩固时期、现代生态学时期。也有学者将前三个时期统称为经典生态学时期，以 20 世纪 60 年代为分界线，即 20 世纪 60 年代以前为经典生态学时期，20 世纪 60 年代以后进入了现代生态学时期。

生态学的大量研究内容都是关乎生物及其生物环境的。同种生物组成种群。一个生境中总是多种生物夹杂在一起，进行着种种复杂的交互作用。这样组成的总体在生态学中称为群落。此中最典型的关系要数营养关系：植食动物以各种植物为食，肉食动物以其他动物为食，杂食动物兼食动植物。最终，动植物遗骸成为微生物的食物，有机物质被分解为无机物质回归自然。生态学的研究内容可大体归纳如下：

（1）研究种群的自然调节规律——种群所处环境的空间与资源有限，只能承载一定数量的生物，当环境无明显变化且其中的生物数量趋于饱和时，某物种数量的走向与其增长率的走向两者相反，密度增加到一定程度则增长率会下降甚至成为负值，从而使种群数量减少，反之亦然；最终达到环境允许的稳定水平。研究这种自然调节规律有利于指导生产实践，例如：在不伤害生物资源再生能力的前提下，合理制定渔业捕捞量及林业采伐量等。

（2）研究物种间相互依赖和相互制约规律——生物群落中任何物种同其他物种间都存在相依相制的关系。例如：食物链。食物链中相邻的物种，捕食者的生存依赖于被捕食者，其数量也受被捕食者的制约，反之被捕食者的生存和数量同样受捕食者的制约，致使两者间的数量保持相对稳定。再如：竞争。物种间常因利用共有的资源、空间和食物而展开竞争，在长期进化的过程中，竞争导致物种生态特性的分化，生物群落形成一定的结构关系，甚至各取所需、互不干扰，如森林中既有高大喜阳的乔木，又有矮小耐阴的灌木；林中动物既有昼出类、也有夜行类，使竞争最终得到缓和。又如：互利共生。地衣中的菌和藻、大型草食动物依赖胃肠道中的寄生微生物帮助消化，都表现了物种间的相依关系。以上所述的相依相制，促成生物群落的生态平衡，平衡的破坏常可导致某种生物资源的永久消逝。

（3）研究物质的循环再生规律——生物与其非生物环境的关系，得到人类的关注更早。例如植物生理学的一个重点课题就是研究天气（日照、气温、降雨）和土壤营养成分对植物的生长和繁殖的影响，而这正是农、林、牧等业的关心所在。但自20世纪三四十年代前后，生态学家开始使用能量的观点来观察生态现象，人们才逐渐建立一个完整的生态系统观念。这是一个由能量驱动的、把非生物环境和群落联系到一起的系统：从太阳能被绿色植物和蓝菌吸收用以建造生物组织，而这组织又以食物的形式将能量传递给各级动物及微生物，维持整个生物界的生命活动，最后以热能的形式散失回大自然。

生态系统的代谢功能就是为了保持生命所需物质的不断循环再生。阳光提供的能量驱动着物质在生态系统中不停地循环流动，随着生物的进化和扩散，环境中大量无机物质被合成为生命物质，形成了广袤的森林、草原以及生息其中的飞禽走兽。人们在改善自然的过程中，必须尊重物质代谢规律，合理开发生物资源，不可竭泽而渔，还要控制环境污染，不要损害人类与其他生物的生活环境。

（4）研究生物与环境的交互作用规律——生物进化是生物与环境交互作用的产物。生物在生活中不断从环境输入并向环境输出物质；而被生物改变的物质环境反过来又影响或选择生物，二者朝着相互适应的协同方向发展，这就是通常所说的自然演替。在改造自然的活动中，人类自觉或不自觉地违背了自然规律，伤及了环境、损害了自身，例如：滥采、滥伐、滥捕，造成了资源的短缺或枯竭；大量的工业污染直接损害着人类的健康，这些正是人与环境交互作用的结果，是大自然遭破坏后所产生的反作用。

生物圈（biosphere）

地球环境与人类及生物的关系至为密切,也有人称其为"地理环境（geoenvironment）",又称"全球环境"或者叫"生物圈"。生物圈（biosphere）是指地球表面的一层,是由地球上的全部生物和一切适合于生物栖息的场所组成的地球上最大的生态系统;它是开放的、动态的系统;它包括岩石圈（lithosphere）的上层、全部水圈（hydrosphere）和大气圈（atmosphere）的下层。生物圈底部在太平洋最深的海槽处,大约为海平面以下11km;至顶部大约从地球表面向上23km的高空,总共不到约30km,是整个人类生活和所有生物栖息的场所;这里有水、空气、土壤和阳光,温度比较适中,能够维持生命。岩石圈是所有陆生生物的立足点,土壤中还有植物的地下部分、细菌、真菌和大量的无脊椎动物和掘土的脊椎动物。在大气圈中,生命主要集中于最下层,也就是与岩石圈的交界处。水圈中几乎到处都有生命,但主要集中在表层和底层,生物圈是人类生存和活动的基地。在这些圈层界面上生活的生物把各个圈层密切地联系在一起,并推动各种物质循环和能量转换。

生物圈不仅构成人们生活的环境,而且是资源的主要来源。但在生物圈不断向人类提供各种资源的同时,又不断地受到人类活动的干扰,简单地"征服自然"、"向大自然索取",并把生产、生活的大量废物以及有毒物质任意倾倒和排放,形成了全球性的生态环境恶化,如全球变暖、臭氧层破坏、酸雨等。人类若要在地球上生存和发展,就必须保护好生物圈,珍惜现有的各种资源,充分利用生态系统的相互作用,让资源得到有效的循环使用。

为了改善人类的生存条件,谋求与大自然和谐发展,必须更深入地研究人与其他生物之间的相互关系,必须深刻地了解时空、物质和信息的运转机制。早在1971年联合国就制订了"人与生物圈"（MAB）的研究计划,谋求协调人与生物圈的关系,合理地开发和利用生物资源,维护和改善自然环境,化害为利,逐步创造出一个适于人类和各种生物生存的美好环境。

种群（population）

种群指同时生活在一定空间中的同种生物。但一般媒体常仅指population为人类种群（human population）,更常仅指人类种群数量,即人口。

生物个体在自然界是不能长久单一生存的，必须形成种群（或称群体），相互依赖、相互制约才能长期生存。种群（population）即指在特定时间内，分布在同一区域中生活和繁殖的同种生物个体的有机集合。如湖泊中的所有草鱼就组成了草鱼种群。同一种群内的个体栖息于共同的生态环境（生境）中，分享同一食物来源，并具有共同的基因库，其个体之间能够进行自然交配并繁衍有生殖力的后代，因此，种群是物种存在、繁殖和进化的前提，它具有生物个体所不具备的生命特征，如个体密度、年龄及性别比率、出生及死亡率、迁入及迁出率、种内和种间关系等。

随着研究的深入，人们又发现，把在一般动物身上适用的种群概念应用到植物身上就存在问题。一般动物成体的大小、体重，以及附肢和器官的数目基本相近或相同。但分育在不同环境的同种成体植物，枝条的数目和个体生物量却可千百倍地相异。而且，进行营养繁殖的竹和芦苇可蔓延扩展覆盖广大地面，地下部分相连应视为同一个体，但将相连部分断裂，却又演变为各个独立成活的群体。事实上，很多高等植物的枝条都可插地成活。后又发现，这不限于植物，某些营固着生活的动物如腔肠动物也是如此。于是乃发展出组件生物（modular organism）的概念。组件指植物的枝条和腔肠动物的螅状体等可以随着环境资源的供应而不断产生的体部。组件生物正是由这些组件组合而成。组件不像一般单体生物（unitary organism）的附肢、器官，它们并无定数，且具有一定相对独立性，甚至断离后可独立存活。

对于这些营固着生活的组件生物来讲，它们的种群结构分为两个层次：个体层次和组件层次。当研究种群的生物量、种群的新陈代谢、种群在系统能量流中所占的份额时，必须要考虑组件层次。而在把种群作为遗传单位和进化单位来分析问题时，个体层次才是重要的。

同种生物的个体，既有相似性（大同），却又千差万别（小异）。这是因为它们还有大量不同的基因，它们的共性只有一点，就是它们可以相互交配繁育。交配意味着基因的流动和重组（recombination），重组意味着新基因型（genotype，一个个体全部基因的组合）的产生，而新的有利性状被环境选择下来就是进化。一个种群的所有个体的全部基因称为基因库（gene pool），既然种群内部的基因可以自由流动，我们就说："这些个体共享一个基因库"，这是种群的最基本特征。

研究种群常常要调查种群的大小和密度。对于静止的植物，在单位面积中直接计数便可。对于活动的动物常用的一种方法是标记重捕法（mark-recapture），即捕捉第一次样本，加以标记并释放，估计已标记的动物在总体中再均匀分布后重捕，根据第二次样本中的标记比例即可估计总量。

种群的大小总是在变动中，有新个体出生或迁入则种群增长，有旧个体死亡或迁出则种群缩小。在这里，出生率、死亡率、迁入率和迁出率是决定种群消长的主要参数。在稳定的种群里，种群消长主要取决于出生和死亡，这两者造成的变动又称为自然消长，但这两者又受种群的性别组成（sex composition）和年龄组成（age composition）的影响。一个雄性可以和多个雌性交配，但只有雌性才是生育的主体，因此性别组成中雌性较多时，种群趋向增长。而在年龄组成中，繁育年龄个体所占比例高时，出生率增加；老龄个体所占比例增加时，死亡率增加。

此外，在繁育关系和资源分配上，种群内部也常形成种种体制。例如在交配体制（mating system）上有单配偶制（monogamy），即一夫一妻制和多配偶制（polygamy），后者又分为一雄多雌制（polygyny）、一雌多雄制（polyandry）和乱交制（promiscuity）。很多动物还有领域行为（territorial behavior），对环境资源进行划分。在取得食物资源后，很多动物另对分配还有一定的安排，如鸡群中的啄食顺序（pecking order）。

种群生态学（population ecology）

种群生态学是研究生物种群规律的科学，即研究种群内部各成员之间，种群与其他生物种群之间，以及种群与周围非生物因素的相互作用规律的科学。其核心内容是种群动态（population dynamics）研究。种群动态学主要研究种群特征的变动或种群数量在时间上和空间上的变化规律及其变化原因（调节机制）。种群可以因出生或迁入新个体而增长，也可因死亡或迁出旧个体而减少。因生死造成的变化常称为自然增减，因迁入迁出造成的变化常称为机械增减。出生率、死亡率、迁入率和迁出率是研究种群动态的主要参数。种群是人类开发利用生物资源的具体对象，因此，通过对种群的研究，掌握自然种群动态的规律，便可以更好地计划如渔捞量、毛皮兽猎取量以及野生动物的经济利用等，可以了解例如有害动物或杂草、经济动植物物种、濒危物种等的种群数量变化，从中探明这些物种的可利用程度、危害程度，以及濒危程度等，对农林业的害虫、害兽以及传播疾病的动物进行有效防治。有助于合理利用与保护生物资源、有效地防治病虫害。

种群特征（population characteristics）

种群特征指同种生物结成群体之后才出现的特征。由于种群是由同一物种的个体集合而成的，所以种群具有可以与个体相类比的一般性特征。例如，个体有出生、死亡、寿命、性别、年龄、基因型、是否处于繁殖期等特征，相应地，就种群来说，有出生率、死亡率、平均寿命、性比例、年龄结构、基因频率、繁殖期个体百分数等，在这个意义上说，种群反映了该种群中每个"平均"个体的相应特性。但种群作为更高一级的结构单位，还具备了一些个体所不具备的特征，如种群密度及密度的变化、空间分布型，以及种群的扩散与积聚等。特别是种群具有按照环境条件的变化而调节自身密度的能力。种群是一个自我调节系统，借以保持生态系统内的稳定性。

1. 空间分布

种群的空间分布（spatial distribution of population）是指种群中的个体在其生活空间中的位置状态或布局。由于自然环境的多样性，以及种内种间个体之间的竞争，每一种群在一定空间中都会呈现出特有的个体分布形式。一般来说，种群的空间分布有三种类型（distribution pattern），即均匀型（uniform population distribution）、随机型（random population distribution）和集群型（clumped population distribution）。其一是均匀分布，即个体之间保持一定的均匀距离，在空间的分布是均匀的。这只有在农田或人工林中，植物为竞争阳光（树冠）和土壤中营养物质（根际），才会出现的分布格局。其二是随机分布，即每一个体在种群中的分布是偶然的，随机的。机会相等，并且不影响其他个体的分布。彼此不呈现相互吸引或相互排斥，例如森林地被层中的一些蜘蛛。其三是集群分布，即种群内的个体分布不均匀，形成许多密集的核心（团块），这是最常见的分布型。造成这种分布的原因是：（1）环境资源分布不均匀；（2）以母株为扩散中心的植物种子传播；（3）动物的社会行为使其结合成群。

2. 数量

种群的大小通常用种群密度（population density）表示，指在一定时间内单位面积或单位空间内的个体数目，它随时间而变动，例如，在 $10hm^2$ 荒地上有 10 只山羊。此外，还可以用生物量来表示种群密度，它是指单位面积或空间内所有个体的鲜物质或干物质的质量，例如，$1hm^2$ 林地上有栎树 350t。

种群密度分为绝对密度（absolute density）和相对密度（relative density）。前者指单位面积或空间上的个体数目，后者是表示个体数量多少的相对指标。例如，10 只 $/hm^2$ 黄鼠是绝对密度；而每置 100 夹，日捕获 10 只是相对密度，即 10% 的捕获率。相对密度虽不准确，但可以用来比较种群的大小，在难以对生物的数量进行准确测定时，也是常用的密度指标。

从应用的角度出发，密度是最重要的种群参数。密度部分地决定着种群的散布、种群的生产力、种群的能流和资源的可利用性。野生动物专家需要了解猎物的种群密度，以便调节狩猎活动和对野生动物栖息地进行管理。林学家也把树木管理和对林地质量的评价，部分地建立在树木密度调查的基础上。

3. 年龄结构（age structure）

任何种群都是由不同年龄的个体组成的，各个年龄或年龄组在整个种群中都占有一定的比例，形成一定的年龄结构。研究种群的年龄结构有助于了解种群的发展趋势，预测种群的兴衰。

种群的年龄结构常用年龄金字塔（age pyramid）来表示。纵坐标为年龄段，自下而上年龄递增，横坐标为不同年龄段的个体数，按从小到大龄级比例绘图，即得年龄金字塔，它表示种群的年龄结构分布(population age distribution)。年龄金字塔可分为三个基本类型：金字塔呈典型金字塔形，表示种群中的幼体数量大，而老年个体却很少，是迅速增长的种群，谓之增长型种群（expanding population）；锥体呈钟形，种群中的老年、中年和幼年的个体数量大致相等，谓之稳定型种群（stable population）；锥体呈壶形（基部比较窄，顶部比较宽），种群中幼体所占的比例很小，而老年个体的比例较大，种群死亡率大于出生率，种群数量处于下降状态，谓之下降型种群（diminishing population）。

4. 性比例（sex ratio）

性比例是指种群中雄性个体与雌性个体的比例。通常用对应于每100个雌性的雄性数来表示，即以雌性个体数为100，计算雄性与雌性的比例。不同生物种群具有不同的性比例特征。人、猿等高等动物的性比例为1；鸭科等一些鸟类以及许多昆虫的性比例大于1；蜜蜂、蚂蚁等社会昆虫的性比例小于1。

性比例影响着种群的出生率，因此也是影响种群数量变动的因素之一。一般来说，种群中雌性个体的数量适当地多于雄性个体有利于提高生殖力。

5. 种群计量（population count）

种群统计是反映种群的初始和变化状态的主要手段，主要有四个基本参数：出生率、死亡率、迁入和迁出：

（1）出生率（natality）和死亡率（mortality）

出生率和死亡率是影响种群增长的重要因素。出生率常用生理出生率（physiological

natality）和生态出生率（ecological natality）表示，生理出生率是指种群处于理想条件下（即无任何生态因子限制，繁殖只受生理因素所限制）的出生率，也叫最大出生率（maximum natality）。但完全理想的环境条件，即使在人工控制的实验室也是很难建立的，因此，最大出生率在一般情况下是不存在的，只作为度量的指标，对各种生物进行比较。生态出生率是指在一定时期内，在某个真实的或特定的环境条件下种群实际繁殖的个体数量，它随种群的组成和大小、自然环境条件而变化，也叫实际出生率（realized natality）。

死亡率是在一定时间内死亡个体的数量除以该时间段内种群的平均数量。死亡率同出生率一样也可利用生理死亡率（physiological mortality）和生态死亡率（ecological mortality）来表示。对野生动物来说，生理死亡率同生理出生率一样是不可能实现的，它只具有理论和比较的意义。生态死亡率即实际死亡率，指在某特定条件下实际丧失的个体数，它随种群状况和环境条件而改变，除一部分个体能活到生理寿命，多数死于被捕食、饥饿、竞争、疾病和不良气候等。

种群的数量变动首先取决于出生率和死亡率的对比关系。在单位时间内，出生率与死亡率之差为增长率，因而种群数量的大小，也可以说是由增长率来调整的。当出生率超过死亡率，即增长率为正时，种群数量增加；如果死亡率超过出生率，增长率为负时，则种群数量减少；而当出生率和死亡率相平衡，增长率接近于零时，种群数量将保持相对稳定状态。

（2）迁入（immigration）和迁出（emigration）

迁入和迁出是种群变动的两个主要因子，它描述各地方种群之间进行基因交流的生态过程。迁入率（immigration rate）是指单位时间种群的迁入个体数占种群个体总数的比值；迁出率（emigration rate）则是指单位时间种群的迁出个体数与种群个体总数的比值。而种群的迁徙率（migration rate）就是指一定时间内种群的迁出数量与迁入数量之差与总体数量的百分比。种群的迁出或迁入影响着一个地区种群的数量变动，有些自然种群持久的输出个体，保持迁出率大于迁入率，有些种群只依靠不断地输入才能维持下去。植物种群中迁出和迁入的现象相当普遍，如孢子植物借助风力把孢子长距离地扩散，不断扩大自己的分布区，种子植物借助风、昆虫、水及动物等因子，传播其种子和花粉。这种远距离的基因交流，避免了近亲繁殖，使种群的生殖能力增强。

迁入和迁出过程的研究比较复杂和困难，一些种群由于其分布缺乏明显的界限，造成边界难以划定，而且迁入和迁出的研究方法也有待进一步完善。目前对种群迁移率的测量方法研究尚少。

人类种群（human population）

人类种群是指同时生活在一个地区的人群总体。

此词也可译为人口，仅指人群总量。这是报刊上的惯常用法，甚至不带"人类"二字，也常被用以专指人口。阅读和翻译时需加以区分。

作为生物种群的一类，人类种群也遵守一般的种群规律（参见种群）。但人类作为顶级的优势物种，特别是近一二百年来随着科技的发展拥有了巨大的改造自然的本领，已然大大地改变了自然的面貌，这其中既有开发、建设，也有浪费、破坏。现在人们普遍认为，人口暴增（population explosion）、资源紧张和环境污染是人类面临的三大世界性问题。而人口、资源和污染三者中，人是其中的主导因素，资源是人消耗的，大量污染是人制造的，而人类是有理性的，可以自律，可以自我调节。因此，人类种群特别是其中数量方面的研究已成为社会科学、生物医学、环境科学诸多学科的核心课题，而人口调节亦成为当务之急。

由生物学角度来看人类种群，至少有两个方面需要考虑：数量和质量。质量方面涉及种群的基因组成，这里不多谈。但应指出，长期以来多个族群中流行的禁止近亲通婚的习俗，是有其科学根据的。因为经验告诉习俗制定者，这样可以减少某些遗传病的发生，这正是通过调节婚配习俗以达到优生的措施。

回顾历史可以看出，人口是和人类获取资源的本领密切相关。早期人类本领低下，靠采集渔猎为生，只能在气候宜人、天敌少且有四季食源保证的地区生存。学会利用火，一定程度上扩大了食源，火有助保暖、照明、驱避天敌，也扩大了人类的栖居范围。但据估计，公元前七八千年时全球人口也不足 500 万。及至农牧业出现，种植和畜养使生产力大增，有余粮可提供给非食物生产者，促进了社会分工，分化出商人、工匠，以至政、军各业。金属工具、带轮车辆、船舶，以及房舍、道路、桥梁、水渠纷纷开发出来，特别是优良作物和畜禽被选育并流传至各地，这大大刺激了人口的增长。此间虽有多次水旱灾、瘟疫和战争带来负面影响，但估计到 17 世纪世界人口已达 5 亿，近千年中提高了百倍。及至 18 世纪开始工业革命，新能源、新材料和机械化使生产力得到飞跃的发展，特别是这期间，高产作物玉米和马铃薯自美洲流传世界各地，继而化肥、农药的使用以及遗传育种的进步都促进了农业的高速增产。另一方面，主要是公共卫生的开展防止了感染性疾病的传播，降低了婴幼儿死亡率，再加上生活较前富裕，营养改善，延长了寿命。这一切共同导致了人口的暴增，到了 1850 年全球人口已达 10 亿上下，至 1930 更增至 20 亿左右。目前在发达国家中，特别是都市中，妇女大量就业，人口有减少趋势，但发展中国家的人口仍在增加，2013 年世界人口总数已超过 70 亿，中国超过 13.5 亿，约近世界的五分之一。

由上述可见，目前人口之所以成为问题，主要在于地球资源已然难以或者说无法永续满足当今世界人口的需求。这里的关键是可持续性（sustainability）的问题。目前是可更新资源不足，不可更新资源已被大量动用了，这实质上也就是个环境承载量（参见生态策略）的问题。现在还有学者提出生态足迹（ecological footprint）一指标，用以定量刻画人口和地球可更新资源间的供需关系以及环境可消纳的相关污染量。根据几年来的调查，一些富裕国家的生态足迹已远超地球所能提供的可更新资源和环境可消纳的相关污染量了。这个指标还可借以比较不同的生活方式。例如植物性饮食可供养的人口要远多于动物性饮食可供养的人口，也即素食者的生态足迹要远小于肉食者。因为素食直接取自初级生产，而肉食要取自次级生产（参见食物链和生产力）。与素食相比，肉食若直接取自草食动物，要多经过一个营养级；若取自其他肉食动物，则要多经过两个或两个以上营养级。多经过一个营养级，就可能有 9/10 的能量损失（参见生态效率），因此不应盲目追求用肉蛋奶取代粮和菜。

生物交互作用（biotic interaction）

生物交互作用是指生活在同一生境中的生物之间相互施加影响的现象。这种影响可能是有利的，例如促进另一方的生存或繁殖；也可能是有害的，又如使另一方的生存或繁殖能力下降。而今丰富多彩的生物界正是亿万年以来生物交互作用、彼此适应和协同进化的结果。

以上是仅就个体而言，如果把种群层次也包括进去，利害关系就变复杂了。例如人类饲养猪，就个体而言，人是以猪为食，是要消灭它，但就群体而言，人却要繁殖猪群，使之扩大。这种利害关系的探讨是纯从功利主义（utilitarianism）角度出发的。利害关系并非固定，同种生物既可互助，而资源有限时竞争也可异常激烈甚至互相残杀。但这正是进化学说所要研究的核心课题。

如果用"+"表示有利影响，用"−"表示有害影响，用"0"表示无影响，从理论上讲可以得出六种相互关系，其中有一种又可细分为三：

1. 互利（mutualism）——相互关系（＋：＋）
2. 利用（exploitation）——（＋：−）

  植食（herbivory）

  捕食（predation）

寄生（parasitism）

3. 竞争（competition）—— （ – : – ）

4. 偏利（commensalism）—— （ + : 0 ）

5. 偏害（amensalism）—— （ – : 0 ）

6. 中性（neutralism）—— （ 0 : 0 ）

生物长期共处若说"彼此毫无影响"或"对某一方无影响"则是很难肯定的，通常所指的"偏利共生"或"偏害作用"即属此类。偏利（commensalism）是指种间相互作用仅对一方有利，对另一方无影响。例如一般常认为的海葵和一种双锯鱼的关系就是偏利现象，因为海葵的有毒触须可伤及其他鱼而不伤后者反有保护作用，但实际上我们无法否认双锯鱼的"为虎作伥"也给海葵带来了好处。再说偏害作用，立论者认为偏害（amensalism）是指两种生物生活在一起时，一种受害，另一种没有影响，包括异种抑制和抗生作用。异种抑制指植物分泌一种能抑制其他植物生长的化学物质的现象，也称他感作用。例如有一些植物可释放出对异株克生物质（allelopathic substance），抑制邻近植株生长，胡桃树（Juglans nigra）能分泌一种叫作胡桃醌的物质，它对苹果、番茄、马铃薯起毒害作用，形成偏害现象，其实这些物质保证原植物可独享更多的资源，对原植物并非无利可言。因此从目前实际情况来看，研究最多的还是前面对双方都有明显利害关系的几种。

1. 互利（mutualism）

互利共生又称专性共生，是指两种生物长期共同生活在一起，相互有利，如果缺少一方便不能生存。例如，真核细胞的细胞器如线粒体和叶绿体分别是内共生（endosymbiosis）的嗜氧菌和光合菌演化而成。真菌 + 绿藻 / 蓝菌共生组成的地衣，在土壤形成过程中是风化岩石的先锋生物（pioneer）。珊瑚虫 + 动物内生动物黄藻组成的珊瑚群落，在海洋中生产力最高。植物 + 根瘤菌形成的菌根（mycorrhiza）帮助植株吸收水分和矿物质，在豆科植物中更帮助固氮（参见营养物循环）。蜂、蝶、鸟、蝠等帮助植物传粉（pollination）。鸟、兽帮助植物散布种子（seed dispersal）等。又如，高等动物（反刍动物牛、羊等）与其胃中的细菌 + 纤毛虫共生，才能消化不易分解的纤维素和木质素，微生物在帮助反刍动物消化食物的同时，自身又得到了生存。这种互利关系是生物在长期进化中形成的。

2. 利用（exploitation）

植食（herbivory）

植食"herbivory"有时也译为草食，其实此词意指一切植物，不限于草，狭义"草食"

为 grazing。一般植食常不置植物于死地。鸟兽常仅食乔本植物的果实、嫩叶、枝芽，就连草场上的牲畜，也多不伤及草类接近地表的生长点，待以时日又可复生。

捕食（predation）

捕食作用是指一种生物吃掉另一种生物的过程。广义的捕食包括植食，狭义仅指动物吃动物。生态学中常把食者称捕食者（predator），被食者称猎物（prey）。一般捕食者和猎物不同种，但自然界中同类相残（cannibalism）亦不少见。捕食可致死，或致伤而未死。猎物成为捕食者的食物，这种以食物形式传递能量的方式是生态系统能量流的一个重要环节。动物的食性（food habit）多种多样：有的仅食少数几种甚至仅一种食物，称狭食性（stenophagous）；有的食性广，甚至动植物都吃，称广食性（euryphagous）。研究表明，食性同环境有关：在环境条件多变、食物贫乏的北方地区，广食性动物较易存活；到了热带雨林，环境稳定、食物丰富，但竞争激烈，狭食性动物可各食所好，反而有利减少竞争。由于捕食者与猎物的关系是在长期的进化过程中形成的，所以捕食者可以作为自然选择的力量来调节猎物的质量。自然界中，捕食者种群将猎物捕食殆尽的例子是很少见的。

研究捕食行为，可促进农林业生产中应用生物手段防治害虫。例如，利用七星瓢虫等害虫的天敌，可以控制害虫的大发生；用食草昆虫可清除杂草。这种生物方法，可以在大范围内减少种群的个体数量，防止害虫的大量繁殖。

寄生（parasitism）

寄生是指一个种（寄生者）寄居在另一个种（宿主）的体内或体表，从而摄取宿主养分以维持生活的现象。寄生者在宿主体表的为体外寄生，寄生者在宿主体内的为体内寄生。寄生现象一般包含下面几个特点：（1）寄生物（parasite）、病原体（pathogen）和宿主（host，或译寄主），常在各自生活史中的某个阶段互相形成紧密联合（intimate association）；寄生物和病原体常远小于宿主，栖于宿主的体表、外管腔内、组织内或甚至细胞内；（2）寄生物表现一定的代谢依赖性（metabolic dependence），在不同程度上依赖宿主作为营养来源或提供必要的发育条件；（3）寄生是长期生物进化的结果，寄生物的结构、功能和发育常表现出种种特化现象（specialization），如许多体内寄生物的消化器官不发达而生殖器官却高度发达；（4）寄生物给宿主带来一定的损害，但在大多数情况下并不置宿主于死地而是与之保持较长期的共存，否则宿主的死亡一般也就意味着寄生虫的死亡。当然，也有的寄生物可在尸体上继续生存，称尸养寄生物（necrotrophic parasite），但为数极少。最成功的寄生虫大多寄生肠道，与宿主和平共处，只保持感染状态而并不引起症状。

3. 竞争 competition

竞争是指两种生物生活在一起时，每个种对另一个种的增长有抑制作用。发生竞争的两个物种大都具有相似的环境要求（食物、空间等），它们为了争夺有限的食物和生存空间而进行竞争，大多不能长期共存。由于两者之间的生存斗争，迟早会导致竞争力稍差的物种部分灭亡或被取代。

在生态学中，竞争特别受到重视，达尔文的进化论多处都由竞争立论。竞争可分为利用性竞争（exploitation competition）和干涉性竞争（interference competition）：前者只是当资源不足时，一方的占有就会影响另一方；后者则出现直接干涉，甚至争斗。异种生物有相同或相近资源需求者，竞争不可避免。俄罗斯生态学家高斯（Gause）的草履虫实验，证明由于共同竞争食物而其中一种被排挤掉，从而形成所谓的高斯假说（Gause's hypothesis）或叫"竞争排斥原则（principle of competitive exclusion）"，即生态需求接近的两个物种难以共存，其一早晚必被排斥。用生态位一词来表述，可以说："具有相同生态位的两物种不能长期共存"。不过，在自然界中一方可能转变其资源需求，从而回避了竞争，乃得以共存下去，也就是一方改变了它的生态位，避免了生态位重叠；另一方面，同种间竞争也可同样激烈，甚至同窝的仔鸟仔兽，弱者都可因不善抢食而致夭折。

近年来，一些学者总结已有资料，发现在进化机制中竞争确实起了重要的作用。一如达尔文所强调，但绝非唯一。非生物因素（气候、土壤、水文的变动）以及生物交互作用中除竞争外的其他因素（利用、互利）也都起了一定的作用。

群落（community①）

生物群落（biotic community）的简称，是指在一定时间内，居住聚集在一定地域或生

---

① 英语 community 作"群落"解、又作"社区"解，容易混淆；community 一词中 commun=common，com（即 together）+mun（即 service）+ity（形成名词的后缀）。在社会学领域，community 指：在宗教信仰、种族、职业等方面相同的人或有共同利益的人所构成的群体（group of people of the same religion, race, occupation, etc. or with shared interests）。作为社会学研究的对象，"社区"一词最早由德国社会学者滕尼斯（或译为杜尼士，Ferdinand Tönnies, 1855~1936）在 1887 年出版的 *Gemeinschaft und Gesellschaft*（英译 *Community and Society*；汉译则有《社区和社会》《礼俗社会与法理社会》等）一书中提出。其基本要素有：(1) 有一定的地域；(2) 有一定的人群；(3) 有一定的组织形式、共同的价值观、行为规范及相应的管理机构；(4) 有满足成员的物质和精神需求的各种生活服务设施。滕氏认为社区是基于亲族血缘关系而结成的社会联合。此后，随着时代的发展社会学界对于"社区"并无统一概念。1955 年美国学者 G. A. 希莱里经研究比较过去已有的 94 个关于社区的定义，发现其中 69 个都包括了地域、共同的纽带以及社会交往等三个要素，因此他认为可以把这三个要素结合起来，视社区为生活在同一地理区域内、具有共同意识和共同利益的社会群体。我国"社区"一词，是国内社会学者在 20 世纪 30 年代从英文意译而来，沿用发展至今，它可以是指街道办事处辖区以及小于街道办事处又大于居委会所辖的区域或者指规模调整后的居民委员会辖区。

境中的相互联系、相互影响的动物、植物和微生物物种的集合体。由于较长期在一定空间中共处，相互影响、相互作用，而形成了一定的空间结构，全部生物组成了一个相对稳定、具有一定外貌及结构，并具有特定功能及发展规律的整体，被称为一个生物群落。在东欧的文献中，还常使用 biocoenose 一词表示群落。例如一片温带落叶阔叶林，其中植物可以根据其与光照的关系自上而下形成含有乔木、灌木、草本植物和苔藓地衣等四层空间结构的植物物种集合体。

有关生物群落一直存在两种对立的观点：一个强调群落的整体性，强调它们的规律稳定结构，有人甚至把群落视为一个超级生物（superorganism）；另一个则认为这些生物生活在一起无非是因为这里的条件适合它们各自的生存，它们只是一个松散的组合并无内在的联系。客观地来看，一方面生物间的内在联系是不容否认的，不仅共生的生物或寄生生物与寄主之间必然在一起，草食者和捕食者也必然要追逐其食物而居。但另一方面，对植物群落的研究又发现，很多植物的确是仅因为生存条件相近才栖居一处。

群落生态系统是以营养关系为纽带，依靠以生产者、消费者、分解者为中心所构成的食物链，来把生物与生物和生物与非生物紧密结合起来，从而产生它们之间以及它们和环境之间密切的物质循环。例如绿色植物借助阳光能量和从空气中及地下吸收来的养分制造有机物，植食动物则以植物为食，肉食动物以植食动物为食，最后微生物又以动植物死体为食将其分解为无机物还原给大地，这样构成的食物链又形成了一定的功能关系，习称营养结构。

植物社会学家早就注意到，两个群落类型有明确分界点时，这个点都是落在非生物因子（例如土壤、光照、湿度）有明显差别之处。这很自然就孕育了生态系统概念，即把群落的非生物环境也加进去一块考虑问题。不过，从生物组织层次来看，生态系统和生物群落仍属于同一层次。但两者的研究重点却有很大的不同。研究生态系统侧重跨越生物界及其非生物环境的能量流和营养物循环，而研究生物群落多着重于群落内部的生物交互作用，如竞争、捕食、寄生、互利共生等。

群落生态学（community ecology）

群落概念的产生，使生态学研究出现了一个新领域，即群落生态学（community ecology），它是研究生物群落与环境关系及其规律的学科。研究群落生态学，了解群落的起源、发展、多种静态和动态的特征以及群落间的相互关系，目的在于深化对自然界、特别是对生态系统的认识，为人类充分合理地利用自然资源、提高生态系统生产力、推动生物群落向特定方向发展，或保持生态系统的稳定与平衡提供理论依据。利用群落生态学的原理来改变群落，是对某种特定生物进行控制的最好方法。

群落（community）这一概念最初来自于植物生态学的研究。由于研究的对象和采用的研究方法不同，历来对群落的概念也在发展变化之中。1807 年，近代植物地理学创始人 Alexander Humboldt 在《植物地理知识》一书中，揭示了植物分布与气候条件之间相互关系的规律，并指出每个群落都有其特定的外貌，这是群落对生境因素的综合反应。1890 年，植物生态学创始人 E. Warming（丹麦）在其经典著作《植物生态学》一书中，将群落定义为"一定的种所组成的天然群聚即群落"。一些动物学家也注意到不同动物种群的群聚现象。1911 年，V. E. Shelford 对生物群落下的定义是"具有一定种类组成且外貌一致的生物聚集体"。后来美国著名生态学家 E. P. Odum 于 1957 年在他的《生态学基础》一书中，对这一定义做了补充，他认为除种类组成与外貌一致外，还需"具有一定的营养结构和代谢格局"，"它是一个结构单元"，"是生态系统中具有生命的部分"。1902 年，瑞士学者 C. Schröter 首次提出了群落生态学（synecology）的概念，他认为，群落生态学是研究群落与环境相互关系的科学。1910 年，在比利时布鲁塞尔召开的第三届国际植物学会议上正式决定采纳了群落生态学这个科学名称。

群落生态学的研究以植物群落研究为最多，也最深入。群落学的许多原理大都来自植物群落学的研究。植物群落学（phytocoenology）也叫植被生态学（ecology of vegetation），主要研究植物群落的结构、功能、形成、发展以及与所处环境的相互关系。目前，这方面的研究已经形成比较完整的理论体系，而动物群落的研究则由于动物生活的移动性使之比植物群落的研究困难，因此形成动物群落学的研究晚于植物群落学。如没有后来动物群落生态学家的参加，有关生态椎体、营养级之间能量传递效率等原理的发现是不可能的；同时，许多重要生态学原理如捕食、植食、竞争、寄生等，多数始自动物生态学的研究；再如中度干扰对群落结构的形成、竞争压力对物种多样性的影响等原理，都是在动物群落学的研究发展中对近代群落生态学做出的贡献。因此，最有成效的群落生态学研究，应该是对动物、植物以及微生物群落研究的有机结合。

自 20 世纪 50 年代以来，随着经济和科学技术的高速发展，动植物生态学由分别单独发展走向统一，生态系统研究成为主流，从而使个体和种群的研究走向群落和生态系统的研究，例如对所经营管理的生物集群已关注其种间结构配置、物流、能流的合理流通与转化，进而研究人工群落和人工生态系统的设计、建造和优化管理。群落生态学已成为生态建设与开发、森林培育、植被恢复、景观规划与设计等诸多方面的实践基础。

群落特征（community characteristics）

一般说，一个具体生物群落常常具有下述这些特征：

1. 一定的物种组成（composition of species）

生物群落是由一定的植物、动物、微生物种群组成的集合体，是物种有规律地共处，在有序状态下生存。一个群落的形成和发展必须经过生物对环境的适应和生物种群之间的相互适应，而不是种群的简单或任意集合。哪些种群能够组合在一起构成群落，取决于两个条件：第一，必须共同适应它们所处的无机环境；第二，它们内部的相互关系必须取得协调、平衡。在一个群落中，各物种不具有同等的群落学重要性。有些物种对群落的结构、功能以及稳定性具有重大的贡献，而有些物种却处于次要的和附属的地位。根据它们在群落中的地位和作用，物种可以被分为优势种（dominant species）、亚优势种（subdominant species）、伴生种（companion species）、偶见种或称罕见种（rare species）等。

（1）优势种和建群种及关键种

优势种是指群落中较常见、竞争力最强的植物，群落资源首先为其占有，通常是树形高大的乔木，它们的树冠宽广截取了大部分入射阳光，荫蔽其下的非优势种类，它们的根系深入土层，每日借助阳光热力可蒸腾大量水分从而吸取大量土壤中的营养。生态学上的优势种对整个群落具有控制性的影响，如果把群落中的优势种去除，必然导致群落性质和环境的变化。

群落中起构建群落作用的优势种，常称为建群种（founder species）。而优势种中对其他物种发生的影响力特别显著的物种，特称关键种（keystone species）。它们在维护生物多样性和生态系统稳定方面有重要作用，一旦消失或削弱，整个生态系统就可能要发生根本性的变化。这一概念最初由派尼（Paine）提出，此后在生态学中受到重视。关键种的特征在于它们的影响远大于其多度或生物量所显示的水平。

（2）亚优势种

亚优势种指个体数量与作用都次于优势种，但在决定群落性质和控制群落环境方面是仍起着一定作用的植物种。

（3）伴生种

伴生种为群落的常见物种，它与优势种相伴存在，但不起主要作用。

（4）偶见种或罕见种

偶见种是那些在群落中出现频率很低的物种，它们随着生境的缩小濒临灭绝，应加强保护。偶见种可能是衰退中的残遗种，也可能是偶然地由人们带入或随某种条件的改变进入群落中的。它们的出现有时具有生态指示意义，有的还需作为地方性特征种来看待。

对生物群落的物种组成作定量研究，常使用的参量包括：密度（density）——单位面积或单位空间内的个体数；多度（abundance）——是对物种个体数目多少的一种估测指标；盖度（coverage）—— 指植物地上部分垂直投影，即投影盖度。后来又出现了"基盖度"的概念，即植物基部的覆盖面积；频度（frequency）——指某个物种在调查范围内出现的频率，一般用出现该物种的样方占全部样方数的百分比计算。

2. 一定的分布（distribution）范围与边界（boundaries）

每一生物群落都分布在特定的地段上或特定生境中，不同群落的生境和分布范围不同。无论从全球范围还是从区域角度讲，不同生物群落都是按着一定的地段规律分布的。

在自然条件下，不同的群落有不同的边界特征。有些群落具有明显的边界，和相邻的生物群落界限分明，可以清楚地加以区分；有的则不具有明显边界，混合难分，处于连续变化中。前者见于如地势变化较陡的山地垂直带，断崖上下的植被，陆地环境和水生环境的交界处如池塘、湖泊、岛屿等。至于后者，不具有明显边界的，则多见于环境梯度连续缓慢变化的情形。大范围的如森林和草原的过渡带、草甸草原和典型草原的过渡带、典型草原和荒漠草原的过渡带等；小范围的如沿一缓坡而渐次出现的群落替代等。多数情况下，不同群落之间都存在过渡带，被称为群落交错区（ecotone），可视为具有边界的特殊群落。

3. 一定的结构（structure）和外貌（physiognomy）特征

生物群落除具有一定的物种组成外，还具有一系列的结构和外貌特点。生物群落类型不同，其结构也不同。每一个群落都具有自己的结构，热带雨林群落的结构最复杂，而北极冻原群落的结构最简单。群落结构常常是松散的,不像一个生物体的结构那样清晰，有人称之为松散结构。生物在整个群落中的分布是不均匀的。它们的分布可以从垂直面和水平面去考察。

（1）群落结构垂直分布（vertical distribution of community components）

垂直面的分布，在某些森林群落中，可以明显地把森林群落分为乔木层、灌木层、草本层和地被层，这就是群落的分层现象。最高大的树木形成乔木层（林冠），占有森林的最上层，往下是灌木层和草本层。由于到达地表的光照强度很弱，所以地被层不发达，林内的藤本植物和附生植物，则被称为层间植物。阳光从天空射入森林，绝大部分被树冠所截取。越是底层的植物，所获得的阳光越少。分配到灌木层的阳光大概只有10%，而到达地面的阳光还不到1%。因此，在最底层的植物，只能在微弱阳光的条件下进行光合作用。

动物在林间或土壤里的分布情况也很类似。鸟类学家在野外观察时，能很清楚地看到鸟类的垂直分布。在我国珠穆朗玛峰的河谷森林里，白翅拟蜡嘴雀总是成群地在森林的最上层活动，吃大量的滇藏方枝柏的种子。而血雉和棕尾虹雉则是典型的森林底层鸟类，吃地面的苔藓和昆虫。煤山雀、黄腰柳莺等则喜欢在森林中层营巢。

从陆地生物群落的垂直分布来看，在山地上，随海拔的升高，气候发生有规律的变化，从而导致山地垂直带的出现。山地生物群落的带状排列按一定顺序出现，称为山地垂直带谱。在不同自然地带，有不同的山地垂直带谱。一般而言，在山麓分布着当地平原上的生物群落类型，更高一些，为对温度要求较低的类型。

在水域环境中，植物可分为挺水植物、漂浮植物、沉水植物等；动物有水面生活的水黾、水层生活的仰泳蝽和水底生活的红娘华等；鱼类中，青鱼、草鱼、鲢鱼、鳙鱼四大家鱼就分布在不同层次上，这些动物的垂直分布都同水体的物理条件（温度、盐度和氧气含量）和生物条件（食物、天敌）有密切的关系。

（2）群落水平分布（horizontal distribution of communities）

从陆地生物群落的水平分布来看，如果把地球上所有相同纬度的大陆排在一起，就会发现生物群落带大致与纬线平行，说明纬度地带性的存在；但南半球没有与北半球相对应的北方针叶林与苔原，而且在北纬40°和南纬40°之间由于信风的影响，东西两侧不对称，大部分大陆上西侧为干旱地区，而东侧为湿润的森林。情况比较复杂。

4. 一定的内部环境（internal conditions）

群落具有自己的内部环境，是定居生物对生活环境（生境）的改造结果，形成群落环境，如森林中的环境与周围裸地就有很大的不同，包括光照、温度、湿度与土壤等都经过了生物群落的改造。即使生物非常稀疏的荒漠群落，对土壤等环境条件也有明显的改造作用。

5. 一定的动态特征（dynamic）

生物群落由生物组成，它们都在不停地运动着，都有其发生、发展、成熟（即顶极阶段）和衰败与灭亡过程，表现出动态的特征。动态一词意义十分广泛，生物群落的动态至少应包括的内容有：（1）昼夜活动节律；（2）季节动态；（3）年变化等。另一重要动态就是群落的演替与演化，见另节。

（1）昼夜活动节律

多数鸟类，在白天特别活跃，这叫昼行性动物。另一些动物如蝙蝠和许多其他哺乳类，只有夜间活动，这叫夜行性动物。还有一些动物如果蝇，只在拂晓或黄昏时活动，这叫晓暮行性动物。

（2）季节动态

生物群落的季节变化受环境条件（特别是气候）周期性变化的制约，并与生物的生活周期关联。特别在温带地区，树木和野草在春天发芽、生长；夏季开花；秋季结果并产生种子；到了冬季，则进行休眠或死去。同气候的季节变化配合得极为一致。动物也同样有周期活动：青蛙、刺猬和蝙蝠到冬季就冬眠，春天苏醒。

（3）年变化

在不同年度之间，生物群落常发生明显的群落内部变化，但并不是群落的更替，一般称为波动（fluctuation）。不同的生物群落、不同的气候带内，波动性都不同，环境条件越是严酷，群落的波动性越大。一个生物群落经过波动之后的复原，即波动的可逆性通常并不完全，不能完全地恢复到原来的状态，而只是向平衡状态靠近。

群落演替（community succession）

1. 概念

群落演替又称生态演替（ecological succession），是指在一定区域内，一种生物群落被另一种生物群落所取代的过程：是群落发展变化过程中，由简单到复杂，一个阶段接着一个阶段，一个群落代替另一个群落的自然演变现象。

1896年，E. Warming 等在研究密执安湖边的沙丘演变为森林时，提出了演替学说。其后，1961年 F. E. Clements 对此加以完善，并进一步提出单顶极学说。1969年 E. P. Odum 列出了群落演替的三个基本观点：（1）群落的发展是有顺序的过程，是能预见的；（2）演替是由群落引起物理环境改变的结果；（3）演替是以形成稳定的生态系统为其发展顶点。同时认为演替过程可分为若干不同阶段，发生演替的群落被称之为演替系列群落（serial communities）。依其不同的发展阶段，在演替初期的称之为先锋期（pioneer stage），在演替中期的称之为发展期（development stage），发展到最后的稳定系统称为顶极（serial climax）或顶极群落。这种观点被称为机体学派或整体论，在20世纪70年代之前占优势，称为经典的演替观。另一种观点是以 Gleason 为代表的个体论学派，把植物群落的演替看成是群落中各物种个体间替代的结果。此种理论在20世纪70年代以前处于劣势，但后来的实验和观察资料支持了这一学派，使其逐渐兴旺，成为与经典演替观相对的现代演替观。

研究群落演替的意义在于揭示生态系统发展变化过程的模式、原因、速度等规律。由生态系统的现状推测过去，预见未来，使人类对环境与资源的经营符合自然发展规律。

强调生物群落整体性的学者常举生态演替（ecological succession）作为支持他们的理由。生态演替是指群落的徐缓变化，一部分生物有规律地取代另一部分生物，最后发展到一个稳定的所谓顶级群落（climax community）。例如废弃耕地，如果没有人为干预，常要经历"草本群落→灌木群落→乔木群落"等几个发展阶段，先是由体型小、生育力强、发育快、易于扩散的"杂草"占据，以后逐渐发展出来体型越来越大、竞争力越来越强的灌木以至乔木，逐次取代，一直达到"拥挤"的地步。这还是在原来曾经生长过植物的土壤上发生的，土中可能还有残余的种子，邻近的植物也很易入侵，因此这种所谓的次生演替（secondary succession）可以发生得很快。至于要在沙丘或火山爆发及冰川消融后的矿质碎屑上发生演替，即原生演替（primary succession），时间就要漫长得多了。这常需要先经历地衣和苔藓植物等阶段制造出足够的土壤和有机质，再由气流、水流或动物携带来种子，才能逐渐长出草木等植物。由于演替呈现一定的规律性，且在一定的生境（包括一定的气候和土壤条件）常常生出同样的顶级群落，具有同样的优势种，视群落为超级生物的部分学者就认为演替正是超级生物的发育阶段。不过目前持这种观点的人已经不多。

2. 影响因素

生物群落的演替是群落内部关系（包括种内和种间关系）以及与外界环境中各种生态因子综合作用的结果。到目前为止，人们对于演替的机制了解得还不够，要搞清其规律，还有大量的工作要做。下面列出的仅是部分已知的影响因素：

（1）植物繁殖体的迁移、散布和动物的活动

植物繁殖体的迁移和散布只是群落演替的先决条件。植物繁殖体的迁移和散布，是普遍而经常发生的情况。任何一块地段，都有可能接受这些扩散来的繁殖体。不过植物的定居须包括植物的发芽、生长和繁殖三个方面。当植物繁殖体到达一个新环境时，只有当其在新地点能繁殖时，才算定居成功。任何一片裸地上生物群落的形成和发展，或是任何一个旧的群落为新的群落所取代，都必然包含有植物的定居过程。

对于动物来说，植物群落成为它们取食、营巢、繁殖的场所。不同动物对这种场所

的需求是不同的。当植物群落环境变得不适宜它们生活时，它们便移出去另找新的合适生境，与之同时，又会另有一些动物从别的群落迁来找新的栖息地。因此，每当植物群落的性质发生变化，居住在其中的动物区系实际上也在做适当的调整，使得整个生物群落内部的动物和植物又以新的联系方式统一起来。

（2）群落内部环境的变化

群落内部环境的变化是群落内物种本身的生命活动为自己创造了不良生境，使原来的群落解体，为其他物种的生存提供了有利条件，从而引起演替，与外界环境条件的改变无直接关系。

（3）种内和种间关系的改变

组成一个群落的物种在其内部以及物种之间都存在特定的相互关系。这种关系随着外部环境条件和群落内环境的改变而不断地进行调整。例如：当密度增加时，种群内部的关系紧张化，竞争能力强的物种得以充分发展，弱的物种则逐步缩小自己的地盘，甚至被排挤到群落之外。

（4）外界环境条件的变化

虽然决定群落演替的根本原因存在于群落内部，但群落之外的环境条件诸如气候、地貌、土壤和火等也可成为引起演替的重要原因。气候决定着群落的外貌和分布，也影响到群落的结构和生产力。气候的变化，无论是长期还是短暂的，都会成为演替的诱发因素。地表形态（地貌）的改变会使水分、热量等生态因子重新分配，转过来又影响到群落本身。大规模的地壳运动（冰川、地震、火山活动等）可使地球表面的生物部分完全毁灭，从而使演替从头开始。小范围的地表形态变化（如滑坡、洪水冲刷）也可以改造一个生物群落。土壤的理化特性以及土壤性质的改变对于置身于其中的植物、土壤动物和微生物的生活有密切的关系。火也是一个重要的诱发演替的因子，火烧可以造成大面积的次生裸地，演替可以从裸地上重新开始；火也可使耐火的物种更旺盛地发育，而使不耐火的物种受到抑制。当然，影响演替的外部环境条件除上述几种外，凡是与群落发育有关的直接或间接的生态因子都可成为演替的外部因素。

（5）人类的活动

人对生物群落演替的影响远远超过其他所有的自然因子，因为人类社会活动通常是有意识、有目的地进行，可以对自然环境中的生态关系起着促进、抑制、改造和建设的作用。炼山、伐林、开垦土地等，都可使生物群落改变面貌。人还可以经营、抚育森林，管理草原、治理沙漠，使群落演替按照不同于自然发展的道路进行。

生物群系（biome）

　　生物群系指主要的区域性生物群落类型。Biome 又译为"生物群域"。最初此词主要用于描述陆地上自然生物群落，视"群系"为由气候（降雨量和温度）所决定的广义群落类型，一般以植物优势种的生活型命名。研究植物社会学的学者曾对不同地区的植被做过详尽的调查，主要调查一个群落中不同植物种类的数量和分布。对不同群落进行描述和分类时，一般都是以优势种（dominant species）或优势种的生活型（life form，亦称生长型 growth form）来命名不同的群落类型。随后，调查研究范围扩展至水域，乃出现淡水 / 海水、近海 / 远洋等之分；最后，鉴于人为群落已遍及全球，才开始对以人群为主导的群落进行分类，谓之人为群系（anthropogenic formation）：包括居民点（settlement）、耕地（cropland）、牧场（rangeland）、林场（plantation），水产养殖场（aquafarm）等。

1. 陆地生物群系（terrestial biomes）

　　陆地生物群系（terrestial biomes）是生物群系中的一类。一般用以区分群系的气候因子有两种：一是气温，这主要决定于所处纬度和海拔高度，纬度常分为极地（arctic）、北方（boreal）、温带（temperate）、亚热带（subtropical）、热带（tropical）等温度带；二是湿度，如潮湿（humid）/ 干燥（arid）。用以描述植物优势种的特征常包括：生活型（乔木 / 灌木 / 草本）、叶型（阔叶 / 针叶）、株距（森林 / 疏林 / 稀树草原）等。下面介绍几个主要类型：

　　（1）热带雨林（tropical rain forest）

　　热带雨林主要位于东南亚、中南美和非洲赤道附近，气候高温多雨，年雨量可达 1500 ~ 4500mm，且缺乏季节变化。植物主要为 K 策略者（参见生态策略），典型树种为阔叶双子叶植物，但也不乏高大单子叶植物（如棕榈），多藤本和附生植物。传粉几均为虫媒，不少种子由动物散布，花艳果大。树栖攀爬动物多。以动植物死体残骸为食的微生物和小动物也丰富，碎屑大部被分解，雨林中凋落层不多，再经大雨淋溶，土壤中营养物贫乏。不过丰富的菌根使植株仍得以吸收大量营养。

　　（2）稀树草原（savana）

　　稀树草原位于非洲热带雨林的南北缘赤道两侧10°~ 20°之间。这里较长期的干旱造就草原风貌，但无冬季且简短雨季中的雨量却又可容树木稀疏生长（年雨量在750 ~ 1250mm）。雨季草本繁茂时，有大量的有蹄食草动物逐食其间。散在的树木植株较高，不至于被地面动物破坏。伴随牛、马、鹿、羊逐草迁徙，狮、豹、鳄鱼等猎食者也得以兴盛，再后则有兀鹫、鬣狗等食腐动物清场。人类可能就起源于这里。这里常发生的火灾可杀死幼树，但对草却无碍，这可能是维持树木稀疏的一个原因。火的使用以及这里有利农牧业的兴起，都有可能是人类文明进化的契机。

（3）荒漠（desert）

年雨量少于250mm的干旱地区，大多位于南北纬30°左右大气环流下降处或远离海洋的大陆内部或高山的雨影区（沿山上升气流中水分已随降雨留在山前，故山后少雨），有的地区雨量可大于250mm，但当地酷热，蒸发量远大于降雨量。荒漠面积约占陆地表面积的20%。排水不良处，土壤多盐碱。植被稀疏，甚至阙如。植物为了避免经叶面失水，叶子多缩小，甚至化为硬刺，兼有防御草食动物之用。雨后可见一年生草本，甚至多年生灌木。无两栖动物，但多爬行类。蝗虫为荒漠特色。现今的最大问题是邻近干燥地域因人类滥用而沙漠化的土地日多。

（4）阔叶灌丛（chaparral）

阔叶灌丛又称温带疏林灌丛带（temperate woodland and shrubland）。大致在南北纬30°~40°之间，以地中海周围的最有名。地区夏季干热，冬季潮冷多雨。植株分布浓密。典型树叶常绿、革质、厚、具柔毛，因而也常称硬叶灌丛或疏林（sclerophyllous bush or woodland）。因易生火灾，疏林多耐火品种，但灌丛虽易燃却复生快。迁徙性鸟类和昆虫很多，草食动物以羊、鹿等为主。

（5）温带草原（temperate grassland）

草原有很多地方名，如西伯利亚草原（steppe）、北美草原（praire）、南美草原（pampas）、南非草原（veldt）等。年雨量300~1000mm，介于落叶林和荒漠之间。植物和动物与稀树草原相似，只是这里无树，可能因这里有严冬之故。土壤富含营养，草类根系结成的草皮有时连树木都难以穿透。不像南非稀树草原仍近于蛮荒，这里大多沦为牧场，野生品种如羊类数目稀少，定居或游牧于草原间的大都为家畜，无南非那样大型肉食动物。掘穴动物（鼠类）多，甚至成灾。

（6）温带森林（temperate forest）

温带森林大多数位于南北纬40°~50°，但也可见于30°~55°之间。年雨量一般在650~3000mm。落叶林主要见于在生长季节潮湿且长于4个月以上而冬季短于4个月的地区。冬季较冷但夏季干旱处，生长针叶林。在较湿热地区，阔叶常绿树木如冬青、麻栎等也可杂见。可见森林分层现象，由草本、灌木、耐阴下木直至树冠。同北方森林相比，这里开始有两栖动物。这里最重要的草食动物应说是昆虫。土壤肥沃，有机质丰富。但同时又有大量小动物和微生物在分解枯枝落叶层，将营养物还原给自然界。现代大都市所处位置，古代都曾是温带森林，否则也不会如此容易培育树木了。

（7）北方森林（boreal forest）

北方森林又称泰加林（taiga，源于俄语）。位于北纬 50°～65° 之间，占据陆地表面积 11%。冬季常超过半年，而夏季过短无法大量生长落叶林，所见主要是针叶林，也杂见阔叶常绿品种如槭。年雨量在 200～600mm 之间。一切树木都是风媒传粉，这里也不见肉质果实。这里也有"火灾—再生"循环。从北迁徙来的驯鹿在此过冬。常居者有驼鹿以及熊、狐等。每年春天还有许多鸟类自热带迁徙至此。土壤相对贫瘠，温度低妨碍落叶层的分解。现在的问题是，为了木材和造纸每年要消耗大量北方森林。

（8）冻原（tundra）

冻原多苔藓，又称苔原。位于北极圈，气候寒冷，有永冻层，在短暂的夏季只有表层溶化，可容苔藓、地衣、一些多年生草本和矮生灌木生长。除偶见矮生柳、白桦外，树木罕见。年雨量小，200～600⁺mm，但蒸发量更小，因地深处有永冻层水下渗也不好，故夏季地面多池塘、小溪。因天冷不利植体分解，地面可见散在泥炭。动物多迁徙品种，每年来往于繁殖地区和越冬地区，但求栖居期间食源足、天敌少，如驯鹿和多种鸟类。当地品种有的靠冬眠（如熊）。

2. 水生生物群系（aquatic biomes）

水生生物群系是生物群系中的一类。在水生生物群系中，水介质的渗透压（正比于盐度）对水生生物的影响至大，因此水生环境生物群系一般首先分为淡水（fresh water，低渗压）；海水（marine，高渗压）以及介于两者之间的河口（estuary）三大类。

（1）淡水者包括静水（lentic）和流水（lotic）两大类：前者如湖泊（lake）和湿地（wetland）；后者如河流（river）。在淡水生物群系中还可加入河岸（riparian）群系。

（2）河口的特点是盐度因上游水质水量的变化而多波动，但上游携带来的营养物和污染物也较多。水浑浊，光合作用不强。

（3）海水者常按距离岸的远近而分为三个带：潮间（intertidal）、近海（neritic）和远洋（oceanic）。潮间带即因潮汐进退而干湿交替的地带；近海为大陆架范围，水深不超过200m；余者均属远洋带。

海水在上面是按水平方向分带，但在较深水体，包括大湖，还可按垂直方向分带。首先，分为水体（pelagic）和水底（benthic）两部分。而水体部分以海为例，在深处甚至可分为浅海（epipelagic，<200m）；中深海（mesopelagic，200～1000m）；深海（bathypelagic，1000～4000m）；极深海（abyssal，4000～6000m）；超深海（hadal，

>6000m）等带。

水体营养物远不如陆地丰富。较丰富者多在近岸，且沉积水底，需靠水流运动携带上来。水中氧含量也不高，表层自养生物通过光合作用放出的氧以及水面溶解氧也需要水流运动带至深层。光合作用需要阳光，但入射光被水体吸收，例如阳光入海 10m 水深以下就有 4/5 被吸收掉了。到了所谓的补偿深度（compensation depth），自养生物自身消耗的氧恰好与通过光合作用产生的氧相等，也即在此深度之下将无净生产力（参见生产力）可言。补偿深度因透明度而异，平均在 50m。因此在深海，生物极其稀少。由上述还可见，水流运动对水生生物至关重要。表层水流主要由风力驱动（湍流），另外当表层水温度较底层为低时，可因水密度增加而下沉乃形成水流（密度差引致的对流）。在温带夏季水体及热带水体中，上热下冷的局面常导致稳定的热分层（thermal stratification）现象，而在湖泊中常可造成只有在温跃层（thermocline，水温急剧下降处）之上还有些湍流混合，但在温跃层之下水体特别静止，且因温跃层常在补偿深度之下以致湖下层严重缺氧。在温带湖泊，常只在春秋两季温度逆转且表面无冰风力可发挥作用时，湖水才发生翻转而致上下层混合。

近岸（littoral）一词含义多歧：在湖泊通指由岸至 10m 水深处，可见底生高等植物如挺水植物（hyperhydate）芦苇和水漂植物（pleuston）浮萍等；在海洋或等同于潮间带一词，或泛指大陆架范围，直至约 200m 水深处。

在海水群系中，有特征且生产力较高的有：珊瑚礁（coral）主要位于热带近岸，珊瑚是可分泌出石质骨架的动物，但依赖与之共生的光合原初生物（动物黄藻）提供营养，它为大量无脊椎动物和鱼类提供了栖息地，生产力极高；海带林（kelp forest）位于温带，海带属褐藻，固着于岩石上，长可达三四十米，犹如海底森林，其实不仅这种底生植物，像马尾藻那样的水漂植物，也可聚集成群落。还有两类群系多见于河口附近，即盐沼（salt marshes）和红树林（mangrove forest）。盐沼多见于温带，属潮间带群系，多草本盐生生物。红树林可视为热带的盐沼。生物以木本盐生生物为主。

生物多样性（biodiversity）

1. 概念

生物多样性是描述地球上生命变化及所形成的自然格局的术语，它包含遗传多样性（genetic diversity）、物种多样性（species diversity）和生态系统多样性（ecosystem diversity）三个层次。三者在生物多样性研究中同等重要。遗传多样性是指地球上各个物种所有遗传信息的总和，蕴藏在动植物和微生物个体的基因里。物种多样性是指生物的复杂多样化，即地球上多种多样的生物类型及种类，是进化机制的产物，被认为是最适合研究生物多样性的层次，也是相对研究较多的层次。它可以使人们对于生物多样性有最直观和最基本的认识。生态系统多样性是指生物圈内生物群落、生境和生态过程的多样性。

生物多样性是决定生态系统面貌、发展和命运的核心组成部分。它除了构成人类生态环境外，还是人类赖以生存的各种有生命的自然资源的总汇。同农业、医学和工业发展密切相关，生物多样性是开发并永续利用生命资源的基础。此外，许多发明创造来自于生物的启示，如仿生学，即源于鸟、兽、昆虫等。据1997年 *Nature* 杂志估计，生物多样性每年为人类创造了约 33×10^4 亿美元的巨大价值。《生物多样性公约》明确了生物多样性像其他资源一样为所在国所有。

2. 生物多样性的价值

生物多样性对人类的价值，可大体分为五个方面：

（1）维持生态平衡、稳定和保护环境

生物多样性提供了多种环境服务，保证了大自然生命的进程，是人类赖以生存和社会可持续发展的重要物质基础。在维持生态平衡和稳定环境方面，生物多样性对人类生存的生态价值表现在：调节大气中的气体组成、保护海岸带、调节水循环和气候、形成和保护肥沃土壤、分散和分解废弃物、吸收污染物和使多种作物受粉等。

1）植物的光合作用将太阳能储存起来，形成食物链中能流的来源，成为整个地球的生命支撑；

2）维持全球气体平衡；

3）涵养水源、维持水体的自然循环、缓解或减少旱涝等自然灾害。据测算，天然降雨落到森林地带，降雨量的15%～30%被茂密林冠截留，其他50%～80%的雨水被林地上生物凋落物或森林土壤吸收，雨后再以泉水形式缓缓释放，调节河流的汛期和枯期流量。再蒸发则形成局部水气循环，也减少径流丢失。

4）调节气候、保护农田、保护人类健康。以森林为例，森林消失不仅对区域而且对全球的气候都会产生影响，对农业生产和生态环境造成不良后果；

5）促进土壤形成、保持水土、减轻泥石流、滑坡等灾害；

6）吸收或分解环境中的有机废物、农药和其他污染物质，净化环境；

7）提供良好的居住、旅游、休养、娱乐等环境与景观服务。

（2）人类生存所需食物的主要来源

植物通过光合作用将太阳能储存起来，从而形成食物链中能量流的来源，为绝大多数物种提供能量基础。人类的生存直接依赖于食物，而食物几乎完全取自生物资源。人类食用的粮食、油料、肉类、乳类、蔬菜、水果、饮料等都来源于生物。历史上约有3000种植物被用作食物。但当前被人类种植的约有150余种，90%的粮食仅来自约20种植物，而小麦、水稻和玉米三个物种就提供了70%以上的粮食，并且还是遗传基础狭窄的品种。面对着人口的增长，仅通过增加地球上有限的可耕地，增加有限的几种粮食作物产量，用来满足人类增长的需要，显然是困难的。必须开发与利用自然界潜在的食物资源。其实许多其他未被人类利用的植物可供培育生产粮食，还有许多植物和动物经人类培育后，可以作为向人类提供食物的新来源。

（3）为人类提供多种多样的工业原料

生物界已经向工业提供了大量的原料，植物提供的有粮食、棉花、油料、木材、纤维、造纸原料、天然淀粉、橡胶、树脂，甚至原油、天然气等。动物提供的有肉类、皮毛、蚕丝、乳类等。但生物界还有许多物种可以为人类再提供新的工业原料。

（4）对人类卫生保健事业贡献巨大

就药物方面来说，生物是许多药物的来源。许多种最重要的抗菌素，如青霉素和四环素，就是从真菌和其他微生物中获得的。1997年世界上最畅销的25种药中有10种来源于自然资源。中国利用野生生物入药已有数千年历史，记载的药用植物就有5000多种，其中1700种为常用药物。相当多的动物如：水蛭、蜂、蛇、斑蝥等也提供了重要药物。据报道，发展中国家80%的人口靠直接来源于自然资源的传统药物进行治疗，发达国家约有40%的药方中，至少有一种药物来源于生物。许多生物可以直接作为药物，有些则可作为配料。现在许多药物虽然可以栽培、饲养或合成，但其原料仍离不开野生生物。美国1/4的药物中包含有活性植物成分。随着医学科学的发展，越来越多的生物将被发现并用作药物。

（5）潜在价值

许多动物、植物和微生物的基因、物种与生态系统的多样性，已然为人类社会适应自然变化提供了大量的选择机会和原材料，但它们的价值还远不够清楚。如果这些物种遭到破坏，后代人就再没有机会利用它们或在各种可能性中加以选择。生物多样性的消失将会削弱人类适应自然变化的能力。因此，保护好生物多样性，对于人类更好地适应未来环境、开辟新的养殖动物和种植植物物种、发现和提取新的药物，为畜禽及农作物品种改良提供遗传物质，在控制和治疗疾病等方面提供更多机会。

生态系统（ecosystem）

1. 概述

　　生态系统是生态学中一个重要的概念，可以表述为：生态系统是在一定的时间和空间范围内，生物与生物之间、生物与非生物之间，通过不断的物质循环和能量流动而形成的相互作用、相互依存的整体。如果将生态系统用一个简单明了的公式概括，可表示为：生态系统 = 非生物环境 + 生物群落。其中非生物环境成分指：温度、湿度、土壤、各种有机或无机物质等。简言之，生态系统就是指同时生活在一定空间中的全部生物及其非生物环境。

　　研究植物群落的学者早就注意到，当两个群落类型有明确分界点时，这个点都是落在非生物因子（例如土壤、光照、湿度）有明显差别之处。为了命名这个生物群落及其非生物环境联系在一起的整体，学者曾提出过不少建议，如"微宇宙（microcosm）"、"景观单位（landscape unit）"等，至今在东欧文献中仍在使用的还有"生物地理群落（biogeocoenosis）"一词。西欧北美文献则主要使用 1935 提出的术语"生态系统"。

　　生态系统一词是英国植物生态学家 A. G. Tansley（1871~1955）于 1935 年首先提出的。他在研究中发现气候、土壤和动物对植物的生长、分布和丰盛度都有明显的影响。于是他提出："生物与环境形成一个自然系统。正是这种系统构成了地球表面上各种大小和类型的基本单元，这就是生态系统"。他把"系统"和"生态"这两个概念结合起来，提出了生态系统的概念，意指生物群落与生活环境间由于相互利用而形成的一种稳定的自然整体。生态系统概念的提出，为研究生物与环境的关系提供了新的观点。

　　生态系统概念真正受到重视，是始自 20 世纪 30 年代对生态系统能流的研究有了成果。因为对于一个相对隔离的生态系统进行定量研究是一项异常复杂而费工费时的艰巨工作，工作条件到了 20 世纪 40 年代才趋于成熟。

　　对生态系统理论建立有重大贡献的还有揭示了营养物质移动规律的 R. Lindeman（1915~1942）。他于 20 世纪 30 年代末对塞达波格湖（Cedar Bog Lake）开展了详细的生态学研究，创建了营养动态模型，揭示了营养物质移动规律，成为生态系统能量动态研究的奠基者。他以科学的数据，论证了能量沿着食物链转移的顺序，提出了著名的"百分之十定律"，开创了生态学从定性走向定量的新阶段。

　　20 世纪 50 年代以来，E. P. Odum 在营养动态和能量流动方面提出了许多新思想和新方法，创建了生态学和社会科学相结合的模式。Odum 曾经提出大小不同的组织层次谱系，把研究对象划分为细胞、器官、个体、种群和群落等不同层次。每一个层次的生物成分和非生物成分的相互作用（能量和物质关系）产生了具有不同特征的功能系统，进一步把生态系统的概念系统化，对生态系统理论的发展起了很大的推动作用。再后到六七十年代，人们又成功地测量了生态系统的营养物循环。这样，生态系统才逐渐奠定了它在生态学里的核心地位。

1971年，Odum出版《生态学基础》一书，提出了更明确的生态系统定义：凡任一地段内所有生物（生物群落）和其所在的物理环境相互作用可导致能量流动，形成清晰可辨的营养结构、生物多样性和物质循环（系统内生物和非生物之间的物质交换）的，便可称其为一个生态系统。

能流和营养物循环都是跨越生物界和非生物环境两个领域的生态过程：

（1）单向的生态系统能流——太阳能经光合作用化为生物组织中的化学能，然后以食物的形式由植物转移到植食动物，在后者体内这能量一部分用于推动生命活动、另一部分用于制造生物组织，之后再以同样方式经过食肉动物及分解者，直至最后耗散为热能复归自然。这就是单向的生态系统能流。

（2）营养物循环——就大气而言，CO_2是光合作用的原料，光合作用产生的O_2又是呼吸作用的原料，它们均经叶面气孔交换，而土壤中的N_2则被细菌固定后以硝酸盐的形式随水为植根吸收。事实上，更多的营养物都是以离子状态由根吸入植体的，如钾、钠、钙等阳离子和由硫和磷的含氧酸根构成的阴离子。这些大气和土壤中的营养物先进入生物体，最后生物体分解又复归自然，称为循环是因为它们可以循环往复、周而复始。这就是营养物循环。

以上把生物界称为一个领域，但却不可把它理解为一个由统一界面同非生物环境隔离开来的独立空间。每个独立生物的体表本都是一个界面，因此所谓生物界实际上是由无数个离散空间形成的两个领域。再从生物组织层次来看（参见群落），由于生态系统和生物群落同属一个层次，所以所谓生态系统的空间结构和营养结构，实际上就是生物群落的空间结构和营养结构。

2. 生态系统的特征

生态系统由非生物环境和生物成分（即有生命的部分）组成。其中，生物成分可按其在生态系统中的作用和地位分为生产者、消费者和分解者三大功能群。而非生物环境即无机环境，则是生命赖以生存和发展的基础，是生命活动所需能量和物质的泉源，它包括：（1）驱动整个生态系统运转的能源和热量；（2）生物生长的基质和媒介；（3）生物生长代谢的材料等。驱动整个生态系统运转的能源主要是太阳能，太阳能提供了生物生长发育所需要的热能，是所有生态系统运转直至整个地球气候系统变化的最重要的能源。此外，还包括地热能和化学能等其他形式的能源，至于气候因子则包括风、温、湿等；生长的基质和媒介包括岩石、沙砾、土壤、空气和水等，它们构成生物生长和活动的基础空间；而生物生长代谢的材料包括 CO_2、O_2、无机盐类和水等。

任何"系统"都是一个具有一定结构，其各组分间发生一定联系、执行一定功能的有序整体。从这种意义上说，生态系统与物理学上的系统相类似，但生命成分的存在又决定了生态系统具有不同于机械系统的许多特征，它们主要表现在下列五个方面：

（1）生态系统是动态的功能系统

生态系统是有生命存在并与外界环境不断进行物质交换和能量传递的特定系统。它具有生物的一系列生物学特性，如发育、代谢、繁殖、生长与衰老等，说明生态系统具有内在的动态的变化能力。人们可根据发育的状况将其分为幼年期、成长期、成熟期等不同发育阶段。发育阶段不同的生态系统，其所需要的进化时间以及其结构和功能都具有各自特点。

（2）生态系统具有一定的区域特征

生态系统的结构和功能反映了一定的地区特性，不同生态条件的空间里栖息着与之相适应的生物类群。同是森林生态系统，寒温带长白山区的针阔混交林与海南岛的热带雨林生态系统相比，无论是物种结构、物种丰度或者系统的功能等均有明显的差别。

任何的有生命生存的地段总包括植物、动物、微生物、土壤、大气及水等，它们相互作用、形成整体。由于地理位置、气候、地形、土壤等因素的影响，地球上的生态系统多种多样。从地球植被（覆盖一个地区的植物群落的总体称为这个地区的植被，覆盖整个地球表面的植物群落称为地球植被）来观察，地球表面的任何地区（个别除外）总生长着许多植物，形成各种群落。一个地区出现什么植被，主要取决于该地区的气候和土壤条件。特别是气候，每种气候下都有其特有的植被类型。一般来说，一定的生物群落总是生存在一定的环境中，其生态关系也具有相应的特性。因此，人们常按照生境和植被来划分生态系统，例如：生物圈中的陆地系统、海洋系统和淡水系统，而陆地生态系统又可进一步划分为森林、草原、荒漠、冻原等系统。它们都各有其不同的区域特征。生物群系（biome）正是指按照全球植被的不同区域分布来划分全球生物群落的生态系统。

（3）生态系统是开放的"自维持系统"（self-maintenance system）

生态系统所需要的能量来自生产者对光能的"巧妙"转化，消费者取食植物，而分解者通过对动、植物残体以及生活代谢物的分解作用，使矿质元素又归还到环境（土壤）中，重新被植物利用，正是这种往复循环的物质交换和能量流动，保证了生态系统的连续自我维持，究其源还是系统内生产者、消费者、分解者的代谢机能，这种代谢机能是生态系统"自维持"（self-maintenance）的基础。

（4）生态系统具有自动调节的功能

当生态系统受到外来干扰而使稳定状态发生改变时，生态系统具有自动调节的功能而重新达到稳定状态。生态系统自动调节功能表现在三个方面：同种生物种群的密度调节；异种生物种群间的数量调节；生物与环境之间相互适应的调节。

（5）生态系统的有限负荷特征

生态系统能承载的负荷是有限的，只是它的限度不如物理系统的负荷限度那样明确。生态系统负荷分为输出负荷与输入两个部分：一是生态系统输出负荷——这是一个涉及系统生产力和对系统使用强度的二维概念。显而易见，对系统的使用强度增加，会导致系统资源的减少。因此，在实践中就应设法控制对物种的使用量，将种群保持在环境条件所允许的最大数量以维持种群的繁殖速率，保证系统的持续稳定输出。二是生态系统输入负荷——任何系统能承载的输入都是有限度的，环境保护工作重点关注生态系统能承载的污染物输入限度，即环境容量。所谓环境容量，是指在不受损害的前提下，一个生态系统所能容纳的最大污染物量。任一生态系统，它的环境容量越大，可接纳的污染物就越多，反之则越少。向生态系统排放污染物，必须与生态系统的环境容量相适应。

食物网（food web）

1. 食物链（food chain）

在生态系统中，各种生物之间最重要的联系就是食物或营养联系：包括植食、捕食、寄生、腐食等方式（参见生物交互作用），生物能量在动物间的传递全是以食物的形式进行的。一种生物以另一种生物为食，而它又被第三种生物取食……草（植物）→兔（植食动物）→鹰（肉食动物）；"大鱼吃小鱼，小鱼吃虾米，虾米吃藻泥"。这些就是生态系统中最简单的取食关系，这种生物之间彼此以食物为纽带建立起来的"食与被食"的链锁关系，呈直链形，谓之食物链。植物所固定的太阳能也正是通过一系列的取食和被取食的食物链，在生态系统内不同生物之间传递。

在自然界，存在着三种类型的食物链：捕食食物链（predatory food chain）、寄生食物链（parasitic food chain）和腐食食物链（saprophagous food chain）。在不同生态系统中占优势的食物链会有所不同。

（1）捕食食物链类

捕食食物链直接以生产者为基础，能量沿着太阳→生产者→植食性动物→肉食性动物→分解者的途径流动。如在草原上，青草→野兔→狐狸→狼；在湖泊中，藻类→甲壳类→小鱼→大鱼。

（2）寄生食物链类

寄生食物链由宿主和寄生生物构成，由于寄生生物的生活史很复杂，所以寄生食物链也很复杂。

（3）腐食食物链类

以死亡动植物为起点的食物链。例如在非洲稀树草原上狮子吃了一头角马，尸体残骸就会有秃鹫和鬣狗等清废动物（scavenger）来清除。其残渣和粪便等排泄物又会有土壤（包括其上的枯枝落叶层）中的蚯蚓、线虫等食碎屑动物（detritivore）来进一步消化分解。最后还有土壤中的真菌和细菌等食物的分解者（decomposer），将有机营养物彻底还原为简单的无机物质，因此后者又被称为还原者（reducer）。这其中，动物是通过吞噬后在消化道中进一步破碎食物再加以酶解，菌类则是先分泌酶类在体外消化食物后再吸收。一般教科书中常把腐食食物链中的后两部分（即不计入清废动物）合称食碎屑食物链（detritus food chain）或分解食物链（decomposers food chain）。

食物链的各营养级之间存在着相生相克的交互作用，并常因此而达到动态平衡，保持稳态。更多学者认为天敌（上一级的食肉动物）对植食动物的节制作用更为重要，而且天敌是个密度制约的生态因子（参见生态因子），它有助于保持"肉食动物—植食动物—植物"三者间的平衡。例如有的地区因引入山羊，曾食尽局部环境中的草类和灌木，并影响到自身种群，但引入狼后才又恢复平衡。还有人指出植物本身抗拒动物取食的能力也很关键。植物体内的纤维素和木质素（cellulose & lignin）是一般生物无法消化的，很多植物还进化出多种次生代谢物质（secondary metabolite），如生物碱（alkaloid）等，可趋避甚或杀死植物的天敌如昆虫。

2. 食物网（food web）

生态系统中各种食物链并不是孤立的，它们往往纵横交织，紧密结合在一起，形成多方向的网状结构。一个生物群落中的食物网反映的是群落的营养结构（trophic structure）。

在自然界，同一植食动物可取食多种草类，而同一种草可被多种植食动物（兔、羊）取食。到了肉食阶段也一样，同一肉食动物可取食多种植食动物或其他肉食动物，而同一植食或肉食动物可被多种其他肉食动物（鹰、狼）食用。此外还存在所谓的杂食动物（omnivore），如猪、鼠、熊、猿以及多种鸟类，它们兼具分属两个层次的植食和肉食两种食性。这样，一个生物群落中大量食物链交织在一起就形成了一个复杂的食物网。生态系统越稳定，生物种类越丰富，食物网也越复杂。食物网在生态系统长期发展的进程中形成。人为地去除其中的某个环节，将使生态平衡失调，甚至是生态系统崩溃。例如，1905年以前，美国亚利桑那州 Kaibab 草原的黑尾鹿群保持在4000头左右的水平，这可能是美洲狮和狼的作用造成的平衡，因为食物不成为限制因素。为了发展鹿群，政府有组织地捕猎美洲狮和狼，鹿群数量开始上升，到1918年约上升为4万头。1925年，鹿群数量达到最高峰，约有10万头。但由于连续7年的过度利用，使草场极度退化，树木死亡，鹿群食物短缺，结果使鹿群数量猛降。不仅死亡的鹿远超过以前被兽吃掉的数量，而且生态环境受到严重破坏。这个例子说明，捕食者对猎物的数量起到了重要的调节作用。食物链中的每个层次都是一个营养级（trophic level）。营养物（nutrient，或称营养素）就是生物体为维持自身的正常生命活动和保证生长、生殖所需的外源物质（有机营养物）。研究食物网各营养级的能量关系，对于维持生态系统稳定，以及利用动物间的相互制约来控制动植物的种群爆发有着重要意义。

3. 营养结构（trophic structure）和营养级（trophic level）

生态系统有了组分并不意味着就可运转，它必须具有一定的结构。生态系统的各组分必须通过一定的方式构成一个完整的、可以实现一定功能的结构时，才是一个可运转的生态系统。生态系统结构包括形态结构、营养结构两方面的内容，本条目讨论后者。

生态系统的营养结构是以营养为纽带，使生态系统各组成部分之间，即生物与生物、生物与非生物之间相互紧密结合，形成以生产者、消费者、分解者为中心的、彼此之间以及与环境之间得以产生物质循环的一种营养关系。建立在一定营养关系基础上的营养结构，是生态系统中能量流动和物质循环的基础。由于各生态系统的环境、生产者、消费者和分解者的不同，形成了各系统不同的营养结构，各有其特殊性和复杂性。

自然界中的食物链和食物网是物种和物种之间的营养关系。而一个物种会同时占有两个或更多营养级，使营养关系变得格外复杂。为了更简明地表达这种复杂关系，以便定量地分析能流和研究物质循环，生态学家导入了"营养级"概念。食物链的每一个环节都可作为一个营养级，而一个营养级是指处于食物链某一环节上的所有生物的总和。营养级之间的关系不是指某一种生物同另一种生物之间的关系，而是指某一层次上的生物和另一层次上的生物之间的关系。能量沿着食物链从上一个营养级流动到下一个营养级，在这个流动过程中，能量不断地耗散、减少。

（1）生产者（producer）

生产者——也叫初级生产者，是指能利用太阳能或其他形式的能量，将简单的无机物制造成有机物[①]的各类自养生物[②]（autotrophic organism）（利用光合作用的生物和化学能合成作用的生物都是自养生物，它们都能从非生物的各种来源获取能量），包括所有的绿色植物、光合细菌和化能合成细菌等。它们是生态系统中最基础的部分。绿色植物在地球上分布广泛，保证了资源的充分利用。绿色植物通过光合作用制成初级产品——碳水化合物，并可进一步合成脂肪和蛋白质用以建造自身。这些有机物也成为地球上包括人类在内的其他一切异养生物（heterotrophic organism）（只能消耗其他生物已制成的有机物以获取能量的生物，如动物、真菌和一些细菌等）的食物资源。太阳能和化学能只有通过生产者，才能源源不断输入到生态系统，成为消费者和分解者的唯一能源。所有自我维持的生态系统都必须有能从事生产的生物，其中最重要的就是绿色植物。

（2）消费者（consumer）

绝大多数的生物，由动物组成，都不能利用太阳能将无机物质生成有机物质——食物，它们只能直接、间接地从植物获取能量维持生命，或以其他生物为食，因此它们被称为异养生物（heterotroph）和食物的消费者。可划分为草食动物（herbivore）、肉食动物（carnivore）和杂食动物（omnivore）等。

草食动物也称一级消费者或初级消费者（primary consumer），直接以植物为食，例如马、牛、羊、某些昆虫等。肉食动物主要是指以其他动物为食的动物，也称为次级消费者（secondary consumer），包括一级、二级、三级等肉食动物。一级肉食动物也称第二级消费者，它们以草食动物为食，如某些鸟类、肉食昆虫等；二级肉食动物也称第三级消费者（tertiary consumer），是以一级肉食动物为食的动物，例如狼、狐狸、蛇等；三级肉食动物也称第四级消费者（quaternary consumer），是以二级肉食动物为食的动物，这一

---

① "有机（organic）"一词：最初人们认为蛋白质、糖和脂肪等物质只有生物（organism，又译"有机体"）才能制造，于是称其为有机物质，后来才发现人们也可以用化学方法由无机物质制造有机材料，最初合成的是尿素，现在则大量制造合成纤维和塑料。人们乃转而认为：所谓有机物质的关键是碳，碳与碳原子可以直接结合形成直链的、带支链的和环形的化合物，碳原子还可以同氢、氧、氮、硫、磷等原子结合，最后形成复杂的立体结构，使它们能以完成各式各样的生命活动。于是，现在只有少数在生物未出现前世上就有的简单含碳化合物被视为无机化合物，如二氧化碳、碳化物、碳酸盐、氰化物等。

② 自养生物：自然界的绿色植物和蓝菌（cyanobacteria，过去曾被称为"蓝藻"）需要无机营养物，如植物由根部吸收的硝酸盐和磷酸盐。它们可以利用阳光能量（能源）固定大气中的二氧化碳（无机碳源）以制造有机物质，因此不需要有机营养物。它们自己制造的有机物质还可以作为食物被其他生物利用，故被称为自养生物（autotroph）和食物的生产者（producer）。

类肉食动物都是一些凶禽猛兽，例如狮子、虎、豹子、鹰等。杂食动物也称兼食性动物，是介于草食动物和肉食动物之间，既吃植物，又吃动物的动物。

（3）分解者（decomposer）

分解者——又称还原者（reducer），是分解已死动植物残体的异养生物。它们通过"酶"将生物残体化为极小颗粒或分子，最终分解为无机物质，归还给大自然，由生产者再次利用，从而形成自然生态系统的物质循环。地球上大约有90%的初级生产量须通过分解回到大地，否则地球表面将堆满动植物的尸体残骸，同时，一些重要元素就会出现短缺，生态系统将难维持。将植物残株、动物尸体等复杂的有机物分解为简单有机物的逐步降解过程，称为分解作用。分解作用过程正好与植物光合作用过程相反。植物的初级生产和资源的分解是生态系统中能量和物质流的两个主要过程。两者维持全球生产和分解的平衡。在建立和维持全球生态系统的动态平衡中，资源分解的主要作用是：通过死亡物质的分解，使营养物质再循环，给生产者提供营养物质；维持大气中 CO_2 浓度。

但在自然环境中，人类生产与生活排放了许多不能降解的有机物，分解者也无能为力。特称：持久性有机污染物（spersistent organic pollutants，POPs）例如农药，多含有氯，分子量较高，脂溶性，因而可穿过生物膜，储藏于脂肪组织中。不溶于水但却具半挥发性，常吸附于微颗粒漂浮极远距离。还可进入食物链并表现出下述现象：①生物积累（bioaccumulation），生物对污染物吸收的多排泄的少，污染物积累于体内；②生物浓缩（bioconcentration），污染物不断地积累，使体内浓度高于环境中；③生物放大（biomagnification），受污染生物进入食物链被高一级捕食者食用，污染物浓度可逐级放大，以致终极捕食者体内浓度可高于环境中万倍以上。最有名的例子就是杀虫药滴滴涕（DDT），它曾使一些地区位于食物链顶级的食鱼和食肉的猛禽鹰隼等濒临灭绝，后在停用滴滴涕后才告缓解。

生态位（niche）.生境（habitat）

1. 概念

生态位是生态学中的一个重要概念，它涉及生物及其环境两个方面；特定的物种适应（或说需要）特定的环境。

最早生态位一词仅指一个物种栖息的空间。英语 niche 源自拉丁语 nidus，意为"巢"，其后引申为教堂墙壁上、供奉神像的凹陷部位"龛"，故曾译为生态龛，其所指与"小生境（microhabitat）"大致同义，主要着眼于环境。例如 1917 年 J·Grinnell（格林尼尔）提出，任何一个生物群落中，生物物种的需要（食物或其他资源）以及空间位置都是不一样的，不同生物物种的需要与空间位置又是相互关联的。Grinnell 的生态位概念实际上是一个地理分布单位，所关注的是物种群系，侧重于生物分布角度，即后人称谓的空间生态位，是将生态位看成为一个物种在群落中与其他物种相关联的位置。

后来，生态位常用指一个物种（虽以个体为对象，但也多视其为物种的代表）在生物群落中的地位与作用[角色（role）]，特别是它与食物和天敌的关系[例如捕食者（predator）]。1927 年，C·Elton 的生态位主要强调了生物在其群落中的功能作用和地位，把生态位概念重点转移到生物群落上来。给予生态位以功能的意义，以个体生态学为基础解释生物群落的有机组成与结构。这里的定义更多从生物方面出发，它是就物种而言的生态位，似乎在说明一个物种的"能力"和"职务"。它主要指自然系统中一个种群在时间、空间上的位置及其与相关种群之间的功能关系。这个概念对于正确认识物种在自然选择进化中的作用，以及运用生态位理论指导人工群落的物种配置等方面有重要的意义。

1957 年，G.E.Hutchinson（哈钦森）将生态位分为基础生态位（fundamental niche）和实际生态位（realized niche）。基础生态位描绘的是一种抽象空间，是在生物群落中，能够为某一物种所栖息、理论上的最大空间。但实际上，当物种存在竞争或捕食者时，物种生存和利用的空间就没有基础生态位那样大，只能占据基础生态位的一部分，这就是实际生态位。应用 Hutchinson 的生态位定义来观测某一物种生态位时虽然存在很多困难，但对于形象理解生态位却有着重要意义。

生态位是可以变化的。例如，两个生态位相同或相近的物种栖居在一处，最终一个物种将会被另一个物种所取代。或者两个原来猎取同一食物的物种，其中一个食性改变，从而避免了竞争，也可称之为生态位的分化，也就是其中一个的生态位改变了。

此外，共位群（guild）是一个和生态位有关的概念，指利用类似资源或利用资源的方式相同或相近的物种，例如同以种子为食的鸟类或都采用滤食方式的无脊椎动物。该词还可译为"同资源种团"。它主要为动物生态学家使用。

2. 生态位与物种竞争

生态位的概念提出后，生态学家们好像发现了解释生物与生物以及生物与环境相互关系的一个"桥梁"。人们不仅一直用生态位理论解释物种间的竞争，而且已经越来越多地将生态位理论与物种进化联系在一起。

（1）排斥原理与生态位

苏联生态学家 Gause 根据草履虫试验得出结论——具有生态位相同或相近的两个物

种不能占据同一个生态位；如果两个物种占据同一个生态位，最终一个物种将会被另一个物种所取代。

（2）生态位重叠（niche overlap）与竞争

在生命系统中，两个以上物种共同占有或利用某些空间或资源时，即它们之间的生态位有所交叉重叠。据 Hutchinson 假定，如果环境资源已经饱和，任何一段时间内生态位重叠都不能忍受，生态位重叠的部分都将发生竞争排斥作用。自然界中广泛存在着的物种生态位重叠，其间的竞争关系具有复杂性和模糊性。

（3）生态位与物种的共存和进化

生态位分离与生态位重叠是相互对立的两个方面。经典生态位理论认为，生态位重叠与竞争程度相关，而生态位分离则与物种间的共存相关联。重叠程度越大，物种间竞争强度越高，当然这一过程必须涉及资源的供给丰富度；另一方面，分离程度越大，共存的机会越大。以前人们更多地研究生态位重叠与竞争关系，现在则是开始更多地关注生态位分离与共存关系。因为物种的共存与竞争一样，不仅是自然界普遍存在的生物现象，也同样对物种种群的进化有重要意义。

3. 生态位原理的应用

在生态工程设计、调控工程中，合理运用生态位原理，可以构成一个具有多样化种群的、稳定而高效的生态系统。在特定的生态区域内，自然资源是相对恒定的，提高人工生态系统效率的关键是合理调节生物种群匹配，充分利用生物对环境的影响，使有限资源合理高效利用。通常所说"乔、灌、草"结合，实际上就是按照不同植物种群地上地下部分的分层布局，充分利用多层次生态位，使有限的光、气、水、热、肥等资源得到合理利用，最大限度地减少资源浪费，增加生物产量和发挥防护效益的有效措施。生态工程设计中，在考虑植物多层次布局的同时，还应当考虑众多动物、低等生物生存和生活的适宜生态位，从而形成一个完整稳定的复合生态系统。

4. 生境（Habitat）

生境指生物生活的空间和其中全部生态因子的总和。生态因子包括光照、温度、水分、空气、无机盐类等非生物因子和食物、天敌等生物因子。生境一词多用于类称，概括地指某一类群的生物经常生活的区域类型，并不注重区域的具体地理位置；但也可以把生境用于特称，具指某一个体、种群或群落的生活场所，强调其现实生态环境。一般描述植物的生境常着眼于环境的非生物因子（如气候、土壤条件等），描述动物的生境时则多侧重于植被类型。

生境一词不同于环境。生境更强调决定生物分布的生态因子。生境一词也不同于生态位，但由于时常有人把生态位作为生境的同义词使用，容易使两者混淆。实际上，生态位更加强调物种在群落内的功能作用。美国 E.P.Odum（奥德姆）曾把生境比作生物的"住址"，而把生态位比作生物的"职业"。美国 R.H.Whittaker（惠特克）则指出，生境指物种能够生存的环境范围（侧重于生物分布），而生态位则指物种在群落中的作用（侧重于生物功能）。

生物与生境的关系是两者长期进化的结果。生物有适应生境的一面，又有改造生境的一面。在正常情况下，有些动物可以有多种生境，例如，候鸟随季节变化往返于繁殖地和越冬地两种生境。又如，某一生境的生物可以占领新的生境，植物种子传播到新的生境，当条件适宜，它就有可能在新生境中繁衍定居。再如，当自然条件恶化，一些动物可能被迫迁到新的生活场所。此外，同种生物为适应不同生境，也可能分化出不同的生态特性，进而衍化出新物种。

生态策略（ecological strategy）

生态策略指生物应付环境的策略。

在进化过程中，一种生物只有适应了具体环境，才能在该环境存活下来。这时，用"进化论"的说法我们就说："这个环境选择了这种生物。"但不同的环境选择采取不同策略的生物。例如，在竞争不激烈但却多灾难性气候的环境中，体小、生命短、但生育力强、发育快、善于扩散各处寻求生存机会的生物较易存活；而在相对稳定却竞争激烈的环境中，发育慢但却体大、竞争力强的生物更易生存。相对而言，前者如杂草或昆虫，后者如乔木或四足兽。杂草或昆虫善扩散，且一旦找到适宜环境，便可迅速大量繁殖。而乔木或四足兽生育力不强，它们在"拥挤"的环境中是靠竞争力强才得以生存下来。

联系到群落演替，在一片撂荒的耕地上，我们很容易理解，首先入侵定居的必然是善于扩散、生育力强、发育快的杂草。但随后，邻近的灌木和乔木相继入侵，它们的生育力不强但竞争力一个比一个高，乃逐次取代，并一直达到饱和的地步。这实际上，正反映了采取一种生态策略的生物取代了采取另一种策略的生物。

生态学中有一个重要概念即环境承载力（carrying power，也有译为容纳量或负荷量的），符号为 K，用来表征环境承载（容纳）生物的能力。换个说法，也可把承载力理解为环境中生物可利用的、可更新资源量。在上述撂荒耕地的初期，大量资源尚未被利用、生存

空间还很大时，这时生物增长的速率主要取决于生物的生育力。在生态学中用内禀增长率
（intrinsic rate of increase）来表征种群的生育力，符号为 r。于是我们就说，是这种远未饱和
的环境选择了杂草这种高 r 的物种。这样的选择乃被称为 r 选择（r-selection），而速生的杂
草则被称为 r 策略者（r-strategist）。及至后期，资源大部被利用，生存空间已很拥挤，幸存
物种在激烈地竞争。这时的增长速率就要取决于剩余的资源或说剩余的生存空间还有多大。
这个尚可容纳的生物量，等于环境承载力（总容纳量）减去现有生物量（biomass）K－N。
于是我们说，是这个接近饱和（K）的环境选择了竞争力强的乔木。这样的选择乃被称为 K
选择（K-selection），而竞争力强的乔木则被称为 K 策略者（K-strategist）。

　　对于这两类策略者，生态学中还有其他的名称。例如，被竞争力强的植物从丰饶的
环境中挤出去、四处流亡寻找生存机会的 r 策略者，又被称为逃亡种（fugitive species）或
机会主义者（opportunist）。而在饱和环境中的 K 策略者，种群近于平衡，因而，又常被
称为平衡种（equilibrium species）。

　　以上区分了两种策略，并比较了两个极端。事实上，在两个极端之间，还存在种种
过渡形态。我们常常只能说某两物种比较起来，其一更接近 r 策略者，而另一方更接近 K
策略者。生态策略的区分也可以说是物种间在生活史（life history）上的区分。采取不同
策略也就表现出不同的生活史。

　　除了这 r 和 K 的区分外，生态学家还提出过很多方案，比较有名的还有一个专门针
对植物的三分方案，R–C–S 方案。不过，它的视角不同：它首先看环境中是干扰（disturbance）
强度大还是逆境（stress）强度大，再看植物的应对策略。这个方案的所谓干扰，是指破
坏植物的灾难性事件，常是突发和随机的，如动物取食、人类活动等。而所谓的逆境，
是指较长期的、妨碍植被生长的因素，如气温的过高过低、土壤水分的过量和不足、光
照和土壤矿质营养的缺乏等。如果环境的干扰强度大而逆境不明显，则生育力强、发育快、
产种子多的杂草型（ruderal，简称 R）植物盛行，例如草原上草原犬鼠的频繁干扰（掘穴
打洞和取食）就会导致杂草丛生。如果逆境强度大而干扰不明显，则每个群落类型中都
会逐渐发育出特殊的逆境耐受型（stress-tolerant，简称 S）植物，例如荒漠中的耐旱植物
和树林中优势种树荫下的耐荫树种。最后，如果干扰和逆境的强度都不大，则植物生长
良好，直到最后互争资源，是为竞争型（competitive，简称 C）。同 r–K 分类比较起来，只
有杂草型同 r 策略型相当，逆境耐受型更近于 K 策略型，而竞争型实介于 r 和 K 之间。

　　从能量利用的角度来看，上述 r–K 生态策略实际上反映了两类生物分配能量的方针不
同。R 策略者把能量更多投于生殖以及播散的能力上（例如它们早成熟和产生大量易于播
散的种子），而 K 策略者把能量更多投于耐受逆境以及御敌的本领上（例如，在仙人掌营

造光合作用的叶绿素转移到茎上，易失水的叶子消失并变成坚硬的、可防御食草动物的刺）。

上面介绍的 r–K 生态策略，因为涉及生物的全面生活史，可以说是一个最基本的分型。其实，在生物生活史的各个方面都存在有不同的策略，例如取食的策略、避敌的策略、扩散的策略、繁殖的策略、育幼的策略等，而且这些策略和 r–K 分型之间并没有必然的对应关系。

仅就生育来讲，有的动物可以一下生出大量微小的卵然后却弃之不顾，任其自生自灭，即所谓的挥霍型（profligate）物种；另一些动物则只产生一个或少量活婴并连续哺育多年，是为节俭型（prudential）物种。有的一生只生产一次（semelparous），有的可反复生产多次（iteroparous）。相应地，有的幼体生下就可取食行走（早熟，precocial），有的却需要双亲养育教导多年才能自立（晚成，altricial）。早熟者多本能行为（instinctive behavior），而晚成者多学习行为（learned behavior），但富于创新，适应性更强。

上述一切并不见得和总的 r–K 策略有必然的对应。糖槭是个优势的平衡物种（倾向于 K），但它却生产大量可风播的小种子，扩散能力很强（接近 r）。看来，每个物种面对的具体环境不同，于是乃进化出不同的策略组合。

生物生产（biological production）

1. 生物生产

生物合成自身机体物质的过程称为生物生产，简称生产。生物机体是由复杂的含碳物质（核糖核酸、蛋白质、糖类、脂类）构成，过去曾认为这些物质只有生物（organism，又译有机体）才能制造，因此乃被称为有机物质。biological production 一词还有另一含义，即生物合成的有机物质的数量，称生物生产量（biological production）[①]，一般用等价的能量（热卡量）来计量。而生物生产有机物质的能力，称生物生产力（biological productivity），则用生物在每单位时间里的生产量来计量。植物制造有机物质的原料来自空气中的 CO_2，能量来自阳光，这称为初级生产（primary production）；动物制造有机物质的原料和能量则都来自食物，来自由其他生物身体组织消化分解而来的简单有机物质，这称为次级生

[①] 生产量（production）和生物量（biomass）是两个不同的概念。生产量是指单位时间单位面积上生产的物质干重，如 g/m^2a（克 / 平方米·年），当强调时间概念时，也可称为生产力（计量单位是一样的，而生物量，则是指某个调查时刻单位面积上积存的物质干重如 g/m^2）。生物量是单位面积上动物、植物或微生物的重量，如一片森林中的松树或松树上的叶片、这片林中的啄木鸟或松塔牛肝菌的重量，都可认为是生物量。如果我们知道了一个个体的生物量，同时还知道每一种生物的总个体数，就可以对整个的群落或生态系统作合理的估计。例如，假定对一批田鼠称了重量，知道每只田鼠平均体重约为 20g。如果一块撂荒地里大约有 1000 只田鼠，那么，我们就可以说该田鼠种群的生物量是 20000g。生物量通常用干重表示。

产（secondary production）。肉食动物吃食草动物以后，用于自身的积累和繁殖后代等，这是对次级生产产品的再利用和再生产，叫作三级生产（tertiary production）。食肉动物之间弱肉强食，还会有四级生产（quaternary production）和五级生产（quinary production）。广义次级生产是由一系列二级生产、三级生产、四级生产等组成。

初级生产过程中，植物所固定的能量之总合称为总初级生产量（gross primary production），其中有一部分为植物自身的呼吸所消耗，剩余的部分称为净初级生产量（net primary production）。初级生产积累能量的速率称为初级生产力（primary productivity），通常以单位时间单位面积内累积的能量或生产的干物质来表示 $[g/(m^2 \cdot a)]$ 或 $[kg/(hm^2 \cdot a)]$（克/平方米·年）或（公斤/公顷·年）。一般用初级生产力来衡量整个生态系统的生产力的高低。影响生态系统初级生产力的因素很多，如光照、温度、生长期长短、水分供应状况、可吸收矿物养分的多少和动物采食摄取等。同初级生产力一样，次级生产力（secondary productivity）也就是第二性生产力，是指次级生产的效率。

地球上各种各样的生态系统类型，其净初级生产力有着很大的差异。热带雨林生态系统中，植物可以全年生长，并有充足的水、热和养分供应，是地球上净初级生产力最高的生态系统。温带森林生态系统次之。荒漠生态系统由于缺乏足够的水分，其净初级生产力最低。因此，在林业上，要想增加木材产量，就必须提高森林生态系统的净初级生产力。在牧业上，要想获得更多的肉类和其他畜产品，首先要提高草原生态系统的净初级生产力。人类食用粮食本身就是农田生态系统初级生产的产物，提高其净初级生产力正是我们研究的目的之一。

在这里顺便介绍一个常被混淆的术语，生物量（biomass）[①]，即在某个地区中某个时间段内某个种群或群落的生物总量，包括活的和死的，一般以质量或能量来计量。有时也被称为现存量（standing crop）。

2. 生态效率（ecological efficiency）（"十分之一定律"）

构成食物链的每一个环节都可作为一个营养级，一个营养级指处于食物链某一环节上的所有生物的总和。营养级之间的关系已经不是指一种生物同另一种生物之间的关系，而是指某一层次上的生物和另一层次上的生物之间的关系。

[①] 生产量（production）和生物量（biomass）是两个不同的概念。生产量是指单位时间单位面积上生产的物质干重，如 g/m^2a（克/平方米·年），当强调时间概念时，也可称为生产力（计量单位是一样的，而生物量，则是指某个调查时刻单位面积上积存的物质干重如 g/m^2）。生物量是单位面积上动物、植物或微生物的重量，如一片森林中的松树或松树上的叶片、这片林中的啄木鸟或松塔牛肝菌的重量，都可认为是生物量。如果我们知道了一个个体的生物量，同时还知道每一种生物的总个体数，就可以对整个的群落或生态系统作合理的估计。例如，假定对一批田鼠称了重量，知道每只田鼠平均体重约为 20g。如果一块撂荒地里大约有 1000 只田鼠，那么，我们就可以说该田鼠种群的生物量是 20000g。生物量通常用干重表示。

从理论上讲，绿色植物的净初级生产都可被该生态系统的次级生产者（消费者和分解者）利用。但通过对捕食者和被捕食者之间关系以及对植食动物和植物之间关系的广泛研究，表明，在能量沿着食物链从上一个营养级流动到下一个营养级的过程中，能量不断地耗散、减少。对陆地生态系统和浅水生态系统来说，大约只有 10%～20% 能够流通到下一个营养级，亦即 10% 的净初级生产量被消费者转化为次级生产量，其余的则为呼吸所消耗。因为生态系统是自我维持和自我繁殖的系统，必须消耗大量的呼吸能。至于如阔叶林，则只有 1.5%～2.5% 的净初级生产量能被昆虫和其他动物所利用，大部分留给了分解者。

食物链是生态系统中能量流动的渠道，能量守恒是生态系统中能量流动的基本定律，热力学第一定律指出，能量不能被创造，也不能被消灭，但可以从一种形态转化为另一种形态。热力学第二定律又指出由于某些能量常常变成不可能利用的热能而散失掉。因此，没有一种能量能百分之百地从某一形态转变为其他形态。

为定量地描述在生态系统能量流动过程中能量的转化效率，亦即能量的利用效率，生态学中用了"生态效率"的概念。它是指生物生产的量（积累的有机物或能量）与为此所消耗的量的比值，一般都用百分比表示。生态效率从根本上讲就是能量输出和输入之间的比率，即所生产的物质量或产量，与生产这些物质所消耗的物质量的比例。从能量流动来说，次一营养级的生产力与前一营养级生产力的比率，就是生态效率。生态效率的表示方法很多，常用的主要有光合作用效率、消费者同化效率、生长效率等。一般说来，大型动物的生态效率低于小型动物，老年动物的生态效率低于幼年动物，肉食动物的同化效率高于植食动物，原因是植物性食物中难以消化的成分高。食肉动物的净生长率比草食性动物的低，因为它们在追捕猎物时要消耗许多能量。食物链越长，损失的能量就越多。从这个原理出发，应尽量缩短食物链长度，直接以谷物为主食，这样效率才比较高。如果以植物性食物为主，可以养活更多的人口。

实际的定量的研究结果证实了生态系统的能量转化效率并非百分之百，因而食物链的营养级不能无限增加。1942 年，美国生态学家林德曼（R. L. Lindeman）根据大量的野外和室内实验，得出了各营养层次间能量转化效率平均为 10%，也就是说，能量流动过程中有 90% 的能量损失掉了，这就是生态学中的所谓"十分之一定律"（ten percent law），也叫"林德曼效率（Lindeman's efficiency）"。按此推算，从一个营养级到另一个营养级的能量转换效率为 10%，营养级因此也就不能超过四级。事实上，各类生态系统的能量转化效率有很大差别，就消费者层次而言，变化范围在 4.5%～20% 间。陆地生态系统的转化效率通常要高于水域生态系统。

3. 生态金字塔（ecological pyramid）

我们可以用生态金字塔来形象地描绘各个营养级之间的量的关系，在营养级序列上，上一营养级总是依赖于下一营养级，下一营养级只能满足上一营养级中少数消费者的需要，逐级向上，营养级的物质、能量和数量呈阶梯状递减。于是形成一个底部宽，上部窄的尖塔形，称为"生态金字塔"。生态金字塔可以是能量的、生物量的，也可以是数量的。

能量金字塔（energy pyramid）——也叫生产力金字塔，是从能量的角度来形象地描述能量在生态系统中的转化。金字塔的每一等级都代表一个营养级，而每一等级的宽度则代表一定时期内通过该营养级的能量值。按照金字塔自底到顶的顺序，从底部起，前一个营养级到后一个营养级，能量的传递效率是 10% ~ 20%，因此，后一营养级大约只有前一营养级的 1/10~1/5 那么大。把通过各营养级的能量值从前到后即自下而上排列成图便成为一个能量金字塔，它是用来表示生态系统结构的最好图解方式。Odum 提出在理想生态系统中，各个成分可连接成一条简单的食物链，以 $4hm^2$ 地中的苜蓿为生产者，假设苜蓿是牛犊的唯一食物，牛犊又作为 12 岁儿童的食物。根据计算可知，要维持生命，需要饲养 4.5 头牛犊，而养活 4.5 头牛犊需要 2000 万株苜蓿。当然，这是理想的模式，因为人是杂食性生物，但这一模式提供了一个关于生态系统能量金字塔的清晰概念。

数量金字塔（pyramid of numbers）和生物量金字塔（biomass pyramid），它们的意义不像能量金字塔那么大，而且它们的形状并不总是正塔形的。数量金字塔明显表明，在一个生态系统中，生产者的数量大于植食动物，植食动物的数量又大于肉食动物，而顶极肉食动物的数量，在所有种群中通常是最小。生物量金字塔表明，生产者的生物量，一般大于植食动物的，而植食动物的生物量，一般又大于肉食动物的。

生态系统能流（energy flow of ecosystem）

1. 能源

进入生态系统的能量，根据其来源途径不同，可分为太阳辐射能和辅助能两大类型。

太阳辐射能（solar radiation energy）是生态系统中的能量的最主要来源，因此是重要的生态因子。太阳能的数量和分布，对任何地区生态系统的结构和功能，都是基本的决定因素。

除太阳辐射以外，对生态系统发生作用的一切其他形式的能量统称为辅助能（auxiliary energy）。辅助能不能够直接转换为生物化学潜能，但可以促进辐射能的转化，对于生态系统中光合产物的形成、物质循环、生物的生存和繁殖起着极大的辅助作用。根据辅助能来源的不同可分为自然辅助能和人工辅助能两种类型。自然辅助能是指除太阳辐射能以外在自然过程中产生的其他形式的能量，如潮汐作用、风力作用、降水和蒸发作用等。人工辅助能是指人们在从事生产活动过程中有意识地投入的各种形式的能量，主要是为了改善生产条件、加快产品流通、提高生产力，如农田耕作、灌溉、施肥、防治病虫害、作物育种以及产品收获、贮运、加工等。

能量在生态系统中主要以四种形式存在：①辐射能——来自光源的光量子以波状运动形式传播的能量，它是生命活动的主要能源；②化学能——化合物中贮存的能量，它是食物链中能流传递的主要形式；③机械能——运动着的物质所含有的能量，动物能够独立活动就是基于其肌肉所释放的机械能；④电能——电子运动参与了光合、呼吸等一切主要生命过程。

以上所述各种形式的能，最终都要转化为热能这一形式，但热能在同一温度下是不能做功的。不同温度下，由高热区向低热区流动，称为热流。

2. 能流

能量流动（简称能流）普遍存在于宇宙中，但此词用于文献时常有专指，因学术领域而不同。

能量以太阳能的形式进入自然生态系统，被生产者——绿色植物吸收和固定，并将光能转化为化学能，这个过程就是通常所说的光合作用。植物和某些细菌从太阳获取光能，它们是进行光合作用的生物。在光合作用过程中，绿色植物（生产者）把吸收的简单无机物（二氧化碳和水）转变为复杂的有机物（如葡萄糖），合成为碳水化合物，称之为光合产物。把吸收的光能固定在光合产物的化学键上。这种贮藏起来的化学能，一方面满足植物自身生理活动的需求，另一方面也供给其他异养生物生活的需要。地球上除光合作用的生物外，还有少数细菌能够借助各种无机化学反应获取能量，它们是进行化学能合成作用的生物。光合作用的生物和化学能合成作用的生物都是自养生物，因为它们都能从非生物的各种来源获取能量。而动物、真菌和一些细菌，则只能消耗其他生物已制造好的有机物以获取能量，这些生物都是异养生物。实际上除了极少数进行化学能合成作用的细菌之外，地球上所有的生物都是直接或间接地依赖太阳光获取能量。太阳能是一切生命活动的初始能源，它以化学键的形式在食物链中传递，并逐级在分解过程中释放出来。这就是能量的单向流动过程。

自然生态系统中的能流专指生物能的流动，即在生物间以"食物（生物组织）"形式来传递的能量。食物主要是由绿色植物（生产者）制造的，植物借助叶绿素将太阳辐射的光能转化为化学能，固定在碳水化合物中。以后再通过代谢使用这能量驱动各种生命活动，维持植物的生存和繁衍，其中一部分能量用以合成自身（植物）组织。草食动物（一级消费者）啃噬植物体时，所食部分即成为草食动物的食物，能量被吸收用以驱动生命活动，其中一部分用于合成自身（草食动物）组织。肉食动物（二级消费者）捕食草食动物时，草食动物的身体组织作为食物又将所储存的能量转移到肉食动物体内，经历同样过程，有一小部用于合成自身（肉食动物）组织。肉食动物还可再被更强大的肉食动物捕食，不过最后动植物的死体残骸却作为食物被微生物（分解者）所分解。这个以植物物质形式贮存起来的固定于化学键中的化学能在生物间传递的过程即为生态系统中的能流。在这里，所谓能流实质上是一种能源物质（食物）的流动。不同生物之间通过取食关系而形成的链索式单向联系称为食物链（food chain），它是生态系统能量流动的渠道。通常食物链彼此交错连接成网状结构，称为食物网（food web）。食草动物取食植物，食肉动物捕食食草动物，即植物→食草动物→食肉动物，从而实现了能量在生态系统的流动。

自然生态系统中的能量流动（energy flow of ecosystem）是借助于食物链和食物网来实现的。始于生产者的初级生产止于还原者的功能完成，是通过食物关系使能量在生物间发生转移。整个过程包括了能量形态的转变，能量的转移、利用和耗散。能量在这个传递过程中逐级减弱。或作为产品输出，或作为不能被利用的废物，离开生态系统，或经消费者和分解者生物呼吸释放的热能自系统中丢失。在大多数陆地生态系统和浅水生态系统中，生物量的大部分不是被取食，而是死后被微生物所分解。生态系统中的能量流动是单方向的，不能被反复重复利用。

营养物循环（nutrient cycling）

大自然中生物必需的营养素被植物（生产者）吸收后，经同化作用变成生物自身组织，这些组织以食物的形式在动物（消费者）间传递，最终被微生物（分解者）分解使其中营养素复归自然，但仍可被生物再吸收、重新加以利用，这样就在生物体和自然界（非生物环境）之间形成往复循环。化学物质在"生物—地球"两界间的这种往复又称生物地化循环（biogeochemical cycle）。

本文要介绍的是几个一切生物都必需的无机营养素的循环，也即初级生产（参见生产力）所需的原料，包括水（H_2O）及碳（C）、氧（O）、氮（N）、磷（P）、硫（S）等5

种元素的循环。其中氧和氮通常以分子状态（O_2 和 N_2）大量存在于大气中。碳以单体或碳氢化合物的形式存在于地下（化石燃料 fossil fuel），但作为光合作用的原料也是以二氧化碳（CO_2）的形式存在于大气中，只是大气中含量极低。氧和二氧化碳都是通过叶面气孔进入植物体的。可是氮气不能直接被植物利用，必须要经土壤中微生物的作用、相继转化为氨和硝酸盐才能被吸收。磷和硫也是以含氧酸盐的形式大量存在于沉积物中。它们和氮类似，均以阴离子形式（硝酸根 NO_3^-、磷酸根 PO_4^{3-} 和硫酸根 SO_4^{2-}）溶于地下水中，随水被根系吸收入植物体。

水循环（water cycle）

水是最重要的营养素之一，因为光合作用就是在光能驱动下，把水和二氧化碳合成为有机物质的过程。液态水还是一切可溶性营养物的载体。水循环的驱动力主要是太阳辐射的热力作用（蒸发和大气环流）和重力作用（降雨和自高而低的径流）。近赤道部分的蒸发量（evaporation）大于降雨量（precipitation），大量蒸汽随大气环流向两极方向扩散。纬度增加，气温下降，降雨量增加，水乃复归地面。如地面无植被，大雨可破坏土壤，冲走营养物质，造成土壤侵蚀（soil erosion）。但如有足够的植被，可能大部分降雨被截留，并通过植物的蒸腾作用（transpiration）形成局部的水循环，从而将营养物保留在局部。最后地表径流（runoff）汇集成江河，复归大海。

碳循环（carbon cycle）

碳是一切有机物质的构架元素。为了给生命活动供能，植物无论昼夜都要呼吸，都在释放二氧化碳。但只有在白天日光下，植物才能通过光合作用吸收二氧化碳，以制造有机物质。二氧化碳在大气中的浓度只有0.03%，实际上限制了光和效率，但我们现在最关心的不是提高二氧化碳浓度借以提高作物产量，反而是如何阻止浓度的增高。这是因为二氧化碳阻止红外光的较长波部分（蕴含热能）被地球表面反射走，产生温室效应从而提高了地表温度，如果温度继续增高将导致灾难性后果（如极地冰融化致海平面上升、沙漠扩大、极端天气频发等）。植物体中的纤维素和木质素等是动物本身无法消化的，即或专门食碎屑的微生物也难以及时分解完，这就致使大量植物残骸遗留下来，被地质运动搬至地下，并逐渐转化为媒、石油、天然气等化石燃料。目前，大气中二氧化碳浓度的升高正是化石燃料的无节制燃烧的后果。有一部分二氧化碳可溶于海水形成碳酸，甚至以碳酸钙的形式沉积于海底。但海水的这个缓冲作用，不能抵消增长趋势。目前建筑界推行的节能减排措施正是人类企图减缓二氧化碳浓度增加的一个努力。

氧循环（oxygen cycle）

氧可认为是光合作用的副产品。光合作用中，太阳光能将水分解为氧、质子和高能电子，这个高能电子和质子乃将二氧化碳还原为碳水化合物。目前，大气中的氧均靠光合作用来维持。另一方面，绝大多数生物都需要呼吸，一天 24 小时都需要依靠氧化作用放能以维持生命活动，同时释放出二氧化碳。因此，森林在白昼日光下可能是氧气充足，但到了夜间，森林却成为释放二氧化碳的源头。

氮循环（nitrogen cycle）

氮是蛋白质和核糖核酸的必要成分：每个氨基酸分子都至少含有一个氮原子；而所谓的核苷碱基（nucleoside base）都是氮杂环 [嘌呤（purine）或嘧啶（pyrimidine）]。体内参与能量代谢和合成生物大分子的辅酶也大都含有氮杂环。大气富含的氮不能被植物吸收。火山爆发会增加大气中氮，空中的雷电则会消耗氮气，催生一部分氮氧化物（固氮作用）。不过，更多的氮是依靠微生物固定下来的。土壤中的一些微生物，特别是豆类根瘤菌，可固氮成为氨（正 3 价），氨溶于水乃成铵离子。土壤中还有大量亚硝酸菌和硝酸菌靠氧化氮化合物为生，相继产生亚硝酸（正 3 价氮）和硝酸（正 5 价）。氮主要是以硝酸根负离子的形式被植根吸收。生物残骸分解出的氨类，也是经土中微生物作用后被植根吸收。另一方面，土壤还有反硝化菌可将硝酸盐还原为气态氨。近些年来，工业方法固氮（制造氮肥和火药）的规模越来越大，其总量已超过自然界的生物固氮。最后必须一提的是，化石燃料中都含有氮，燃烧时产生的氮氧化物形成的硝酸，是酸雨（acid rain）的一个重要成分。再有，汽车废气中的氮氧化物和碳氢化物可在阳光作用下产生二次污染物 [secondary pollutant，如臭氧、过氧乙酰基硝酸酯（PAN）等]，又称光化学烟雾（photochemical smog），它严重损伤呼吸道，甚至可致癌。

磷循环（phosphorus cycle）

磷和氮一样，都是 V 族元素。磷也是核糖核酸的必要成分：核糖核酸的组成单元核苷酸（nucleotide）就包含磷酸根。以核苷酸为基础的高能磷酸键还是储存和转移生物能以及利用生物能来合成生物大分子的主要形式。与氮不同，磷主要以磷酸盐的形式存在于沉积层中。随着磷肥和氮肥的过量使用，它们随水排入湖泊和近海还可造成另一种类型的水体污染，即富营养化（eutrophication，严格说来此通用词命名不当，因本意是过营养化 hypertrophication）。这时因磷、氮的增加，藻类和微生物大量繁殖，藻类虽为自养，但位于深层缺乏阳光处仍然耗氧。它们的死体沉入底层，分解时也耗氧，以致水内溶氧量大量下降，最终使鱼虾类大量死亡。

硫循环（sulfur cycle）

硫和氧一样，都是Ⅵ族元素。硫是很多重要生命物质的关键元素，例如在乙酰辅酶A中，是它形成的硫脂键使代谢物活化，完成转乙酰作用。身体内普遍存在的谷胱甘肽是重要的抗氧化剂。硫也是存在于沉积层中，包括单体硫、硫化物和硫酸盐。硫还存在一个"气—液—固"三态间的循环。大气中的硫化氢（H_2S）被氧化为二氧化硫，溶于水体中成为硫酸根离子，在淤泥中再被微生物还原为硫化氢后经水体复回大气。事实上，在硫循环的同时还耦合着一个氧的循环，即气态氧同硫结合成硫氧化物，在水中化为硫酸根离子，最后再在底泥中还原为氧气。有的学者认为，氧之能在大气中稳定在21%的浓度，实际上正是靠这个硫循环来调节的。化石燃料常含硫，硫化物冶炼也放硫，工业废气中的硫氧化物遇水化为硫酸，这是造成酸雨的最主要的成分。酸雨可破坏植被、造成农业减产、腐蚀建筑用石材和钢材等。

生态因子（eco-factors）

1. 分类

生态因子（eco-factors），是指环境中对生物的生长、发育、生殖、行为和分布、对种群的数量和分布、生物群落的结构和功能，以及生物的进化取向等有直接或间接影响的各种因子，例如，光照、温度、湿度、食物、水分、氧气、二氧化碳和其他相关生物等。生态因子是生物生存不可缺少的环境条件，有时又称为生物的生存条件。

在任何一种生物的生存环境中都存在着很多生态因子，这些生态因子的性质、特点和强度等各不相同，它们彼此之间相互制约，相互组合，构成了多种多样的生存环境，为各类不相同的生物生存进化创造了不计其数的生境条件。虽然生态因子的数量很多，但仍可按照其性质划分为五个基本类型。

（1）气候因子（climatic factors）——包括温度、光照、降水、风、气压和雷电等；

（2）土壤因子（edaphic factors）——土壤是气候因子和生物因子共同作用的产物，包括土壤结构、土壤成分的理化性质、养分、地下水和土壤生物及其活动等；

（3）地形因子（topographic factors）——包括地球表面的起伏以及同光照、水流、风向的关系等；

（4）生物因子（biotic factors）——包括动物、植物和微生物之间的各种相互作用；

（5）人为因子（anthropogenic factors）——如人类对资源的利用、破坏、改造和发展过程中的生态作用。把人为因子，如垦植、放牧、伐林、采矿、污染等，从生物因子中分离出来是为了强调人类作用的特殊性和重要性。

生态学（特别是动物生态学）中另一种影响很大的分类，是将生态因子分为密度制约因子（density dependent factors）和非密度制约因子（density independent factors）两类。天敌和食物等资源型生物因子都属于前者，因为它们的影响是随受影响者的密度而异。例如，某个动物的种群密度增加时，其天敌（包括更大型的食肉动物以及寄生虫、病菌）数量可能因食物增加而增加，但天敌增加后反过来就会减少该动物种群的密度，由于减少了天敌自身食物，又制约了天敌本身的增加，使动物和其天敌趋于平衡，有稳定种群数量的作用。后者指温度、降水等气候因子，它们的影响强度不随其种群密度而变化。

2. 生态因子作用的一般规律

（1）综合作用

环境对生物体的生态作用是生境中各种生态因子综合作用的结果。环境中的每个生态因子不是孤立的，总是与其他因子相互联系、相互影响、相互制约的。例如，山脉阳坡和阴坡景观的差异，是光照、温度、湿度和风速的综合作用结果。但对生物起作用的众多因子又并非等价的，在诸多环境因子中，有一个对生物起决定作用的生态因子，称为主导因子。主导因子发生变化会引起其他因子也发生变化。使生物的生长发育发生变化，例如，光合作用时，光照强度是主导因子，温度和 CO_2 等是次要因子；春化作用时，温度是主导因子，湿度和通气条件是次要因子。

（2）阶段性作用

在不同发育阶段，生物需要不同的生态因子或不同强度的生态因子，例如鱼类的洄游，大马哈鱼生活在海洋中，生殖季节就成群结队洄游到淡水河流中产卵，而鳗鲡则恰相反。它们不是终生都定居在某一环境之中。

（3）不可替代性和补偿性作用

环境中各种生态因子对生物的作用虽然不尽相同，但都各有其重要性，尤其是起主导作用的因子，其作用是不可替代的。例如，植物生长发育所需要的铁等微量元素，虽然需要量很微小，但如果没有的话，植物的生命就会完全终止。不过，在一定条件下，若某一生态因子出现量的不足，仍然可以通过其他相近生态因子的增加或加强而得到补偿，以获得相似的生态效应。例如，软体动物壳生长需要钙，环境中大量锶的存在，就可补偿钙不足对壳生长的限制作用；向阳的南坡可以补偿寒冷区域温度的不足；这就是生态因子的补偿性作用，但因子之间的补偿作用并非经常存在。而且也只能在一定范围内作部分补偿，并不能取代。

（4）直接作用和间接作用

在环境中有些生态因子能直接影响生物的生理过程或参与生物的新陈代谢，称为直接因子，如光照、温度、水分、土壤、二氧化碳、氧、无机盐等；另一些生态因子通过影响直接因子而间接作用于生物，称为间接因子，如海拔高度、坡面、坡向、经度、纬度等通过对光照、温度、风速及土壤质地的影响，对生物发生作用。环境中的地形因子对生物的作用是最典型的间接作用。例如，四川二郎山的东坡湿润多雨，分布着常绿阔叶林；而西坡空气干热、缺水，只分布着耐旱的灌草丛，同一山体由于坡向不同，导致植被类型完全不同。区分生态因子的直接作用和间接作用对认识生物的生长、发育、繁殖及分布都很重要。

（5）限制性作用

1）Liebig 最小因子定律（Liebig's law of minimum）

最小因子定律是由德国化学家利比希（Baron Justus Liebig）于 1840 年研究谷物的产量时首先提出的。他在书中指出："植物的生长取决于环境中那些处于最小量状态的营养物质。"这一概念被称为"Liebig 最小因子定律"。基本思想是，每种植物都需要一定种类和一定数量的营养物质，植物的生长取决于那些环境存量处于最少状态的营养成分，如果环境中缺乏其中的一种，植物就会发育不良，生长量最少，甚至死亡。但后人认为，最小因子定律只有在环境条件处于严格的稳定状态下才适用，如果稳定状态受到破坏，就没有最小成分可言。

2）耐受定律（law of tolerance）

耐受定律是由美国的生态学家谢尔福德（V. E. Shelford）于 1913 年提出的，他认为因子在最低量时可以成为限制因子，但如果因子过量超过生物体的耐受限度时也可成为限制因子。每种生物对某一生态因子都有一个生态上的适应范围，即有一个最低和最高点，两点间的幅度称为生态幅（ecological amplitude），或叫耐受限度。生物在环境因子处于最适点或接近最适点时才能很好生活，趋向两端时生长就会减弱，若超过了耐受限度，则该生物种不能生存，甚至灭绝。

按照生物对温度、水分、盐度、食性、栖息地环境等生态因子的适应范围，可分别被划分为：广温性和窄温性生物、广水性和窄水性生物、广盐性和窄盐性生物、广食性和窄食性生物、广栖性和窄栖性生物等。

3）限制因子（limiting factors）

生物的生存和繁殖依赖于各种生态因子的综合作用，任何一种生态因子只要接近或超过生物的耐受范围而阻止其生存、生长、繁殖、扩散或分布时，这种因子就称为该生物的限制因子（limiting factors）。例如，水中的盐分对许多鱼类的生命活动分布等就是一个限制因子，限制因子一词，是指环境中对生物的生存和繁殖起限制作用的生态因子。这个限制作用是因具体环境和具体生物而异。而且，所谓的限制作用有其定量的含义：例如在寒冷地带，气温是限制因子，只有高于某个阈值才能允许某些植物生存；又如在污染地区，污染物的浓度是个限制因子，只有低于某个阈值某些农作物才能生长。因此，各种生态因子对生物的作用并非同等重要，一旦找到了限制因子，就意味着找到了影响生物生存和发展的关键，这也正是提出"限制因子"这一综合概念的价值所在。

3. 生态因子作用举要

（1）土壤因子（edaphic factor）

土壤是陆地生态系统的基础，是具有决定性意义的生命支持系统，其组成部分有矿物质、有机质、土壤水分和土壤空气。具有肥力是土壤最为显著的特性。

1）温度——土壤温度对植物种子的萌发和根系的生长、呼吸及吸收能力有直接影响，还通过限制养分的转化来影响根系的生长活动；

2）水分——由水分与盐类组成的土壤溶液参与土壤中物质的转化，促进有机物的分解与合成。土壤的矿质营养必须溶解在水中才能被植物吸收利用。土壤水分太少引起干旱，太多又导致涝害，都对植物的生长不利。土壤水分还影响土壤内无脊椎动物的数量和分布；

3）空气——土壤空气组成与大气不同，土壤中 O_2 的含量只有 10%～12%，在不良条件下，就可能抑制植物根系的呼吸作用。土壤中 CO_2 浓度则比大气高几十到上千倍，当土壤中 CO_2 含量过高时（如达到 10%～15%），根系的呼吸和吸收机能就会受阻，甚至会窒息死亡；

4）酸碱度——土壤酸碱度与土壤微生物活动、有机质的合成与分解、营养元素的转化与释放、微量元素的有效性、土壤保持养分的能力以及生物生长等等都有密切关系。根据植物对土壤酸碱度的适应范围和要求，可把植物分成酸性土植物（pH<6.5）、中性土植物（pH=6.5～7.5）和碱性土植物（pH>7.5）。土壤酸碱度对土壤动物也有类似影响。

（2）水因子（water factor）

水是生物最需要的物质，水的存在与多寡，影响生物的生存与分布。生物的新陈代谢是以水为介质进行的，生物体内营养物质的运输、废物的排除、激素的传递以及生命赖以存在的各种生物化学过程，都须在水溶液中进行，而所有物质也都必须以溶解状态才能进出细胞。各种生物的含水量有很大的不同。生物体的含水量一般为 60% ~ 80%，有些水生生物可达 90% 以上，而在干旱环境中生长的有些苔藓植物仅含 6% 左右。

通常把植物划分为水生植物和陆生植物。水生植物生长在水中，长期适应缺氧环境，根、茎、叶形成连贯的通气组织，以保证植物体各部分对氧气的需要。生长在陆地上的植物统称陆生植物，可分为湿生、中生和旱生植物。湿生植物多生长在水边，抗旱能力差。中生植物适应范围较广，大多数植物属中生植物。旱生植物生长在干旱环境中，能忍受较长时间的干旱，其对干旱环境的适应表现在根系发达、叶面积很小、发达的储水组织以及高渗透压的原生质等。

动物按栖息地也可以分水生和陆生两类。水生动物主要通过调节体内的渗透压来维持与环境的水分平衡。陆生动物则在形态结构、行为和生理上来适应不同环境水分条件。动物对水因子的适应与植物不同之处在于动物有活动能力，可以通过迁移等多种行为来主动避开不良的水分环境。

（3）光因子（light factor）

光因子属气候因子。

太阳辐射的质量、强度及其周期性变化对生物的生长发育和地理分布都有深刻的影响，生物本身对这些变化的光因子也有着多样的反应。

1）光质

大多数脊椎动物的可见光波范围与人接近，但昆虫的可见光波范围则偏于短波，它们看不见红外光，却看得见紫外光，通常晚上看到夜蛾绕着灯光飞转的现象。红光、橙光影响光合作用，能对叶绿素有促进，绿光不被植物吸收，称"生理无效辐射"。红光有利于糖的合成，蓝光有利于蛋白质的合成。光对动物生殖、体色变化、迁徙、毛羽更换、生长发育有影响。紫外光与动物维生素 D 的产生关系密切，过强会有致死作用；波长 360nm（纳米，10^{-9} 米）即开始有杀菌作用，在 340 ~ 240nm 的辐射条件下，可使细菌、真菌、线虫的卵和病毒等停止活动；200 ~ 300nm 的辐射下，杀菌力强，能杀灭空气中、水面和各种物体表面的微生物，这对于抑制自然界的传染病病原体极为重要；

2）光照强度

光能促进细胞的增大和分化，影响细胞的分裂和伸长；光还能促进组织和器官的分化；在一定的生态条件下，光照强度制约着光合作用及有机物产量；植物的光合器官叶绿素必须在一定光强条件下才能形成，许多其他器官的形成也有赖于一定的光强。在黑暗条件下，植物就会出现"黄化现象"。光照强度与很多动物的行为有着密切的关系。有些动物适应于在白天的强光下活动，称为昼行性动物；另一些动物则适应于在夜晚或早晨黄昏的弱光下活动，称为夜行性动物或晨昏性动物；还有一些动物白天黑夜都能活动等；

3）光周期现象

各种植物开花季节很有规律，深受光照和黑夜时间长短变化的制约，在这里，光照的长短是作为信息而发挥作用，这种现象称为植物的光周期现象。根据植物对日照长度的反应可分为长日照植物、中日照植物、短日照植物。光周期对植物的地理分布有较大影响。对植物的引种、育种工作有极为重要的意义。鸟类的光周期现象最为明显，它的迁徙是由日照长短变化所引起的。鸟类及某些兽类的生殖也与日照长短有关。

（4）温度因子（temperature factor）

温度因子属气候因子。

在一定的温度范围内，生物的生长速率与温度成正比。但某些植物还一定要经过一个低温"春化"阶段，才能开花结果。

1）低温影响——低温对生物的伤害可分为寒害和冻害两种。寒害是指温度在0℃以上对喜温生物造成的伤害。植物寒害的主要原因有蛋白质合成受阻、碳水化合物减少和代谢紊乱等。冻害是指0℃以下的低温使生物体内（细胞内和细胞间）形成冰晶而造成的损害。植物在温度降至冰点以下时，会在细胞间隙形成冰晶，原生质因此而失水破损。极端低温对动物的致死作用主要是体液的冰冻和结晶，使原生质受到机械损伤、蛋白质脱水变性；

2）高温影响——温度超过生物适宜温区的上限就会对生物产生有害影响，温度越高对生物的伤害越大。高温可减弱光合作用，增强呼吸，使植物的这两个重要过程失调，破坏植物的水分平衡，促使蛋白质凝固、脂类溶解，导致有害代谢产物在体内积累。高温对动物的有害影响主要是破坏酶的活性，使蛋白凝固变性，造成缺氧、排泄功能失调和神经系统麻痹等。

生态平衡（ecological balance）

"生态平衡"在生态学文献中是个多义词，常用的含义至少有以下几种：

1. 人类对物质和能量的需求同环境能提供的可再生资源和能源之间的平衡，人类制造的污染同人类除污及环境自净能力之间的平衡。它一般对应于 ecological balance 一词。这也是本书中所采用的定义。

2. 一个生态系统的生产过程同分解过程之间的平衡，投入同产出之间的平衡，其结果是系统的总生物量（biomass）不变。它更常对应于 ecological equilibrium 一词。

3. 一个生物群落中的基因多样性（genetic diversity）、物种多样性（species diversity）和生态系统多样性（ecosystem diversity）在动态平衡中保持相对稳定的状态（参见生物多样性），这时只有因自然演替而产生的渐变（参见群落）。这在文献中也常使用 ecological balance 一词。不过其定义是把平衡理解为稳定（stability），而且把多样性（diversity）同稳定性直接联系起来。实则，多样性是不是促进或者保证稳定性的必然条件还是一个有争议的问题。

由于生态系统的各组成部分不断按一定的规律运动或变化，能量不断流动，物质不断循环，整个系统都处于动态之中，所以，生态平衡是个动态平衡。其所以能保持动态平衡，主要是因其内部具有一定限度的自动调节能力。例如，环境具有自净能力。当污染物进入环境后，经自然条件下的物理、化学作用，使污染物在空间扩散、稀释，浓度下降，最后受污染的环境复原；再如，当生态系统某一环节出现机能异常时，可能会被其他环节的自动调节予以抵消。例如，当森林大规模发生害虫时，食虫鸟类因食物丰富大量繁衍，从而抑制住虫害。生态系统的自动调节能力一般与系统的组成和结构的复杂程度成正比。但调节能力总有限度，外来影响超过调节限度，生态系统就会遭到崩溃。

人类生存所依靠的自然生态系统有其发展的固有客观规律，违反这种客观规律办事就要受到大自然的惩罚，例如：（1）乱砍滥伐森林，采育失调，使森林资源遭到极大破坏；（2）工业生产中排放"三废"，农田滥施化学农药，造成严重的环境污染，有毒物质进入食物链，给生态系统带来危害；（3）大量围湖造田，给整个生态平衡带来恶果；（4）围垦草场，过度放牧，草原遭受破坏，加速了草原的沙化，同时使优质牧草逐渐减少；（5）农田灌溉排水不配套，加剧了土壤次生的盐碱化；等等。

认识自然，了解生态规律，总结教训，把生态平衡的理论应用到生产实践中去，特别是：（1）正确处理保持生态平衡与开发资源之间的关系，两者要处理得当；（2）正确安排供与需之间的关系，使生物资源得以再生、保持其数量的相对平衡；（3）注意维持生物间的制约状态，充分了解和利用生态系统的抵抗力（resistance，是生态系统抵抗外干扰的能力）、恢复力（resilience，是指生态系统遭受外干扰破坏后恢复原状的能力）和后备力（redundancy，指生物群落中具有同样生态功能的物种，一旦环境条件变化，替代衰退或消亡的原功能物种发挥作用，保证系统结构的相对稳定和功能的正常进行），妥善处理部分与全局的关系，从而建立优化状态的生态平衡。

生态失衡（ecological disequilibrium）

各类生态系统，当外界施加的压力（自然的或人为的）超过了生态系统自身调节能力或代偿功能后，都将造成生态系统的结构破坏，功能受阻，正常的生态关系被打乱以及反馈自控能力下降等，从而威胁到生态系统的生存和发展。这种状态称为生态平衡失调，或称生态失衡。生态失衡的特点之一是结构失调，在生态系统结构上出现了缺损或变异。如大面积的森林采伐就不仅可使原有生产者层次的主要种类从系统中消失，而且各级消费者也因栖息地的破坏而被迫迁移或消失，直接造成营养关系的破坏。生态失衡的特点之二是功能失调，能量流动在系统内的某一个营养层次上受阻或物质循环正常途径中断。库与库之间的输入与输出的比例失调。破坏了生态系统物质循环功能，又反过来危害着系统正常结构的恢复。

当前，人们经常谈到诸如森林面积缩小、草原退化、气候恶化、水土流失、洪水泛滥、沙漠扩大、风沙肆虐、环境污染、人口膨胀等，这些都是生态平衡失调的表现。调整、恢复和维持生态平衡是摆在我们面前的任务。

1. 破坏生态平衡的因素

生态平衡的破坏，有自然因素，也有人为因素：

（1）自然因素——自然因素主要指自然界发生的异常变化或自然界本来就存在的对生物有害的因素。如火山爆发、山崩海啸、海陆变迁、雷击火灾、洪水、泥石流、旱灾以及地壳变动、台风、流行病等自然灾害，都会使生态平衡遭到破坏。由这类原因引起的生态失衡称为第一环境问题。例如，著名的每隔一定年份（平均五年）出现的厄尔尼诺现象（El Ninô），秘鲁海面水温增高，影响携带养分的上升流，致使鱼类大量减产。继而以鱼为食的海鸟大量死亡，导致鸟粪减产，结果是农产因缺肥而受影响。自然因素对生态系统的破坏是严重的，甚至可使其彻底毁灭，并具有突发性的特点。但这类因素往往是局部的，出现的频率并不高。

（2）人为因素——人为因素主要指人类对自然资源的不合理利用、工农业发展带来的环境污染等问题。人为因素对生态平衡的破坏而导致的生态失衡是最常见、最主要的，通常是伴随着人类生产和社会活动同时产生。由这类原因引起的生态失衡称为第二环境问题。人为因素是生态失衡的主要原因。

生态平衡和自然界中一般物理和化学的平衡不同，它对外界的干扰或影响极为敏感。因此，在人类生活和生产的过程中，常常会由于各种原因引起生态的破坏。人为因素的影响往往是渐进的、长效应的，破坏性程度与作用时间及作用强度紧密相关。人为因素引起的生态平衡的破坏，主要有三种情况：

1）物种改变引起失衡

生态系统中因某一种生物的消失或引进，可能对整个生态系统造成影响。例如澳大利亚原来并没有兔子，后来从欧洲引进了兔子供肉用并生产皮毛。引进后，由于没有天敌予以适当限制，致使兔子大量繁殖，在短短的时间内，繁殖的数量相当惊人，遍布数千万亩田野，在草原上每年约以 112km 的速度向外蔓延。该地区原来长满的青草和灌木全被吃光，再不能放牧牛羊。田野一片光秃，土壤无植物保护而被雨水侵蚀，造成生态系统的破坏。

2）环境因素改变引起失衡

工农业的迅速发展，大量污染物质进入环境，使生态系统的环境因素发生改变，影响和破坏了生态平衡。如农业生产除草剂和杀虫剂的使用、工厂在生产的同时排放大量各类污染物、污染空气、侵蚀土壤等，森林大面积开采，牧业发展带来的过度放牧导致的草场退化，大型水利工程兴建造成的生态影响等，都在改变生产者、消费者和分解者的种类与数量，破坏了生态平衡。最突出的例子是，人类使用的氮、磷等化肥随雨水或灌溉用水流入水体，造成富营养化，最终导致鱼类大量死亡。

3）信息系统破坏引起失衡

许多生物在生存的过程中，都能释放出某种信息素（一种特殊的化学物质），以驱赶天敌、排斥异种或取得直接或间接的联系以繁衍后代。如果人们排放到环境中的某些污染物质与某一种动物放出的性信息素发生作用，使其丧失引诱异性个体作用时，就会破坏这种动物的繁殖，改变生物种群的组成结构，使生态平衡受到影响。

2. 生态平衡阈值（生态阈值）（ecological equilibrium threshold）

生态系统的稳定性是动态的，这是由于生态系统中生物类群是不断变化的，系统的内、外界环境条件也在不断地变化，因此，生态系统的稳定性有一定的作用范围。一定范围内，生态系统可以忍受一定程度的外界压力，并通过自我调控机制，抵御和校正来自自然和人类的干扰，恢复其相对平衡，保持其相对稳定。若超出一定的范围，生态系统的自我调控机制就会失灵或消失，其稳定性就会受到影响，相对平衡就会遭到破坏，出现生态失调，甚至使系统崩溃。生态系统可以忍受到一定程度的外界压力，以维持其相对稳定性，这个限度就称为生态平衡阈值简称生态阈值，即不使生态系统丧失调节能力的外干扰强度。

生态阈值的大小决定于生态系统的成熟性。系统越成熟，结构越复杂，阈值越高；反之，系统发育越不成熟，结构越简单，功能效率越低，系统对外界压力的反应越敏感，抵御剧烈生态变化的能力越脆弱，阈值就越低。不同生态系统在其发展进化的不同阶段有多种不同的生态阈值。不过，生态阈值高的成熟系统却也存在另一方面的问题，即它们一旦崩溃，就难以恢复；抵抗力虽高，恢复力却很低。

内稳态（homeostasis）

内稳态原指生物个体维持内环境稳态（如高等动物细胞外液中温度和酸碱度的稳定）的现象。此概念后来沿用到生物群体（生物群落和生态系统）的稳态。

此词出现于 1927 年，是美国生理学家坎农（Walter Bradford Cannon，1871 ~ 1945）结合 19 世纪法国人伯尔纳和本人对内环境的研究，用希腊文 homoios（相同）和 stasis（保持）两词组成的。

内稳态是生物亿万年逐步进化出来的，以进化程度较高的人类为例，人体内环境中的温度、酸碱度（pH）、渗透压，和钙、钾等离子浓度都保持在一定范围内；营养成分如氧、葡萄糖、氨基酸和维生素的水平不少于一定数值，而废物如尿素不超过某个数值；重要调节因子（如激素）的水平适应机体发育和生理的需要；防御细胞（如白细胞）和免疫球蛋白也保持在一定数值以应付常见的感染。

以成熟期的森林生态系统为例，从生物群体层次来看，系统的能量收支大致相等，森林的总生物量相对稳定；营养物质循环近于封闭，流失极少；系统外观和结构长期保持不变；系统有抵御外界干扰的能力，一般少量砍伐、轻度污染或小型天灾不会影响它的总体平衡，系统可通过自我更新迅速复原。不仅如此，局部的水、土和气候也都因生态系统的存在而变得稳定少变。

从表面上看，个体和群体都达到了稳定，但细考其内稳态机制（homeostatic mechanism）却有极大的不同。以人体为例，例如腹泻丢碱造成的轻度酸中毒，首先为体液的缓冲系统所中和，之后是通过肾脏保钠和肺脏排出碳酸得到进一步稳定，最后还要通过行为层次的反应，例如摄食含碱份的食物而彻底解决。这里的第一步只是一个化学层次的动态平衡，由重碳酸氢根 / 重碳酸盐系统缓冲系统把酸中毒缓解了一下。第二步则进入了生理层次，因为要通过神经和内分泌系统调动肾脏保钠和肺脏排出碳酸。神经和内分泌都是信息系统：它们有感受器，可查知酸中毒的出现；有中枢调控机构，决定采用负反馈（negative feedback）方式解决问题；有效应器即肾脏和肺脏，可以执行决策。反馈本来是个技术术语，指一个过程中输出的变动作为调节信息反作用于该过程，如其结果是倾向于抵消原来的变动趋势，也即将输出稳定趋近原有水平，则称负反馈。第三步更进入行为层次，即扩展至个体同外环境的交互作用。进食、饮水等行为无非都是维持机体内稳态的对外措施。行为与上述生理过程的不同处是，生理变化受神经系统中内效部分（中枢和自主神经系统）的控制，行为则受神经系统中的外效部分（中枢和周围神经系统）控制。由内稳态的观点看来，所谓的动机和内驱力等，无非是机体恢复内稳态的心理机制。

考察森林生态系统，这里只有由动态平衡达到的稳态（steady state），没有负责整合的信息调控机制，也没有相应的负反馈信息流。不过这也不难理解。由单细胞生物进化到多细胞生物是个整合过程（integration）。在高等生物体内可以看到这个整合层次（levels of integration）：细胞→组织→器官→系统→个体。而在群体的组织过程中，虽然也存在一定的组织层次（levels of organization），但结构松散：个体→种群→群落。

受此词的影响还发展出一些相关的概念，例如生物发育是沿着遗传决定的方向前进，尽管环境干扰可能导致不同的发育历程，但终局大致相同，这种殊途同归的现象被视为是一种发育稳态现象，称为稳向（homeorrhesis）。在群体层次，也有学者视群落演替就是群体发育的稳向过程。

生态工程（ecological engineering）

1. 概述

作为应用生态学的分支之一，生态工程是一门正在形成中的学科，相关的研究迄今已有 40 多年的历史。生态工程强调资源的综合利用、技术的系统组合、学科的边缘交叉和产业的横向结合，是生态学原理与现代技术有机结合的产物。

生态工程概念是著名生态学家 Howard.T.Odum 及马世骏分别于 20 世纪 60 和 70 年代各自提出来的。1962 年美国 H.T.Odum 首先使用了生态工程（ecological engineering）一词。Odum 认为生态工程是"人类轻微干预的生态系统的自组织设计"，强调环境效益和自然调控。中国马世骏根据中国大量朴素的生态工程实践，归纳出"整体、协调、循环、再生"的生态工程原理，明确其研究对象为社会—经济—自然复合生态系统，并提出了生态工程的目标："是在促进自然界良性循环的前提下，充分发挥资源的生产潜力，防止环境污染，达到经济效益与生态效应同步发展"。1988年、1989年国际生态工程学会主席美国W.J.Mitsch进而将生态工程总结为"使人与自然双双受惠的可持续的生态系统的设计"，1989年在美国出版了由Mitsch和Jorgensen主编，中、美、加拿大、丹麦、日本等国学者合著的《生态工程》一书，明确提出其研究对象为生态系统，较系统地初步归纳出一些基本原理，总结其方法论及若干应用实例。自此，生态工程才在国际学术界被公认为可持续发展领域以及产业革命的一门新兴学科。

生态工程中目前最活跃的研究领域，一是生物物质循环利用生态工程，将生活垃圾、秸秆、人畜粪便及各类食品工业的废弃物深层利用，循环再生，为社会提供合理的饲料、燃料、肥料和工业原料等系列服务；二是废水治理、系统回用生态工程，将雨水、污水、地表水、地下水、海水的合理开发利用形成一个系统工程，从源、流的各个层次进行废水资源分散处理、系统回用的生态规划、设计、管理及建设；三是绿色化学工程，研制和生产各种可自然降解、于环境无害且可循环利用的塑料包装品、洗涤剂、化妆品等人工合成材料；四是生物多样性保护和持续利用工程，合理开发、持续利用丰富的生物多样性资源，促进有效的自然保护。

2. 生态工程应用

20世纪70年代以来，我国生态工程理论和实践研究取得长足进展，成为我国生态学领先国际前沿的少数几个领域之一。目前发展比较成熟的生态工程类型包括如下一些方面：

（1）农业

农业生态工程在中国的发展较快、范围较广，可分为农田、农业及农村生态工程三个层次。农田生态工程的对象是农田。其中综合的内容有选择优良品种；间种、套种、轮种，池塘养殖的混养，基塘系统等分层多级利用空间、时间及营养生态位；节水、节能、节肥，合理施肥，应用有机无机复合肥；养地用地相结合、长效速效相结合；生物防治、生境调控和遗传工程多方面综合防治病虫害；生产绿色食品等。农业生态工程包括各个农户的庭院经济及农村的大农业等生态工程，它将种植、养殖、水产、园艺与林业、副业、加工业以及农业废物的转化、再生及资源化等综合成相互联系、相互促进的网络系统，它促进物流、能流、货币流、信息流的畅通，人及生物与环境和谐共生，经济、生态环境和社会效益的同步发展。农村生态工程则是在前面两个层次基础上的进一步扩大，它主要强调不同产业之间废弃物的转化、再生、资源化的处理和利用，工业及商业的密切结合。

（2）节水、废水处理与利用

利用生态过程将废水回收、再生、回用、再循环等。如糖厂设计的以废糖蜜制酒精，处理了这一废物并实现第二次增值。制酒精后废液好氧发酵再生产饲料酵母，其滤液回流，封闭循环用以稀释糖蜜，可节约三分之二的用水，经反复回用，可减少90%以上的废水排放量。而停止回流后的生产酵母滤液，用以厌氧发酵，生产沼气，作为供蒸馏酒精用热源。再如用造纸黑液回收糖矿粉、钙粉、亚硫酸钠、碱性木质素、木质素磺酸钠等。

（3）生物物质循环利用

如将生活垃圾中有机部分、人畜粪便转化、生产成优质生态复合肥。将秸秆过腹还田，发展养殖业，利用畜禽粪便与秸秆培养食用菌后，再培养蚯蚓，蚓粪残渣则作为肥料，既减少或避免田间烧草污染破坏环境，又增加产值。蔗渣、玉米芯等生物物质用于生产纸、纤维板、糖醛、木糖醇、木质素、磺酸钠等。各类食品工业的废弃物深层利用、循环再生，为社会提供生态合理的饲料、燃料、肥料和工业原料的系列服务。

（4）山区小流域综合治理与开发

在治理恢复小流域生态环境、培植小流域自然资源的基础上，低耗、高效可持续利用小流域自然资源，如治坡、治沟、修梯田及发展草业、牧业、林业等结合起来，并将小流域农村经济引向商品经济道路。目前，我国正进行的三北、长江中上游防护林生态工程是当今世界上面积最大的流域治理与保护生态工程。

（5）清洁及可再生能源系统开发组合利用

将可利用的太阳能、生物能、风能及矿物能在不同用户尺度上组合利用、系统优化，为全社会提供能效高而环境影响小、可持续利用的能源服务。

（6）生态建筑及生态城镇建设

充分利用本地生态资源并尽可能利用自然能源、再生能源和动力，如太阳能、风能、生物能等，建设和使用节地、节水、节材、保温、隔热效率高，通风采光好、能耗低、绿化量高、废弃物可就地资源化、方便、舒适、经济的生态住宅、生态小区和生态城镇。其建设与运行应对健康、自然保护、物质循环及生境四个方面有利；所用建材、结构、室内装饰、服务设施等对居住者或使用者的生境健康及所在环境有利。垃圾及污水能就地处理与利用，其中有机质和营养盐能在庭园内和附近的园艺农业中加以完全利用，形成良性循环。加强建筑物的立体绿化，如屋顶花园、外墙、凉台的绿化以增加绿化量；不仅便于生活废水、废渣的就地净化与利用，而且有利于美化环境及改善小气候。选址、规划、建设与运行要遵循生态学原则，使人为环境与自然环境相融，彼此协调，互利共生。

（7）废弃地及遭破坏的水、陆生态系统的生态恢复

在荒山、荒坡、滩涂、湿地及矿山废弃地等未被利用的退化生态系统，根据当地生态条件，利用生态工程与技术恢复植被，发展草业、牧业或林业，恢复其生态服务功能及经济效益。

现阶段我国面临的生态危机，不单纯是环境污染，而是由于人口激增、环境与资源破坏、能源短缺等共同形成的综合效应。因此，我国的生态工程不仅要保护环境与资源，还应协调社会经济效益和生态环境效益的一致性，改善与维护生态系统，才能最终获得自然—社会—经济系统的综合最佳效益。

3. 生态系统人工调控（artificial regulation and management for eco-system）

人类利用生态工程的方法对生态系统进行人工调控，对提高系统的生产力，满足人类日益增长的需要，起着巨大的作用。但人工调控必须按照生态学原理来进行，才能既可以满足目前需要，又可促进生态系统的良性发展。

（1）生物调控（biotic regulation and management）

生物调控是通过对生物个体及种群的生理及遗传特性进行调节，以增加生物对环境的适应性及提高生物对环境资源的转化效率。生物调控主要有生物个体和群体两个层次的调控。

1）个体调控

主要方式是选种和育种，调控的目的是使目标生物更适应当地环境特点，更适合群体和系统的要求，更能满足人类的愿望。因此，选、育种的目标一般是该品种对环境的适应性、丰产性和抗逆性。

2）群体调控

目的是调节个体与个体之间、种群与种群之间的关系。具体措施主要包括：

a 密度调节——如作物播种密度、牲畜放养密度和性别比例、海洋鱼类捕捞强度等；

b 前后搭配调节——如耕作制、后备畜种贮留更新等；

c 群体种类组成调节——如作物套种、立体农业、动物的混养、混交林营造等。

（2）环境调控（environmental regulation and management）

环境调控是指为了增加生物种群的产量而采取的一种改造生态环境的措施。

1）土壤环境的调控

可采用物理、化学和生物的方法改良土壤环境。传统的犁、翻、耙、磨、造畦、造梯田和排灌等都属于物理方法；化学方法包括施化肥，施土壤结构改良剂、消化抑制剂等；

生物学方法包括施有机肥、种绿肥以及草田轮作等；

2）气候因子的调控

包括大规模植树造林，营造农田防护林带，建风障，建动物栅舍，薄膜覆盖、土面增温剂、人工降雨、人工防雹、人工防霜、温室栽培等；

3）水因子的调控

方法有建水库、引水渠、田间排灌技术、松土、镇压、喷灌、滴灌、用覆盖物抑制土面蒸发、用抗蒸材料抑制植物蒸腾等。

此外，随着现代科学发展起来的人工控制温、湿、光的人工气候室，则是更彻底的环境控制。有利物种的引进和有害物种的控制，也是对生物环境的调控。

（3）系统结构调控（regulation and management of system structure）

生态系统的结构调控是利用综合技术与管理措施，协调不同种群的关系，合理组装成新的复合群体，使系统各组成成分间的结构与功能更加协调，系统的能量流动、物质循环更趋合理的控制。

在充分利用和积极保护资源的基础上，获得最高系统生产力，发挥最大的综合效益。如大农业生态系统中协调农、林、牧、副、渔各业的配置种类和比例，目的是最大限度地利用当地的物质资源和能量资源，使系统不断优化，以便获得不断增长的经济效益和生态效益。

（4）输入输出调控（input-output regulation and management）

除了直接干预生态系统的组分及结构外，系统外部环境及社会经济状况也对生态系统整体产生影响。如输入输出对农业生态系统的调控，输入包括肥料、饲料、农药、种子、机械、燃料、电力等农业生产资料，输出的是各种农业产品。

通常生态系统的输入调控包括输入的辅助能和物质的种类、数量和投入结构的比例。输出调控则包括调控系统的贮备能力，使输出更有计划，或对系统内的产品加工，改变产品输出形式，使生产加工相结合，产品得到更充分的利用，并可提高产品的经济价值。同时，控制非目标性输出，如防止因径流、下渗造成的营养元素的流失等。

（5）设计优化调控（regulation and management by design optimization）

随着系统论、控制论的发展和计算机应用的普及，系统分析和模拟已逐渐地应用到生态系统的设计与优化之中，使人类对生态系统的调控由经验转向定量化、最佳化。

到目前为止，生态系统的设计与规划还没有一个完全固定的步骤。但从大量的研究工作与实践中，可以归纳出生态系统规划与设计的一般步骤。它一般要经过自然资源和社会经济状况的调查与评价→建立定量规划模型→对各种方案进行动态模拟→各个方案的综合评价→规划方案的执行与监测等五个步骤。

生态文明建设（Ecological Civilization Construction，ECC）

正值全球迎战三大危机之际，占世界人口约五分之一的中国首次提出"生态文明建设"并把它列入建设中国特色社会主义总体布局的"五位一体"（五位指：经济建设、政治建设、文化建设、社会建设、生态文明建设）之中，表明了我国对待《我们共同的未来》提出的"保护全球生态环境是全人类的共同责任"所持态度与决心。

"生态文明建设"中的"文明"，涵盖甚广。作"文化"理解时，是指人类在社会历史实践过程中所创造的精神财富，环绕"生态"形成的"生态文明"，则将涉及有关"生态"的思想与教育、道德与风尚和科学与技术等；若把"文明"当作一种状态来理解，则环绕"生态"形成的"生态文明"，将涉及人们是否认识自然、是否尊重自然以及是否尊重客观规律；而"生态文明建设"中的"建设"，它将涉及如何对自然进行开发、改造和利用。以上，我们可从相关文件的政府措施中得到进一步的诠释：

1. 坚持落实节约资源和保护环境的基本国策。要着眼于充分调动全民的积极性、主动性和创造性，在全社会牢固树立节约资源的观念，培育人人节约资源的社会风尚。

要在全社会营造爱护环境、保护环境、建设环境的良好风气，增强全民族的环境保护意识，牢固树立保护环境的观念。

要提倡绿色消费。把节约资源、保护环境作为精神文明和道德建设的教育内容，提高公众的资源意识、节约意识、环境意识，使广大群众更加自觉珍爱自然、积极保护生态，将建设资源节约型和环境友好型社会的方针化为广大群众的自觉行动。

2. 要自觉尊重和正确运用自然规律。学会按自然规律办事，更加科学地利用自然。这里强调的是：要在保护中开发、在节约中利用、在顺乎自然规律中改造；求得资源不断、生态环境永续发展。坚决禁止各种掠夺自然、破坏自然的做法；加强生态文明宣传教育，增强全民节约意识、环保意识、生态意识，形成合理消费、爱护生态环境的社会风尚。

3. 继续坚持计划生育的基本国策，稳定低生育水平。人口问题既是一个社会问题，也是一个经济问题。如不把人口增长率控制住，大量经济发展成果就会被过快增长的人口所抵消。但人口问题不只是一个数量问题，还包括人口素质、人口结构分布等问题。因此，要把计划生育国策同发展经济、消除贫困、保护生态环境、合理开发利用资源、普及文化教育、发展医疗卫生事业、提高妇女地位、完善社会保障等方面的工作有机结合起来，统筹规划，综合考虑，实现相互促进，谐调发展。

4. 优化国土空间开发格局，加快实施主体功能区战略，推动各地区严格按照主体功能定位发展，构建科学合理的城市化格局、农业发展格局、生态安全格局。

5. 要在资源开采、加工、运输、消费等环节建立全过程和全面节约的管理制度。逐步形成有利于节约资源和保护环境的产业结构和消费方式，依靠科技进步推进资源利用方式的根本转变，实现资源永续利用。

6. 大力发展循环经济。按照自然生态系统中物质循环的原理来设计生产体系，将一个企业的废物或副产品用作另一个企业的原料，通过废弃物的交换和使用将不同企业联系在一起，使生产和消费中投入自然资源最少，对环境的危害最小。

7. 加快发展低耗能、低排放的第三产业和高技术产业，用高新技术和先进适用技术改造传统产业，淘汰落后工艺、技术和设备。严格限制高耗能、高耗水、高污染和浪费资源的产业。用循环理念指导区域发展、产业转型和老工业基地改造，形成资源循环利用的产业链。

8. 大力推广清洁生产，提高自然资源利用率，根本变革环境末端治理战略。

9. 推进农村生态环境建设。近些年来，加强农村环境综合治理，对促进农村经济发展起到了积极作用。随着统筹城乡经济社会发展战略目标的确定和农村城镇化的大力推进，需继续加强农村环境综合整治，加强农村基础设施建设，加强农村的污水、垃圾处理。目前，普遍开展的文明生态村建设对农村生态环境起了推动作用。

10. 积极开发和使用沼气，是保护农村生态环境、提高农民生活质量、实现农业可持续发展的重要举措；是调整农业产业结构、发展高产、优质、高效农业的基础。

11. 发展生态农业是保护农村生态环境、实现农业可持续发展的有效途径。生态农业投资少、能耗低、环境污染和生态破坏小的农业生产经营方式，是把农业生产、农村经济发展和生态环境治理与保护融为一体的新型综合农业生产体系。

12. 加强生态文明制度建设。要把资源消耗、环境损害、生态效益纳入经济社会发展评价体系，建立体现生态文明要求的目标体系、考核办法、奖惩机制。建立国土空间开发保护制度、完善耕地保护、水资源管理、环境保护、资源有偿使用和生态补偿等制度。加强环境监管，健全生态环境保护责任追究制度和环境损害赔偿制度。

13. 实施补偿战略。建立补偿机制。要求高消耗资源型、高消耗能源型和高污染环境型的企业和地区，付出成本和代价，使其对资源消耗和环境污染做出回应和补偿。要研究绿色国民经济核算方法，探索将发展过程中的资源消耗、环境损失和环境效益纳入经济发展水平的评价体系。

02 景观

景观（landscape）

　　景观一词多义，原是一个非常通俗的用语，指肉眼可及的一片地表外貌，也译为风景，对文人或游客来讲只是个审美对象。用于描述山川、森林、草原与湖泊等美丽景色，或一定地理区域的综合地貌特征，如：草地景观、荒漠景观、森林景观等。景观，初始主要是关注其视觉特性和文化价值。19 世纪初，德国地理学家 Von Humboldt 首先把"景观"一词引入地理植被科学中，定义为"自然地理综合体"。正是地理学和景观生态学才将"景观"进一步拓展为"地域自然综合体"（territorial natural complex）。在地理学上，它多指地域单位或者该区域的诸般特征，不同的研究者可能抽取不同的特征，有的抽取自然特征如地貌、土壤、植被等，有的抽取文化特征如农田、建筑、矿山等作为研究对象。再从生态学方面来说，景观主要指由不同生态系统（包括自然的和人工的）穿插镶嵌组成的地块。强调的是景观内不同生态系统分布的空间结构及其对生态过程的影响，所研究的空间范围随着技术的进展和研究对象尺度的扩展而达到了卫星遥感的规模。

　　如今从地域自然综合体的生态系统来讨论，景观则是指一个自然生态系统与人类生态系统相叠加的有机复合生态系统。任何一种景观，例如一片森林、一片沼泽地、一个城市，其中都有物质、能量及物种在流动，它们是"活"的，是有"功能"和"结构"的。在一个景观系统中，至少存在着四个层次上的生态关系：1. 景观与外部系统的生态关系，例如高海拔将南太平洋的暖湿气流转化为雨，在被灌溉、饮用和洗涤利用之后，流到干热的红河谷地，而后蒸发进入大气，再经降雨回到梯田和丛林的景观之中；2. 景观内部各元素之间的生态关系。3. 景观元素的结构与功能关系；4 人类与其环境之间的物质、营养及能量的生态关系。从这种认知出发，生态学的景观通常具有如下五个方面的特征：

　　1. 景观是生物的栖息地，更是人类的生存环境；

　　2. 景观是分布在以大地为依托的"基底"背景之上，由相互作用的不同生态系统（或谓之"单元")镶嵌组成的整体，具有异质性[①]；

3. 景观是具有明显形态特征与功能联系的地理实体

20 世纪中叶以后，美国生态学家在强调景观生态学着重于研究较大尺度上不同生态系统的空间结构和相互关系之同时，从理论研究角度提出了"斑块（嵌块体）—廊道—基质"（patch-corridor-matrix）模式。应该说，景观中的任何一点，根据其在景观中所处的不同位置和形状，都分别属于斑块、廊道和基质这三类不同的景观基本要素。"斑块"是指与周围环境不同具有功能的空间实体，有大有小，有方有圆，有规则和不规则之分，是构成景观基本结构的单元类型；"廊道"是指线形景观的单元类型，有宽有窄，其连接度有高有低，形状有曲有直，景观中的廊道通常具有通道与阻隔的双重作用，一方面几乎所有的景观都被廊道所分割，另一方面廊道又把景观要素连接在一起，形成具有功能的整体；"基质"是面积最大，连通性最好、对景观总体动态起支配作用的单元类型，是从相对无限到有限，从连续状到多孔状，从聚集态到分散态，多种多样。

山地景观中的森林、草甸、沼泽、溪流、池塘、裸露的岩层，农业景观中的农田、田埂、树篱、林地、村、土路，城镇景观中的公园、工业区、居民区、道路、河流、污水处理厂等无一不是景观要素。而在同一斑块、廊道或基质内部，可以认为是相对同质的。异质和同质本来就是相对的，在实际研究中，要十分确切地区分斑块、廊道和基质是困难的也是不必要的。斑块、廊道和基质的区分是相对的，在某一尺度上的斑块可能成为较小尺度上的基质，也可能成为较大尺度上廊道的一部分。

斑块—廊道—基质的组合模式是最常见、最简单的景观空间构型，是景观功能、结构和过程随时间发生变化的主要决定因素。这种模式有利于考虑景观结构和功能之间的相互关系；

4. 景观作为研究对象，具有"尺度性（scale）"

在景观研究中，尺度是个重要的概念。在宏观上均一的景观，放在微观上观察便可发现其高度的不均一。一个蚯蚓面临的景观尺度可以尺计，但一个飞禽面临的景观尺度则要以里计。特别是航空观测和卫星观测的出现，使我们的眼界逐渐走向全球规模。在实际工作中，大流域规划时要考虑的问题和小片农田规划要考虑的问题显然不属同一性质。生态术语称这种因研究工作的不同需要与可能，而划定研究对象的适宜尺度范围这一工作属性谓之"尺度性"。

[①] "异质性"（heterogeneity）即"不均匀性、多样性"，是"同质性"（homogeneity）的对义词；系指由差异较多的单元形成的组合体具有的性质。例如：某群体的成员来自不同的家庭、有不同的教育与社会背景，习俗各异，则该群体就具有"异质性"。

5. 景观具有经济、生态和文化的多重属性与价值

由于景观生态学从一开始就是和土地开发和利用的工作相伴发展的，特别是在欧洲，其实用色彩一向浓厚，所以在很多学者眼中，景观就是人居环境。一个优美、健康、可持续发展的环境就是追求的目标。面对充斥三废的污染环境，人们更向往的是生机勃勃、鸟语花香的自然景观。人们在城市规划中之所以力求保护绿地和湿地，正是因为绿色植物是生产者，是一切动物直接、间接的食物来源，是氧气的制造者；而湿地则是个富有弹性的水库，有涵养水源和调节气候的作用。自然景观中的多样物种都是长期适应当地水、热、土壤等条件并彼此适应的物种，所以人们力求保护完整的生态系统，保护代谢功能运转稳定、不需人力维护的系统；相比之下，人工营造的园林，物种稀少，尚未组成自适应的独立完整系统，需要靠人力和外界资源来维护。因此，在景观建设中，人们提出一定要保留适当比例的自然景观，每个斑块还要足够的大，以保证其中较大型动物的存活。如果同种斑块分布分散，还要保证它们之间存在具有一定宽度的廊道（例如沿着河流两岸）以利动物的自由往来，人们测量自然环境的碎裂度，就是着眼于此。

景观生态学（landscape ecology）

景观生态研究以生态学理论为基础，吸收地理学、系统科学等内容，研究区域的资源、环境经营与管理，具有综合整体性与宏观区域性特色，以研究中尺度的景观结构和生态过程相互关系见长。现代景观生态学，重点研究景观的空间结构、动态功能和历史变化，特别是人为干扰给自然景观带来的影响及其纠正与预防。景观生态学具有明显的实用色彩。

生物本是呈等级组织存在的，由生物大分子→基因→细胞→个体→种群→群落→生态系统→景观、直到生物圈，逐级扩大。根据研究对象中生物组织层次的不同，生态学的研究层次也相应地分为六个等级（levels of landscape study）：1. 全球生态学（global ecology）、2. 景观生态学（landscape ecology）、3. 生态系统生态学（ecosystem ecology）、4. 群落生态学（community ecology）、5. 种群生态学（population ecology）、6. 个体生态学（auto-ecology）。景观生态学的研究等级处"全球生态学"之下、"生态系统生态学"之上，属宏观层次。

景观生态学与生态系统生态学之间存在差异。景观生态学，是把景观作为一个异质性系统来定义和研究的，空间异质性的发展和维持是景观生态学的研究重点之一。而生态系统生态学则是将生态系统作为一个相对同质性系统来定义并研究的。生态系统生态

学注重个体生态系统（如森林生态学、湖泊生态学）斑块内部的结构研究，研究能量、水分、养分在生态系统内部的运动与分配。景观生态学则侧重研究景观中的所有生态系统以及它们之间的相互作用，强调生态要素包括物种与人的空间运动，物质（水、土、营养）和能量的流动和它们在景观斑块之间的交换、干扰过程的空间扩散等。所以，在景观生态学中，一些活动范围大的动物种群（如鸟类和哺乳动物）能够得到合理的研究。

景观生态学重视地貌过程、干扰以及生态系统间的相互关系，着重研究地貌过程和干扰对景观空间结构的形成和发展所起的作用，是针对土地这一载体上发生的生物、水文、地质、土壤等生态学问题的综合研究。它将景观的概念极大地进行了拓展，从仅考虑土地的视觉美学进入到着眼于土地生态要素的良性循环与平衡。由于使用了较多的地理学科手段，如航测、遥感、地理信息系统等，从而能对不同尺度的地理（景观）生态过程与结构进行研究。景观生态学除研究自然系统外，还更多地考虑经营管理状态下的系统，人类活动对景观的影响是其重要的研究课题。

1. 景观生态学的研究内容

景观生态学研究由不同生态系统与景观要素所组成的异质性景观结构与生态过程的相互关系及其动态变化。景观生态学的研究内容可以概括为四个方面：

（1）景观结构（landscape structure）

景观结构是指景观的组分构成及其空间分布形式。研究工作包括构成景观的生态系统类型、面积、空间分布方式及其综合特征，如多样性、破碎度、优势度、连通性等。景观多样性（landscape diversity）——反映景观类型的多少和各景观类型所占比例的变化；景观破碎度（landscape fragmentation）——描述景观受自然、人为等因素的干扰，单位面积内斑块数量的变化；景观优势度（landscape dominance）——表明景观组成中某种或某些景观类型支配景观的程度；景观连通性（landscape connectivity）——是判断基质的标准之一，如果景观中的某一要素（通常为线状或带状要素）连接得较为完好，并环绕所有其他现存景观要素时，可以认为它应是景观要素中的"基质"，例如在某一农业区，既有林地，又有鱼塘，而农田环绕着林地与鱼塘，这时，可以认为基质就是农田。

（2）景观生态过程（landscape ecological process）

景观生态学是地理学和生态学之间的交叉学科，它将地理学对自然现象区域分异规律的研究与生态学对自然现象功能的研究结合起来，具有整体性或综合性。景观生态过程研究景观要素之间的相互联系方式与相互作用，如景观要素之间的动、植物的物种迁移，扩散规律，物质流、能流与信息流等。常常涉及生态学中的种群动态、种子或生物传播、捕食者和猎物的相互作用、养分循环、群落演替等。

（3）景观动态（landscape dynamics）

景观动态即指研究景观在结构和功能方面随时间推移而发生的变化。

（4）景观生态学的应用

景观生态学强调应用性，在景观规划、土地利用、自然资源的经营与管理、大地动物种群的保护方面发挥着重要的作用。景观生态学的起源就与土地管理、自然保护、区域规划密切联系在一起。现代景观生态学也一直保持其强烈的应用科学特色，为区域规划、土地可持续管理与自然保护提供生态学支持。

上述景观生态学研究内容的四个方面是相互联系在一起的。景观结构与景观生态过程是相互依赖、相互作用的，通常景观结构决定景观生态过程，而景观结构的形成又受景观生态过程的影响。景观结构与景观生态过程以及两者之间的相互关系均是随时间而变化的。对景观生态过程及其动态的认识，有助于人们规划与设计生态合理的人类活动、设计可持续的土地管理和自然资源利用方式。而区域可持续发展与自然资源管理的要求也推动了景观生态学的发展。可以说，正是 20 世纪 60 年代以来的区域性与全球性的生态环境危机推动了景观生态学的发展。

2. 景观研究工作尺度（scale of landscape study）

生态学研究中，根据研究对象和研究工作的不同要求来划定研究对象的适宜时空尺度范围。也就是说，需要根据研究问题的内容、范围和分辨率的要求来确定研究对象的尺度。研究尺度（空间范围）越小，对细节的把握能力越强，具有较高的分辨率，而对整体的概括能力就越差。大尺度表示较大的研究面积和较长的时间间隔，但分辨率较低。由于不同的空间尺度下物种多样性的分布、景观的空间关系以及管理都不同，相关的研究与规划成果也因之各异，所以与研究层次或研究等级密切相关的首先就是研究尺度。不同的问题只能在不同的尺度上加以研究，其研究结果也只能在相应的尺度上应用，研究结果的尺度不能任意外推，也绝不可未经研究，就把在一种尺度上得到的概括性结论推广到另一种尺度上去。

（1）宏观尺度

景观生态学通常进行的研究课题如：经济发展战略、土地利用、区域地形、生态、交通等分析或城市总体规划等，研究的尺度比生态系统生态学的研究尺度要大，研究等级居生态系统生态学之上，比全球环境系统生态学的研究尺度要小，研究等级居全球生态学之下。

常用尺度中主要有国土尺度（100 ~ 1000km 范围）、城市尺度（10 ~ 100km 范围）、城区区域尺度（1 ~ 10km 范围）三种，其面积都是动辄几十平方公里或几百平方公里，在这一巨大尺度中的规划或景观设计是一种以规划理论或规划原则为主导的系统研究方式。理性原则和逻辑关系占主导地位：

1）若将关注点放在大区域的自然保护、土地利用、人口统计、经济发展战略、城市总体规划或绿地系统规划等方面，则涉及的景观面积尺度将在 100 ~ 1000km 范围，这个尺度通常要以区域平面图、地图的形式工作。使用的图纸比例一般为 1∶1000、1∶5000、1∶10000、1∶25000；

2）若将关注点放在城市格局中有关景观生态、抗干扰能力、环境影响评价、地形及土地利用、交通与基础设施、经济与商业分析等方面，则涉及的景观面积将在 10 ~ 100km 范围，这个尺度通常以平面分析图及模型来工作。使用的图纸比例一般为 1∶1000 ~ 1∶5000；

3）若将关注点放在城市的区域土地特征、气候气象条件、交通系统、经济状况等方面，则涉及的面积常在 1 ~ 10km 范围，这个尺度通常以城市街道、城市大型居住区、大型公共公园空间或乡村村落的平面图、鸟瞰图、剖面图与立面图等来工作，使用的图纸比例一般为 1∶500 ~ 1∶1000，或较小比例的模型。

（2）中观或微观尺度

除上述宏观尺度外，景观常用尺度还有：街区与广场尺度（100 ~ 1000m 范围）、庭园空间尺度（10 ~ 100m 范围）、景观细部尺度（1 ~ 10m 范围）三种，其特点是以人的平视与步行为度量标准，以人的感官体验特别是视觉感官体验为主要依据，感性化。它们涉及景观生态、植被、格局，乃至植物栽培、景观技术、供水、排水等。

3. 景观生态学的国际研究实践

（1）美国的景观格局和景观功能研究

Danserean 是美国景观生态学的先驱，早在 1957 年就提倡地理学和生态学的结合，对景观进行地理学研究。R. T. T. Forman（福尔曼）、P. G. Risser 和 M. Turner 是当今美国景观生态学的突出代表，他们以研究景观的结构、功能、动态变化作为自己的工作中心。1987 年，国际景观生态学杂志在美国创刊，成为景观生态学的主要论坛。

（2）荷兰和德国的土地生态设计

西欧以荷兰的 I. S. Zonneveld 和德国的 W. Haber 为主要代表。他们的工作主要是应用景观生态学思想进行土地评价、利用、规划设计以及自然保护区和国家公园的景观规划设计。他们强调人是景观中的重要因素，注重生态工作设计和多学科综合研究。

（3）东欧的景观综合研究和景观生态规划

东欧以前捷克斯洛伐克的 Mazur 和 M.Ruzicka 为代表。Mazur 发展了 Troll 的景观综合研究思想，长期坚持用景观生态学的思想研究规划和开发，根据生态平衡的原则对人类经营的生态系统进行最优设计。1982 年捷克召开的第六届景观生态学国际研讨会上，国际景观生态学会成立，景观生态学成为一个国际性的学科。

（4）加拿大和澳大利亚的土地生态分类

加拿大和澳大利亚的土地生态分类系统与方法，受到世界各国广泛注意。

（5）苏联的景观地球化学研究

苏联贝尔格是景观学的创造人，对景观学的发展有广泛的影响。但是，俄国的景观学最受世界重视的还是景观地球化学的研究，这方面的主要代表是波雷诺夫和彼列尔曼。

欧洲的景观生态学与北美的景观生态学在学科起源与发展历程上有显著不同，但随着对研究对象认识的不断深入以及学术交流，两个学派之间的差距不断缩小，景观生态学已逐渐成为一个走上成熟的生态学分支学科。

斑块（patch）

斑块（嵌块体）指在外貌上与周围环境（本底）有所不同的自然地块或地表区域。由于成因不同，斑块的大小、形状及外部特征各异，可以是有生命的，如动植物群落，也可以是无生命的，如裸岩或建筑物等。它可能是自然的，也可能是人工的。

斑块是在景观的空间比例尺上所能见到的最小异质性单元，即一个具体的生态系统。按其起源，可分为干扰斑块（disturbance patch）、残留斑块（remaint patch）和引入斑块（introduced patch）等。在一个本底内发生局部干扰，就可能形成一个干扰斑块。例如，在一片森林里，发生森林火灾，形成一个或多个火烧迹地，这种火烧迹地就是干扰斑块。残留斑块是由于它周围的土地受到干扰而形成的。它的成因与干扰斑块相同，都是天然或人为干扰引起的。干扰斑块和残留斑块虽然地位不同，但都起源于干扰。此外，当人们向一块土地引入生物，就造成引入斑块。引入的物种，不管是动物、植物或人，对周围环境都有很大影响。

1. 斑块面积

最容易识别的斑块外貌是其大小，即斑块面积，它通常以 m^2（平方米）或 hm^2（公顷）

为单位来度量。最小和最适斑块面积往往是研究人员和决策者共同关心的问题，因为它不仅关系到斑块生态功能的发挥，也关系到土地分配、地价税收等与社会、经济效益有关的一些活动。关于斑块大小的问题，斑块越大，其生境多样性越大，因此大斑块可能比小斑块含有更丰富的物种（生境多样性原理）。大面积自然植被斑块可以保护水体和溪流网络，维持大多数内部种的存活，为大多数脊椎动物提供核心生境和避难所（大斑块效益原理）。小斑块可以作为物种迁移的踏脚石，并可能拥有大斑块中缺乏或不易生长的物种（小斑块效益原理）。大、小斑块之间的差异，不仅涉及物种，还涉及物质和能量。

（1）对物质和能量的影响

小斑块的面积边缘比例高于大斑块，斑块内部和边缘的能量与养分也存在差异。一般来说，斑块内的物质、能量与斑块面积的大小呈正相关。

（2）对物种的影响

在岛屿上：

岛屿通常是指历史上地质运动形成，被海水包围和分隔开来的小块陆地。但在生态学中，许多自然生境，例如溪流、山洞，以及其他边界明显的生态系统也可以看作是大小、形状和隔离程度不同的岛屿，又如林中的沼泽、被沙漠围绕的高山、间断的高山草甸、片段化的森林和保护区等。广义而言，湖泊受陆地包围，也就是陆"海"中的岛，热带地区山的顶部，成片岩石、封闭林冠中因倒木而形成的"断层"等，都可被视为"岛"。

在生物群落中，物种多样性和岛屿面积大小之间呈曲线关系，随着面积的增加而增加。小岛物种初始增长较快；大岛的物种增长较慢，但较持久。山地岛屿的物种较同样大小的平原岛屿为多；人类活动干扰较大的岛屿，其物种往往比未受人类干扰的岛屿少。

在陆地上：

陆地景观基质的异质性通常较高，基质内有大量潜在的入侵物种，而且斑块不同侧面的基质内有明显的物种差异。大斑块内的物种，尤其是处于高营养级上的动物种类，一般会比小斑块内高，且开始时物种随斑块面积的增大而快速增加，但随后这种增加会越来越慢，一旦超出这一斑块的范围，会出现不少新的物种，然后，又恢复平静。不过就大斑块本身而言，边缘地带的生物生产量和物种丰度往往高于斑块内部。于是又造成另一种情况，即小斑块由于边缘部分所占的面积比例较大，物种会相对富集。所以，斑块的大小与物种、物质、能量之间的关系不能一概而论。

2. 斑块形状

由于环境与人类活动干扰的影响，斑块的形状通常可归纳为圆形、多边形、长条形、环形与半岛形五大类。有些物种适应较稳定的环境条件，往往集中分布在斑块的中心部分，而另一些物种适应多变的环境条件，主要分布在斑块的边缘部分，在景观生态学中，前者被称为内部种，后者被称为边缘种。不同形状的斑块具有明显不同的生态效应。如相同面积的圆形斑块比长条形斑块有更多的内部面积和较少的边缘效应，而半岛形斑块有利于物种迁移。斑块的形状对生物的扩散和觅食具有重要作用。如通过林地迁移的昆虫、脊椎动物、飞越林地的鸟类，容易发现垂直于迁移方向的狭长采伐地，但却经常遗漏圆形采伐地。因此，斑块的形状和走向对穿越景观扩散的动植物至关重要。

关于边界形状，最佳形状斑块具有多种生态学效益，通常与太空船形态相似，即具有一个近圆形的核心区、弯曲边界和有利于物种传播的边缘指状突出（最佳斑块形状原理）。

3. 斑块构型与数量

要全面认识景观，还要了解景观斑块的空间构型。景观中同类斑块集中分布与分散分布所带来的影响必然是不同的。如聚居斑块，居民点密度较大的区域（城市或近郊区）与居民点分散分布的区域（偏远山区）在人口流、物流、能流、信息流等方面的能量存在很大差异。不管特定斑块是干扰源还是干扰障碍，斑块的空间构型对干扰的扩散都具有重要影响。例如，某一森林斑块若突遭火灾，如果其他森林斑块相距甚远，且斑块之间是抗火性强的覆盖类型，就不会有太大影响；反之，如果森林斑块密集分布，或者由大火容易蔓延的其他覆盖类型所连通，其后果就会很不一样。

关于斑块的位置：在其他条件相同的情况下，孤立斑块中物种灭绝率比连接度高的斑块中的要大，生境斑块的隔离度取决于与其他斑块的距离以及基质的特征（斑块位置——物种绝灭率原理）。

景观是由许多斑块共同构成的一个镶嵌体（mosaic），其中同类斑块的数量和面积往往决定着景观中的物种动态和分布。斑块密度对野生动物保护和林业管理具有重要意义。研究表明，单一的大斑块所含的物种数量往往比总面积相同的几个小斑块要多得多，但如果小斑块散布范围较广，则会发现几个小斑块的物种较多。广泛分布的斑块可包含不同的动植物区系。

廊道（corridor）

廊道是指不同于两侧基质的狭长地带，既可能是一条孤立的带，也可能同某种类型植被的斑块相连。例如一条树篱（成行状或带状的树木丛集，也包括防护林带，既可能是天然的，也可能是人为营造的），四周可能均是空旷地，也可能某一端与林地相连。通常，廊道两端与大型斑块相连，如公路、铁路的两端连接着居民点斑块，树篱的两端连接着自然植被斑块等。

1. 廊道功能

景观被廊道分割，同时又借廊道连接。例如，一条铁路或公路可将相距甚远的甲、乙两地连接起来，但如果你要垂直地穿越它，它却成为一个障碍。这种双重而又相反的特性使廊道在景观中形成五种重要功能：

（1）栖息地（habitat）功能

例如，某些物种如边缘种，以廊道为栖息地，而很少出现在基质中；多生境种（multihabitat species）和外来种（exotic species）在廊道中也可能被发现，一般情况下廊道中见不到稀有种和濒危种（rare and endangered species）。

（2）通道（conduit）功能

例如，河流是许多鱼类和其他水生动物的迁移通道；至今有关廊道通道功能方面的专题研究不多。有关小型哺乳动物沿高速公路开阔边缘的迁移和植物沿堤坝的迁移已有论述；树篱生态学的研究表明，某些鸟类和大中型哺乳动物可利用树篱穿越景观，而小型哺乳动物和植物则仅有少量可沿树篱有效迁移。廊道能够起屏障作用，土地管理者可借此有效地控制干扰的传播。不过火灾和病虫害暴发等干扰却能沿廊道迅速蔓延。

（3）"过滤器"（filter）功能

例如，抵挡自然灾害或外来物种的入侵，平行于梯田的植被可控制水土流失等；动植物穿越廊道的能力是不一样的。有些森林内部鸟类和小型哺乳动物不一定能穿越采伐林地中的道路或小片空地，许多哺乳动物在穿越时将被杀死，有一些则集体避开道路廊道。廊道是半渗透性的过滤器。

（4）"源"（source）功能

例如，在大片农田或森林中开辟一条廊道，则动物、水、车辆、徒步旅行者都有可能沿廊道运动，各类化学物质、灰尘、噪声以及某些廊道残遗物种等也随之进入基质，对基质产生多种影响。所以说廊道具有"源"的功能。

（5）"汇"（sink）功能

例如，土壤、种子能在林地廊道（wooded corridor）的边缘聚集，河流廊道（stream corridor, river corridor）边缘会积聚各种物质，如基质的水侵蚀物质与农药、动物穿越廊道时被杀死的残骸等。对于上述种种来自基质的影响，包括物种、能量和矿物质的流动，都要由廊道来承担，因此廊道具有"汇"的功能。

（6）此外，廊道在景观的美学中起着重要的作用。我国传统园林中讲究"曲径通幽"，指的是把园林中的观赏路径故意弯曲，以便使一些景点深藏幽静，并呈现在不意之中。公园里也有一些人工建筑的廊道，如颐和园昆明湖东侧的长廊，杭州西湖的苏堤等，除了用作重要通道之外，均各尽其景观与环境之妙。

2. 廊道特征

表述廊道重要特征的有宽度（width）、连接度（connectivity）和弯曲度或通直度（curvilinearity）。

宽度：边缘种的多样性，因廊道宽度的不同而异，廊道越宽，功能越强。

连接度：廊道的连接度，以廊道单位长度中裂口（break）的多少来表示。对有的廊道来说，不允许出现裂口，否则就完不成管道作用或障碍作用。连接度是廊道在空间上连续程度的量度，可简单地用单位长度上断开区（gaps）的数量来表示。无论从通道功能和障碍功能来说，连接度都很重要。例如一个河流要是开了口子，它的功能就会丧失或造成巨大的伤害；如农田防护林，有时为了拖拉机的通行，裂口是必要的，但也会妨碍该廊道的整体功能。一般认为，连接度越高，廊道的功能水平越高。断开区对物种沿廊道迁移和物种穿越廊道都具有特别重要的作用。如果廊道有断开区，将会促进动物沿廊道的迁移。

弯曲度：廊道的弯曲度或通直度，可以用一段廊道中两点间的实际距离与它们之间的直线距离之比来表示弯曲度。廊道越通直，景观中两点间的实际距离越短，物体在廊道中移动得越快。当然并不是越直越好，例如河流就需要有自然的弯度等。

3. 廊道类型

廊道有三个基本类型，即线状廊道（linear corridor）、带状廊道（strip corridor）和河流廊道（stream corridor，river corridor）（参见相关廊道条目）。其中，线状廊道狭窄，边缘种（edge species）占优势；带状廊道较宽，除边缘种外，还有内部种（interior species）。

此外，廊道还有按起源分为干扰廊道、残存廊道、环境资源廊道、种植廊道、再生廊道等。廊道的起源某种程度上与斑块相同。干扰廊道由带状干扰所致，如道路；残存廊道由周围基底的干扰所引起，如森林采伐留存的带状林地、为动物迁徙保留的植被带；环境资源廊道由环境资源在空间上的异质性线性分布形成，如河流、山脊线、谷底动物路径等。

廊道本身也是一种资源，有一些廊道地带，野生动物特别丰富，并且是食用肉的来源。

线状廊道（linear corridor）

线状廊道属廊道的一种类型；是指全部由边缘环境组成的狭长条带。物种主要由边缘物种和广布物种组成，没有内部物种存在。如道路、堤坝、沟渠、输电线、树篱、动物迁移保留廊道等。道路廊道除了路面本身，还包括路旁的绿化带，在城市景观中，绿化带的生态效应已引起广泛关注；在农业景观中，道路则往往因就地取土而与沟渠伴生。堤坝的生态效应主要是通过由此带来的生态后果而间接体现的。沿河流走向的堤坝因束缚了水的自然漫溢，往往使原本逐渐变化的景观变得迥然不同；而沿海岸线修筑的堤坝则会因阻断了潮汐通道而破坏了原有的生态洄游路线，以致造成严重的生态后果。

树篱（hedgerow）是一种很常见的线状廊道，通常与耕地相邻接，我国的农田防护林体系就是由这种树篱廊道构成，在防风固沙、改善小气候、提高作物产量方面起着很大作用。防护林的树种往往比较单一，如杨树、刺槐、柳树、泡桐、木麻黄等，且树龄相差无几，可以是单行，也可以栽成多行，水平和垂直结构都较均一，生物多样性低，也有一些沿篱笆或沟渠形成的再生树篱和林区采伐形成的残存树篱，生物多样性相对较高些。

树篱既可以为一些动物提供隐蔽场所，又可以为其觅食提供方便，但树篱内的鸟类和其他动物区系有明显的季节变化，对鸟类的影响较大。植物果实能吸引许多鸟类，鸟类又能传播种子，二者之间形成一个正反馈系统。树篱中的哺乳动物以田鼠、野兔等居多。此外，树篱中也含有丰富的昆虫种类，甚至高于附近的农田。

带状廊道（strip corridor）

带状廊道属廊道的一种类型；是指包含丰富内部物种的内部环境组成的较宽条带。常见的带状廊道有：采伐保留带、高压线路和宽的树篱等。如较宽的防火林带，我国北方地区沿铁路或高速公路栽植的白杨林带，以及东南沿海地区较宽的木麻黄防护林带。有些地方，铁路、公路与河流并行，成较宽阔的人工——自然相混合的带状廊道。研究表明，树篱廊道和物种多样性之间在树篱宽度为 12m 时存在一个明显阈值：当廊道宽度 3 ~ 12m

时，宽度与物种多样性之间的相关性接近于 0，当宽度大于 12m 时，植物物种多样性平均为狭窄树篱的两倍以上。

边缘物种与廊道宽度无关。可以认为，就草本植物而言，树篱宽度小于 12m 的为线状廊道，大于 12m 的为带状廊道。当然，这两种廊道的区分应与研究对象和尺度相联系，不能一概而论。

河流廊道（stream corridor，river corridor）

河流廊道属廊道的一种类型；是指河流本身及沿河流分布又不同于周围基质的植被带。完整的河流廊道包括河道本身，以及河道两侧的河漫滩、堤坝、部分高地及河岸植被，宽度随河流大小而变化。河流廊道的主要功能在于为洄游的鱼类提供产卵的生境、为两栖动物提供容易获取的水分与陆地、促进高地森林内部动植物沿河系的迁徙、控制水流和矿质养分的流动、对一些物种的迁移起着通行或阻断作用。河道多以富含营养物质的冲积物为主，因此河漫滩的植物生产力较高，且能在遭受洪水破坏后很快恢复。

河流植被对河流本身也有一定的影响，如护岸护堤，防止水流冲刷河岸；郁闭水面以保持水温的稳定；凋落物可沉积于河流中，成为许多河流食物链的基础。河流廊道中的动物对河流也有一定作用，其中最值得一提的是河狸（beaver），它们通过啃伐河漫滩上及河流两岸森林中的林木，沿河构筑堤坝和水塘，使河流沿岸景观大大改变。凡是有河狸生存的河流，其生境多样性和物种多样性都较高。对于人类来说，河流廊道还是重要的水上运输通道，尤其在水面较宽、水深较深的河段。河岸植被由于具有特别重要的功能，被认为是最需要保护的景观元素。

基质（matrix）

基质是景观中面积最大、连通性最好、在景观中起控制作用的景观要素。控制景观动态是基质最重要的功能，它能够影响能流、物流、信息流和物种流，如广阔的草原、沙漠、连片分布的森林、农田等。基质的判定标准如下：

1. 相对面积

当某一要素在一个景观中所占的面积最广、超过所有任何其他要素的总和时，这种要素类型就可能是基质，它控制着景观中主要的能流、物流、信息流和物种流。相对面积大小决定着基质对整个景观的控制程度。可以用相对面积作为衡量基质的第一条标准，通常基质的面积超过现存的任何其他景观要素类型的总面积；或者说，如果某种景观要素占景观面积的50%以上，那么它就很可能是基质。

但是，景观中的基质不一定是均匀分布的，景观要素面积也不是判定基质的唯一充分条件。虽然斑块和基质在概念上区分明显，但实质上区分有很多困难。在异质性很强的镶嵌景观中，可能任何一种要素的面积都不会超过50%。这时候就需要用其他标准来判定了。

2. 连通性（connectivity）

如果景观中的某一要素（通常为线状或带状要素）连接得较为完好，并环绕所有其他现存景观要素时，例如具有一定规模的树篱、农田林网等，树篱景观中树篱所占面积一般虽不到总面积的10%，但由于它的连通性好，它可以起到分隔其他要素的物理、化学和生物的障碍作用；甚至可环绕其他景观要素而形成孤立的岛屿。当一个景观要素完全连通并将其他要素包围时，则可将它视为基质。

连通性具有三个方面的作用：首先，该要素可起一种分隔其他景观要素的物理屏障作用；其次，当以细长条带相交形式连接时，景观要素又可起一组廊道的作用，便于物种迁移和基因交换；第三，该要素可环绕其他景观要素而使其形成孤立的"生物岛屿"。由于这三个方面的作用，当某一景观要素连接得完好（完全连接），并环绕所有其他景观要素时，这类要素就像是围绕和连接不同的独立要素的"黏合物质"，把整个景观联系在一起。应看作是基质。

在没有屏障存在，基质连接度较高时，热量、尘埃和风播种子、花粉可以以相对均匀的层流形式在基质上空运动，动物、害虫、火可以迅速蔓延。因此，在基质连接度较高的地方，物种具有较高的迁移速度，遗传变异和种群差别相对较小。

3. 动态控制程度

动态控制是判别基质的第三条标准。在不熟悉的景观中确定哪种景观要素类型是基质时，可以将三个标准结合起来使用，首先根据相对面积，依据相对面积难以判别时，再使用连通性标准。如果根据上述两个标准还不能确定，则要进行野外调查或查阅有关资料以判断哪一种景观要素对景观动态的控制作用最大，即起到物种源的作用。以树篱和农田来说，树篱中的乔木中的果实、种子可被动物或风等媒介传到农田中去，从而使农田在失去人的管理之后，不久就会变为森林群落。这就表现出树篱对景观动态的控制作用。又如森林地区，采伐迹地和火烧迹地是不稳定的，其内部乔木树种的更新恢复，要靠周围森林供给种源以及其他方面的有利影响。所以，森林应为基质，而采伐迹地和火烧迹地应为斑块。在人为干扰较为强烈的地区，尽管现状物种可能占优势，如果原生性的物种仍在新的环境动态中影响着区域的鸟类和哺乳动物，并随时可能恢复为原生性物种为主的群落，这时可以将这些原生性的物种所构成的景观看做是基质。如在欧洲的一些树篱网络中，树篱变化较大，由樱桃（Prunus）、山楂（Crataegus）和橡树（Quercus）形成的树篱起着物种源的作用，很容易影响这一区域的景观，这种树篱就是其基质。

群落交错区（ecotone）

群落交错区又称生态交错区、生态交错带、生态过渡带，是两个或多个群落之间（或生态地带之间）的过渡区域。如森林和草原之间有一森林草原地带；两个不同森林类型之间或两个草本群落之间也都存在交错区。此外，像城乡交接带、干湿交替带、水陆交接带、农牧交错带、沙漠边缘带等都属于生态过渡带。它是景观结构的特殊组分。群落交错区的形状与大小各不相同。过渡带有的宽，有的窄；有的是逐渐过渡，有的变化突然。群落的边缘有的是持久性的，有的在不断变化。

生态交错带的概念最早由 Clements 于 1905 年提出，用来描述物种从一个群落到其边界的过渡分布区。Odum 于 1971 年再次强调了生态交错带的重要性，并将其定义为两个群落之间的过渡带。1987 年 1 月，在巴黎召开的一次国际会议上对群落交错区给出的定义是："相邻生态系统之间的过渡带，其特征由相邻生态系统之间相互作用的空间、时间及强度来决定"。

交错区形成的原因很多，如生物圈内生态系统的不均一；地形、地质结构与地带性差异；气候等自然因素变化引起自然演替、植被分割或景观分割；人类活动造成的隔离、森林草原破坏，湿地消失和土地沙化等。

生态过渡带是处于两种或两种以上的物质体系、能量体系、结构体系、功能体系之间所形成的界面，以及围绕该界面向外延伸的过渡带。它具有三个主要特征：1. 它是多种要素的联合作用下的转换区，各要素相互作用强烈，常常发生突变，因此也常是生物多样性较高的区域；2. 这里的生态环境抗干扰能力弱，一旦界面区的生态环境遭到破坏，其恢复原状的可能性小；3. 这里的生态环境变化速度快，空间迁移能力强，因而也造成生态环境恢复的困难。

群落交错区是一个交叉地带也是种群竞争的紧张地带，由于交错区中两种景观成分处于竞争的动态过程之中，其组成、空间结构、分布范围等对于外界环境条件的变化十分敏感。在生物与非生物力的作用下，生态交错带的环境条件明显不同于相邻景观的环境条件，其生态过程也不同于斑块内部的生态过程；物质、能量以及物种流等在生态交错带上都有明显的变化。发育完好的群落交错区可包含相邻两个群落共有的物种以及本区特有的物种（称为边缘种）。群落中物种的数目及一些种群的密度有增大的趋势，如我国大兴安岭森林边缘，具有呈狭带状分布的林缘草甸，每平方米的植物种数达 30 种以上，明显高于草甸内侧的森林群落与外侧的草原群落。美国伊利诺伊州森林内部的鸟仅有 14 种，但在林缘地带达 22 种。一块草甸在耕作前，100 英亩（1 英亩 =4047m² 面积上有 48 对鸟，而在草甸中进行条带状耕作后增加到 93 对。（Good 等 1943）群落交错区内植物种类和群落结构多样而复杂，能为不同生态类型的植物定居提供条件，为更多的动物提供食物、营巢和隐蔽条件，从而使动物有了更多的生存机会，生产力高。物种数目相应要比斑块内部的丰富。这种现象被称为"边缘效应"[1]（edge effect）。但值得注意的是，群落交错区物种密度的增加并非是个普遍规律，例如在森林边缘交错区，树木的密度就明显比群落里的要少。此外，生态交错带对物种的分布还起着阻碍限制作用。虽然一方面它适于边缘种的生活，但另一方面却阻碍内部物种的扩散。从某种意义上说，生态交错带具有半透膜作用。看来，生态交错带在结构和功能上好像与"廊道"颇多相似之处；有的学者曾提出生态交错带可以继斑块、廊道、基质之后，成为景观第四要素的观点。

目前，人类活动正在大范围地改变着自然环境，形成许多交错带，如城市的发展、工矿的建设、土地的开发均使原有景观的界面发生变化。这些新的交错带可看作是半渗透界面，它控制着不同系统之间的能量、物质与信息的流通。因此，有人提出应重点研究生态系统边界（boundary）对生物多样性、能流、物质流及信息流的影响；交错带对全球性气候、土地利用、污染物的反应及敏感性，以及在变化的环境中应怎样对生态交错带加以管理。联合国环境问题科学委员会（SCOPE）还制定了一项专门研究生态交错带的研究计划。

---

[1] 边缘效应是指斑块边缘部分由于受外围影响而表现出与斑块中心部分不同的生态学特征的现象。斑块中心部分在气象条件（如光、温度、湿度、风速）、物种组成以及生物地球化学循环等方面，都可能与其边缘部分不同。有些物种需要较稳定的生物条件，往往集中分布在斑块中心部分，故称为内部种（interior species）；而另一些物种适应多变的环境条件，主要分布在斑块边缘部位，则称为边缘种（edge species）。

景观生态过程（landscape ecological process）

1. 景观生态过程的几种类型

（1）生命过程

生命过程是生物界的基础，是种群生态学的基本内容；它包括生命周期、生物生长过程、自然生态恢复过程。生物的生长过程与环境发生紧密的联系，以森林树木生长为例，它是景观中最典型的生态过程；

（2）空间分异过程

空间分异过程是由地球气候条件决定的生物分布格局；空间分异的机理在于水分、温度等基本生态因子的空间差异与组合。例如陆地生物群系就有热带、极地、北方、温带、亚热带、热带之分；而水生生物群系就按水渗透压的不同而有淡水、海水与河口之分。空间分异是景观生态异质性结构形成的基本生态地理过程；

（3）营养物质循环

生态系统物质循环过程包括炭、氧、氮、磷、硫的循环，它们是大自然中生物必需的营养素，被植物（生产者）吸收后，经同化变成生物自身组织，并在食物链中传递，最终被微生物（分解者）分解，使营养素复归自然，重被利用。营养物质循环是生命过程，是生态系统和景观借以形成的基础。

（4）能量流动

能量流动具体表现在食物链中，它决定了生物间的相互作用，包括竞争、偏害、寄生、捕食、偏利、合作、互利共生等。种群是最小的景观生态单元，物种之间的关系决定相互镶嵌的空间结构。

上述能流与物流常常依赖基本物理过程和两个循环过程来实现：1）基本物理过程——气、水等媒质的热动力过程和重力过程。如气遇热则膨胀、上升，遇冷则收缩、下沉。水遇热达到一定阈值则蒸发为水气，水气遇冷则复凝为水，下降为雨。2）大气循环——包括水平风过程、垂直湍流过程、微地貌涡流过程，风既塑造景观，又改变景观。3）水循环——包括水的蒸发和降雨、地表径流与河流流动过程、地下水补给与流动过程等。水是重要的景观要素，水过程决定景观，景观又进一步影响水过程。水体更是重要的景观，往往是占重要空间位置的景观实体。

（5）干扰过程

干扰过程包括火灾、火山爆发、降雨和水流、洪水、崩塌、滑坡、泥石流等自然干扰以及开荒、修路、筑坝、伐林等人为干扰。干扰是影响景观的重要过程，对干扰进行有效的监控与管理，降低干扰作用，实现景观的稳定持续发展。

2. 斑块内部的生态过程（ecological processes within patches）

20世纪60年代，麦克哈格成功地在土地适宜性分析中使用了"千层饼法"[1]，他在《设计结合自然》一书中，就非常强调同一景观单元内斑块内部的生态过程，强调某一景观单元内地质、土壤、水文、植被、动物与人类活动在土地利用上的生态过程和联系。要控制这一生态过程，可直接通过资源本身的改变来完成。最直观的例子就是植被的改变：如建设绿化隔离带，增加林网密度，或者与此相反，将植被茂密地段的植被清除，进行城市开发建设。这也是人类试图控制斑块内部生态过程时力所能及的最主要的部分。另外，土壤的养分结构是人们可以施加影响的内容之一。然而，面对地质、地貌条件以及气候环境，人类在很大程度上必须而且只能去适应这部分环境条件，正所谓"因地制宜"。即使如此，人类对植被的改变也是破坏能力远远大于建设能力，通常在几乎是瞬间被人类破坏的环境，往往需要经过几十、成百乃至上千年才能形成。

人类对这种斑块内部生态过程的控制是可能的，但在全局上却非常缓慢，极大地受到大自然发展规律的制约。这就决定了生态安全格局的建设是一个长期的，并且是缓慢、动态的过程，必须保持长期建设的决心、不断投入耐心以及持续研究的毅力。

3. 斑块间的生态过程（ecological processes among patches）

人类定居之前，地球上的景观广袤无垠。纵有山水等地理屏障及差异，但由气温、降雨量等在更大范围内形成的生态分区与自然调节，则彼此界限模糊，一般并未影响能流与物流的自然生态过程。人类定居之后，农田和牧场等人工生态系统的建立，特别是

[1] "千层饼"（Layer-cake Method）（Warren Henry Manning 1860~1938）
这一概念可以追溯到20世纪初曼宁（Manning）为波士顿附近的Billerica所做的规划，但直到20世纪60年代才由麦克哈格成功地实现了此方法在土地适宜性分析中的使用并且得以广为传播。在《设计结合自然》一书中，麦克哈格详细介绍了他对于生态科学结合于人类生存环境的基本认知，即从整体上考虑一个大尺度的景观环境，将其看作一个相对完整的生态系统，其中包含有诸多重要的生态要素，如地形、地貌、地质、水文（地下、地表）、植被、动物、景观价值、土地利用等。他通过纽约斯塔藤岛土地利用规划项目的实践，创造性地将诸要素进行评价并分别单独绘制在透明胶片上，然后将胶片进行叠加，即使用"地图叠加法"（Map Overlay Method）（Ian L. Macharg 1920~2001）得到综合的分析结果，以此为依据进一步指导该区域的规划工作。这种做法使得景观分析走向客观，从而更加具有科学合理性。麦克哈格建立的"千层饼法"非常强调同一景观单元内的垂直生态过程，他极力强调某一景观单元内地质、土壤、水文、植被、动物与人类活动及土地利用之间的垂直过程和联系。但是，通过肉眼对色彩叠加形成的深浅变化进行分析判断，难以提出明确的数据结论，是地图叠加法这种方法极大的弱点之一。伴随着计算机技术的发展，等权重求和的计算方法和"权重系数"的应用才使这种综合分析评价得以清晰地通过数据直接表达。

后来工厂、居民点与城市的建立与扩大，道路与运河的兴修并相连成网，大大破坏了自然生态过程的动态格局，使自然能流受阻；在迫使人类大量投入人工辅助能源的同时，又出现物质循环受阻，局部环节的废物得不到消化与代谢，污物堆积，危害人类。人工干扰造成了自然景观的破碎、资源的多耗与环境的污染。

为挽回上述危害，尽力恢复自然形成的能流与物流格局，不少学者力求保留自然地块，兴建生态廊道。麦克哈格代表了早期城市景观生态理论，重视斑块内局部的生态过程；当今的景观生态学，是在现代科学技术支持下，尽可能保留并发展斑块间的自然生态廊道，既恢复自然的、符合当地条件的物流与能流，又增加了美丽的景观；从而使景观生态学得到全面发展。

03 环境

环境（environment）

环境总是针对某一特定主体或中心而言的，是一个相对的概念，讨论环境就必须包含特定的主体，离开了这个主体或中心物也就无所谓环境。对太阳系中的地球而言，整个太阳系就是地球生存和运动的环境；对栖息于地球表面的动植物而言，整个地球表面就是它们生存和发展的环境；对某个具体生物群落来讲，环境是指所在地段上影响该群落发生发展的全部无机因素（光、热、水、土壤、大气、地形等）和有机因素（动物、植物、微生物及人类）的总和。

"生物科学"中，环境是指某一特定生物体或生物群体以外的空间，以及直接或间接影响该生物体或生物群体生存的一切事物的总和。其中心物常指某个生物、某类生物或整个生物界。而在"环境科学"中，环境是指围绕着人群的空间以及其中可以直接或间接影响人类生活和发展的各种因素的总体。其中心物通指个人或人类。

《中华人民共和国环境保护法》把环境定义为：影响人类生存和发展的各种天然或经过人工改造的自然因素的总体，包括大气、水、海洋、土地、矿藏、森林、草原、野生动物、自然保护区、风景名胜、城市和乡村等。在中国以及世界上其他国家颁布的环境保护法规中，虽然涉及对环境一词的具体界定，但由于它们是从环境科学含义出发，保证其法律的准确实施，因而也就不一定必须包括环境的全部含义。随着人类社会的发展，环境的概念也在发展。我们对环境的认识也会越来越深刻。

人类的生存环境不是从来就有的，它的形成经历了一个漫长的发展过程。原始地球刚刚形成之时，地球上没有生物，更没有人类。距今约 200 万～300 万年前，古人类的诞生使地表环境进入了一个在人类参与和干预下发展的新阶段。人类依靠劳动，摆脱了生物规律中的一般制约，进入了社会发展阶段，人类要通过对环境的改造使其为自己的目的服务，并已取得了巨大的成就。据估算，原始土地上光合作用产生的绿色植物及其供养的动物只能为一千万人提供食物，而现代农业进行科学种植，并施用化肥和农药，获得的农产品却可以供养几十亿人。此外，如人类控制洪水泛滥，改良土壤，驯化野生动植物，培养出优良的品种，发展了各种能源和制造业，制成了原来环境中所无而对人有用的物质，创造出各种具有物质、精神文明的环境，使生活水平大大提高。这些都反映了人类从处于适应环境的地位，逐渐地在环境中居于主导。但是人类利用和改造生存环境的同时，新的生存环境又反作用于人类。这一反复曲折的过程使人类在改造客观世界的同时，也在改造着自己。人类与其生存环境间这种既对立又统一的关系，表现在整个"人类环境"系统的发展过程之中。我们今天赖以生存的环境，就是这样由简单到复杂，由低级到高级发展而来。

环境中的各种资源同环境的主体——人类之间，都是处于动态平衡之中。因之在不同的生产水平的各个时期，环境对人口的承载量都有一个平衡值，如果越出这个平衡值，就必然会使环境质量下降或者使人类生活水平下降。所以人类在改造环境中，必须学会使自身同环境保持动态平衡关系。

环境类型（environment classification）

环境是一个复杂的体系，至今尚未形成统一的分类系统。一般可按环境的主体、环境的性质、环境的范围等进行分类。

1. 按环境的主体分类

目前有两种体系，一种是以人类为主体，其他的生命物质和非生命物质都被视为环境要素，这类环境被称之为人类环境。它指围绕着人群的空间以及其中可以直接或间接影响人类生存和发展的各种因素，包括自然因素，如大气圈、水圈、土壤岩石圈，以及社会因素、经济因素等。在环境科学中，多数学者都采用这种分类方法。

另一种是以生物为主体，生物体以外的所有自然条件被称为环境，在生物科学中，环境是指围绕着生物体或群体周围一切事物的总和，包括大气、水、土壤、岩石等。这是一般生态学书刊上所采用的分类方法。

2. 按环境的性质分类

对于环境科学来说，中心事物是人，环境主要是指人类的生存环境。它包括自然环境（实体的）和社会环境（抽象的）两大部分。所以，一般将环境分成自然环境（有的再细分成"半自然环境"——指被人类破坏后的自然环境）和社会环境两类。

自然环境（natural environment）[①]

自然环境指人类目前赖以生存、生活和生产所必需的自然条件和自然资源的总称，即阳光、温度、气候、地磁、空气、水、岩石、土壤、动植物、微生物，以及地壳的稳定性等自然因素的总和。用一句话概括，就是直接或间接影响到人类的一切自然形成的物质、能量和自然现象的总体。

自然环境也可以看作是由地球环境和外围空间环境两部分组成。地球环境是人类赖以生存的物质基础，是人类活动的主要场所。外围空间环境是指地球以外的宇宙空间。现阶段，人类活动的范围主要限制于地球，但是随着宇宙航行和空间科学的发展，总有一天人类会开发并利用其他的天体，从而使其成为人类的生存环境之一。

社会环境（social environment）

社会环境是人类在长期生存发展的社会劳动中形成的，是在自然环境的基础上，人类通过长期有意识的社会劳动，对自然物质的加工和改造，对物质生产体系的创造，以及对物质文化的积累等构成的总和。它包括社会的经济基础、城乡结构以及与各种社会制度相适应的政治、经济、法律、宗教、艺术、哲学的观念与机构等。社会环境是人类活动的必然产物，是人类精神文明和物质文明的一种标志，并随着人类社会发展不断地发展和演变，社会环境的发展与变化直接影响到自然环境的发展和变化。

人类的社会意识形态、社会政治制度，以及对环境的认识程度，保护环境的措施，都会对自然环境质量的变化产生重大影响。近代环境污染的加剧正是由于工业迅猛发展所造成。因而在研究中不可把自然环境和社会环境截然分开。

3. 按环境的范围大小分类

可将环境分为宇宙环境（或称星际环境）、地球环境、区域环境、生境、微环境和内环境。

宇宙环境（space environment）

宇宙环境又称星际环境，是指地球大气圈以外的宇宙空间，是人类生存空间的最外层部分。宇宙环境由广阔的空间和存在其中的各类天体与弥漫物质组成，它对地球环境产生了深刻的影响。太阳辐射是地球的主要光源和能源，为地球生物带来了生机，推动了生物圈这个庞大生态系统的正常运转。另外，由于人类活动越来越多地延伸到大气层以外的空间，如发射的人造卫星、各种运载火箭、空间探测工具等，给宇宙环境以及相

[①] 英语文献中，有人把 natural envionment（自然环境）一词作为 physical environment 的同义词来使用，有人则把它作为人为环境（man-made environment）的对义词。读者必须结合上下文推敲其确切含义。physical environment 一词中的 physical 在这里是由本义"实体"引申过来的，包括物理、化学等一切无生命因子，例如光照、温度、压力、空气、水、土壤以及各种无机物质和无生命的有机物质；是作为生物环境（biotic environment）的对义词出现的，应译为非生物环境（abiotic environment）。

邻地球的环境带来了环境问题，这些已开始被人们所关注，并成为环境科学的一个不可忽视的研究领域。

地球环境（global environment）

地球环境与人类及生物的关系尤为密切；也有人称其为"地理环境（geoenvironment）"，又称"全球环境"或者叫"生物圈"。（参见生物圈）

区域环境（regional environment）

区域环境又称地区环境，指占据生物圈内某一特定地域空间的自然环境，它是由地球表面不同地区的自然圈层相互配合而形成的。例如，江、河、湖泊、海洋、高山、沙漠、平原以及热带、亚热带、温带和寒带等，都有各自突出的自然环境特征。不同区域内生活着与其环境相适应的植物、动物和微生物，而每一个区域环境又是由各种不同的生态因素所组成。这些区域环境与其中的生物一起形成了所谓的生态类型。例如，湖泊生态系统、沙漠生态系统、海洋生态系统、河流生态系统、热带雨林生态系统等。不同特点的区域环境，分布着不同的生物群落。

生境（habitat）

生境是指在一定时间内具体的生物个体和群体生活地段上的生态环境。简单地说，就是生物生长的环境，是生物生存空间中一切生态因子（要素）的综合。一般来说，生境是针对某一生存其中的生物种群来讲的，每一个种群的分布幅度，均要受到生长环境的制约，并且有一定的限度。在最适分布幅度之内，种群发育最好。如超出了最适分布幅度，向最大和最小限度两极发展，种群则逐渐减退，乃至全部消逝。故生境也可以说成是种群分布的生态环境。

内环境（inner environment）

内环境一词是环境概念的延伸，为生物医学界所常用。（参见内环境）

微环境（micro-environment）：

微环境是指接近生物个体表面，或个体表面不同部位的自然环境，又称小环境。例如，植物根系表面附近的土壤（根际）环境以及微生物的活动；叶片表面附近的大气环境及其温度和湿度的变化，形成的小气候都会对植物的生长产生影响。

内环境（internal environment）

内环境一词是环境概念的延伸，为生物医学界所常用。这个词出现于 19 世纪，是指生物体内组织或细胞间的环境。是多细胞生物体内的细胞外液，即体内细胞所面对的紧邻环境。此词首先由法国生物学家伯尔纳（Bernard, Claude, 1813~1878）在19世纪提出，英语文献中也常使用其法语形式（milieu intèrne）。生命最初在地球上出现时只能是个单细胞，它生活在原始海洋中。相对于陆地和大气环境而言，原始海洋中水分和营养比较充足，温度和盐度也比较稳定。生物后来进化到多细胞时，就将一部分海水包容到生物体中。体内的细胞面对的就是这一部分原始海水。这时它已成为体液的一部分，但位于细胞之外故名细胞外液。相对于体外环境而言，细胞外液就成为细胞的内环境。随着生物的进化，内环境的稳定程度越来越高，生物才得以由海水进化到淡水，继而登上陆地，到了鸟和兽，它们的内环境温度近于恒定，这样它们才能以进占干冷地区并保持旺盛的生命活力。内环境为体内细胞提供了一个不受或少受外环境干扰的稳定环境，以利细胞的生存、繁殖和发挥功能。

内环境对植物体的生长和繁育具有直接的影响，且不能为外环境所代替。内环境中的温度、湿度条件，CO_2和O_2的供应状况，都直接影响细胞的功能。因此，内环境能保持比较恒定的温度和饱和湿度，维持细胞旺盛的生命活动，能促进转化和输送更多的能流和物流。这种内环境的特点，是植物本身创造出来的，是外界环境所不可能代替的。

环境科学（environmental science）

环境是人类生存和发展的基础。环境科学是研究人类与环境之间相互关系的科学，它是在环境问题日益严重后产生和发展起来的一门新兴的综合性科学。宏观方面研究人类社会经济发展同环境之间的相互作用和影响；微观方面研究环境中的物质，尤其是污染物质在生物体内的迁移、转化和蓄积规律。它涉及自然科学、社会科学和技术科学。到目前为止，这门学科的理论和方法还处在发展之中。

"环境科学"从提出到现在，只不过五六十年的历史。19世纪下半叶，随着经济社会的发展，环境问题即已开始受到社会的重视，如地学、生物学、物理学、医学和一些工程技术等学科的学者，即曾分别从本学科角度开始对环境问题进行研究，例如，从19世纪40年代起，德、英、美等国学者即曾先后对生物进化、物种变异、人类活动对植物和气候的影响，以及生态学的概念等，进行过探索和研究；甚至呼吁开展对森林、水、土壤和野生动植物的保护。与之同步，在环境工程技术方面也有进展，例如，19世纪50年代人们开始用化学消毒法杀灭饮水中病菌，防止以水为媒介的传染病流行。19世纪90年代英国建立了污水处理厂。19世纪后期，消烟除尘技术已在发展，布袋除尘器和旋风除尘器随后开始被陆续采用。20世纪初，学者动手研究声、光、热、电等对人类生活和工作的影响，并逐渐形成了在建筑物内部为人类创造适宜的物理环境的学科——建筑物理学。这些基础科学和应用技术的进展，都是在环境科学研究领域内，为解决环境问题提供的原理和方法，是综合性环境科学研究启动的前奏。但当时对于环境问题的研究和治理，仍处在分散性进行和逐渐积累的阶段。

20 世纪 50 ~ 60 年代，面临严重的环境污染，公害事件不断发生和加剧，西方工业发达国家的人民群众首先发出了"保护环境，防治污染"的强烈呼声，掀起了声势浩大的"环境运动"。许多国家的政府颁布一系列政策、法令，采取政治的和经济的手段，进行污染治理。当时环境科学的研究领域，尚侧重于自然科学和工程技术方面，20 世纪 50 年代主要是治理污染源，60 年代转向区域性污染的综合治理。1964 年国际科学联合会理事会议开始设立课题 "国际生物学计划"（International Biological Programme IBP），研究生产力和人类福利的生物基础，对于唤醒科学家注意生物圈所面临的威胁和危险产生了重大影响。1968 年国际科学联合会理事会设立了环境问题科学委员会。

到 20 世纪 70 年代，人们更面临除环境污染问题之外，地球上人类生存环境所必需的生态条件的日趋恶化；人口的大幅度增长，森林的过度采伐，沙漠化面积的扩大，水土流失的加剧，加上许多不可更新资源的过度消耗，都向当代社会和世界经济提出了严峻的挑战。1970 年，美国即开始实行环境影响评价制度。随着人们对环境和环境问题的研究和探讨，20 世纪 70 年代中期，强调环境管理，强调全面区域规划、合理布局和资源的综合利用。在 "环境运动" 的推动下，70 年代及其前后发生的环境科学有关重要事件主要如下：

1971 年，联合国教科文组织（UNESCO）发起在国际生物学计划（IBP）的基础上设立 "人与生物圈计划" MAB（Man and the Biosphere Program），它是一项政府间跨学科大型综合性研究计划，目的是为全球的环境与发展服务。

1972 年，斯德哥尔摩联合国人类环境会议建议联合国大会将会议开幕日定为 "世界环境日"；同年，第 27 届联合国大会接受并通过该项建议。

1972 年，联合国召开了人类环境会议，通过了《联合国人类环境会议宣言》，呼吁世界各国政府和人民共同努力来维护和改善人类环境，为子孙后代造福。

1972 年，受联合国人类环境会议秘书长的委托，英国经济学家 B. 沃德和美国微生物学家 R. 杜博斯主编出版《只有一个地球》一书，主编者试图不仅从整个地球的前途出发，而且也从社会、经济和政治的角度来探讨环境问题，要求人类明智地管理地球。这可以被认为是环境科学的一部绪论性质的著作。

1973 年，联合国环境规划署（UNEP）成立。随之联合国制定了保护人类生存环境的一系列计划，并逐步付诸实施；

1977 年，在马德普拉塔召开世界气候会议，在斯德哥尔摩召开资源、环境、人口和发展相互关系学术讨论会。

1980 年，国际自然及自然资源保护联合会在许多国家的首都同时公布了《世界自然资源保护大纲》，呼吁各国保护生物资源。

频繁的会议和活动说明，20 世纪 70 年代以来，全球环境问题已成为当代世界上一个重大的社会、经济、技术问题，而这些也正是环境科学工作的指向。

20 世纪 80 年代及其以后，环境问题走向全球。人类面临着除污染扩大并加剧之外的人口与资源危机。这一时期，人类经济与社会发展是以扩大开采自然资源和无偿利用环境为代价，因此造成了全球性的生态破坏、资源短缺、环境污染加剧。环境科学的研究则相应扩大到社会学、经济学、法学等社会科学方面。作为一门综合性很强的学科，它的主要任务是：

1. 探索全球环境的演化规律，以期在人类改造自然的过程中，使环境向有利于人类的方向发展；

2. 揭示人类活动与自然生态之间的关系，一是排入环境的废弃物不能超过环境自净能力，二是从环境中获取可更新资源不能超过其再生能力、获取不可更新资源达到合理开发和利用，求得人与环境的协调发展；

3. 探索环境变化对人类生存的影响，从而制定各项环境标准、控制污染物的排放量；

4. 研究区域（乃至全球）环境污染的综合防治技术与管理措施。寻求解决环境问题的最优方案。

最早提出"环境科学"这一名词的是美国学者，指的是研究宇宙飞船中人工环境问题。但综合性的"环境科学"研究，则是在环境问题逐渐成为全球性重大问题的背景下逐步形成的。由于环境污染日趋严重，在一些发达国家的反污染运动触动下，许多科学家，包括生物学家、化学家、地理学家、医学家、工程学家、物理学家和社会科学家等对环境问题共同进行了调查和研究，他们在各自原有学科的基础上，运用原有学科的理论和方法，研究环境问题。通过这种研究，逐渐出现了一些新的分支学科，例如环境地学、环境生物学、环境化学、环境物理学、环境医学、环境工程学、环境经济学、环境法学、环境管理学等，并在这些分支学科的基础上孕育形成了综合性的"环境科学"。环境科学从分门别类研究环境和环境问题，逐步发展到从整体上进行综合性研究。

1987 年联合国《我们共同的未来》报告书（即布伦特兰报告）的发表，首次提出了"可持续发展"中"发展"的概念，即指"满足当代的需求又不危害后代满足其自身需求能力"。

自该报告公布并通过以后，"持续发展"（sustained development）的新观念迅速得到普遍的接受。而"保护全球生态环境是全人类的共同责任"，也迅速成为世界各国人民的共识。1992 年里约热内卢召开的有 100 多个国家首脑参加的环境与发展大会、1997 年在日本京都由联合国气候变化框架公约参加国第三次缔约方会议制定并通过的国际性公约及其后的 84 个国家开放签署，以及在 2000 年联合国首脑会议上由 189 个国家签署的重要文件"联合国千年宣言"中对"联合国千年发展目标"行动计划做出承诺，其中就包括了"保护我们的共同环境"。这一切都充分证明了各国在发展自然上的共识、决心与合作，促进了可持续发展及与其休戚相关的环境科学研究。自 20 世纪 80 年代起至今，从理论研究到行动措施得到了进一步展开。

环境是一个完整的有机系统，是一个整体。自然界的各种变化，都不是孤立的，而人类的一切活动，诸如人口增长、资源开发、经济运作等都会影响环境。因此，环境科学研究的主要趋势将是：从环境整体出发，注意全球性问题；以整体观念剖析环境问题，实行跨部门、跨学科合作；以生态学和地球化学的理论和方法作为主要依据，充分运用化学、生物学、地学、物理学、数学、医学、工程学以及社会学、经济学、法学、管理学等各种学科的知识，对人类活动引起的环境变化及其控制途径进行系统的分析，以宏观和微观相结合的方法进行综合研究；更加注意研究生命维持系统；扩大生态学原理的应用范围；提高环境监测的效率。

面临全球性的环境问题，许多国家政府和学术团体都在组织力量研究和预测环境发展趋势，筹商对策。但更重要的是在环境质量研究与评价、环境监测理论与技术、环境影响与治理技术、环境保护与自然保护等方面，进行贴切的环境科学研究，制定正确的决策，调整好生产、消费与生活的方式与类型，控制人口增长，合理利用资源，以保证资源的永续利用，创造更好的生存环境。

中国作为国际社会中的一员和世界上人口最多的国家，深知自己在全球可持续发展和环境保护中的重要责任。根据中国的国情，在世界银行和联合国环境开发署的支持下，曾先后完成了体现可持续发展战略的重大研究和方案，包括《中国环境与发展十大对策》、《中国环境保护战略研究》、《中国 21 世纪议程》等环境科学研究成果。

环境问题（environmental issue）

所谓环境问题，是指人类为了自身的生存和发展，在利用和改造自然界的过程中，由于认识能力和科学技术水平的限制，往往会造成对环境的污染和破坏，以及因污染而相应产生危害生物资源，危害人类生存的各种意料不到的后果。人类环境问题按成因的不同，可分为自然的和人为的两类。前者是指自然灾害问题，如火山爆发、地震、台风、海啸、洪水、旱灾、沙尘暴、地方病等所造成的环境破坏问题，这类问题在环境科学中称为原生环境问题（original environmental issue）或第一环境问题（primal environmental issue）。后者是指由于人类不恰当的生产活动所造成的环境污染、生态破坏和资源枯竭等问题，这类问题称为次生环境问题（secondary environmental issue）或第二环境问题。环境科学中着重研究的不是自然灾害问题，而是人为的环境问题，即次生环境问题。总之，人类与环境之间是一个相互作用、相互影响、相互依存的对立统一体。人类的生产和生活活动作用于环境，会对环境产生有利或不利的影响，引起环境质量的变化；反过来，变化了的环境也会对人类的身心健康和经济发展产生有利或不利的影响。人类活动所产生的次生环境问题往往加剧了原生环境问题的危害，原生环境问题的加剧又导致了次生环境问题的进一步恶化。

工业革命以前，在农业和畜牧业的发展中，污染即已开始。人类改造环境的同时环境问题随之出现，例如砍伐森林、破坏草原、刀耕火种、盲目开采，往往引起水土流失、水旱灾害和沙漠化；又如兴修水利和不合理灌溉引起土壤盐渍化、沼泽化和某些传染病的流行。那时，随着商品交换的发展，城市逐渐成为手工业和商业的中心，城里人口密集、房屋毗连，炼铁、冶铜、锻造、纺织、制革等各种手工业作坊与民居混杂一处；作坊排出的废水、废气、废渣，以及城镇居民的生活垃圾，都造成环境污染。13世纪英国爱德华一世时期，就曾有过对排放煤炭的"有害的气味"提出抗议的记载。1661年，英国人 J. 伊夫林写了《驱逐烟气》一书献给英王查理二世，指出空气污染的危害，提出一些防治对策。不过那时，虽然出现了城市化和手工业作坊（或工场），工业生产并不发达，所引起的污染还不突出。环境问题尚处于萌芽阶段。

从18世纪中叶欧洲第一次产业革命算起，至20世纪中叶的200年间，环境共经历了两次产业革命（1750年后）（1830年后）、两次世界大战（1914～1918）（1939～1945），风云动荡，终于在20世纪50年代后出现了第一次环境问题高潮；以及又紧随其后20世纪80年代的第二次环境问题高潮。

首次高潮，是在许多国家相继从农业社会过渡到工业社会、人口迅增（刚进入20世纪时世界人口为16亿，至1950年为25亿，50年间约增9亿）、城市化加速（1900年全球拥有70万以上人口的城市约299座，到1951年迅增至879座）、工业不断集中和扩大、能源消耗大增（1900年世界能源消费量还不到10亿吨煤当量，只1950年就猛增至25亿吨煤当量）的形势下出现的。仅就环境污染而言，从蒸汽机时代的煤烟尘、二氧化硫造成大气污染和冶炼、制碱业造成水质污染开始，升级到电器时代及两次世界大战战后的电力、石油、化工、汽车、造船和飞机制造等工业污染（不但传统的煤炭、石油、油品造成的污染急剧增加，又同时出现了如放射性污染、农药有机合成物质污染等新的污染），特别是石化工业产品在生产和消费过程中排放的几百甚至上千种有毒化学物质对环境的污染，最后导致震惊世界的区域性污染公害事件接连爆发。在工业发达国家里，大气、水体、土壤以及农药、噪声和核辐射等污染已对人民生活和经济发展构成了威胁，形成了重大社会问题，人类第一次感到自身的生命安全受到了挑战。

20世纪60年代中期，西方一些发达国家出现了反污染运动，人民群众首先发出了"保护环境，防治污染"的强烈呼声，掀起了声势浩大的"环境运动"。面对这一严酷的现实，人类除了于60年代采取了一系列环境保护与治理措施外，并在短短的70年代中，频繁进行了各种会议和活动。联合国制定了保护人类生存环境的一系列计划，并逐步付诸实施。工业发达国家的政府相继成立了环境保护机构，把环境问题及环境保护当作战略问题摆上了国家议事日程，包括颁布一系列政策、制定法律、建立机构、加强管理、采用新技术等，用大量投资来治理环境。全球为此做出了大量努力。但问题是，工业生产继续更加高速前行，全球人口、城市化、环境破坏、资源开发等还都在不断飞升。因此，就在人们一心关注治理区域性环境污染的同时，生态破坏却以更快的步伐席卷全球。20世纪80年代最突出的特点是：人类无限扩大地开采自然资源、无偿和无节制地利用环境；大生产代替了小生产，石油在能源中所占比例继续跃增。事实证明，无论人类创造了多么空前巨大的物质财富和前所未有的社会文明，最终造成了全球性的生态破坏、资源短缺、环境污染加剧。20世纪80年代后第二次环境高潮迅即到来，回报人类的则是：1.全球性大气污染，如全球气候变暖、臭氧层破坏、酸雨和有毒有害废弃物的越境转移与扩散；2.大面积生态破坏，如：大面积森林被毁、热带雨林减少、草场退化、土壤侵蚀和荒漠化；3.突发性严重污染事件迭起，如：印度博帕尔事件（参见同名条目，下同）、切尔诺贝利核泄漏事件、剧毒物污染莱茵河事件等，危害严重、损失巨大；4.资源短缺，耕地、森林、湿地和草原面积随着工业建设和城市化进程的加快，迅速减少，工业生产与交通对不可更新的矿藏巨额消耗，已走上了不可持续之路；5.生物多样性锐减等，因人类对环境的污染、对自然界和动植物的破坏与日俱增，使自然区域越来越小，生物的栖息地遭到破坏，生物物种被滥用，导致数以万计的物种灭绝，以及随上述问题而来的能源、资源、饮水、住房、灾害和发展中国家的人口与贫穷等一系列全球性问题。这些问题因具有全球性特点，需要全球众多国家加强合作共同付出努力去迎战。

从两次环境问题高潮的严重警示中，人们终于认识到：

1. 自第一次产业革命开始至 20 世纪 80 年代约两个多世纪以来，人类所走过的发展道路是不可持续的，或至少是持续不够的，因为人类与环境的关系已然不自觉地走向了对立，所以这条道路也是不可取的。必须遵循生态学所指出的客观规律，走"环境友好"之路，走联合国 1987 年《我们共同的未来》报告中提出的"可持续发展"之路——也是迎战全球环境问题的必由之路，人类才能实现"永续生存"。

2. 资源问题

可持续发展不是环境保护的代名词，但它首先是从环境保护的角度来倡导保持人类社会的进步与发展；环境保护倡导的是自然保护、生态平衡、合理开发利用以及维持人类永续生存发展的资源。对不可再生自然资源不得采用消耗—再消耗—无尽消耗的模式，它将会使人类面临不能永续生存的危机，经济发展不能超过环境容许的极限。

3. 环境问题

只有在合理开发利用自然资源的同时，深入认识污染和破坏环境的根源与危害，对于环境不采用污染—治理—再污染—再治理的就事论事模式，而用"污染的源头控制"取代"污染末端治理"，有计划地控制环境污染，保护环境，保护人体健康，才能促进经济与环境协调发展，造福人民。

4. 因环境问题具有全球性特点，"保护全球生态环境是全人类的共同责任"已成为世界各国人民的共识。前述种种全球问题，都需要全球众多国家加强合作共同付出努力去解决，都需要"国家之间在生态与经济方面互相紧密地联系在一个互为因果的网络之中"。只要全人类重视现实，积极行动，把环境问题的积累性研究与分散性治理化为整体对策、化为全球合力，全球环境问题的改善和解决就大有希望。

公害（public nuisance）

1. 公害

公害是指由于人类活动而引起的环境污染和破坏，以致对公众的安全、健康、生命、财产和生活舒适性等造成的危害。

在英美法律体系的法理学中有一种"妨扰"理论。凡对他人可行使或可享受的权益造成妨碍的行为称为"妨扰"，"妨扰"是民事侵权行为的一种。根据"妨扰"所影响的人数和所侵害的权益的不同，分为"私人性的妨扰"和"公众性的妨扰"。凡只影响个别人（三人以下）并只侵害专属他们所有的权益的妨扰为"私人性的妨扰"，简称"私害"。凡影响三人以上并侵害他们作为公众成员而应享有的权益的妨扰为"公众性妨扰"，简称"公害"。对某个人的土地、居住地等造成的妨扰为私害，而影响三人以上的大气污染、水体污染、噪声污染、振动、恶臭等以及妨碍公路上行人的行为等"法定妨扰"则为公害。

私害一般视为民事过错。公害则是一种应负刑事责任的罪过。对于私害，只有受害人才能提起诉讼；而对公害，公民均可为此提起诉讼（特定的限制情况除外）。

在我国法律体系中，公害一词的含义同英美法略有区别。"公害"这个词最早出现在日本 1896 年的《河川法》中，原是与"公益"相对的用语，指河流侵蚀，妨碍航行等危害。后来，在日本 1967 年《公害对策基本法》中，将"公害"定义为：由于事业活动和人类其他活动产生的相当范围内的大气污染、水质污染（包括水的状态以及江河湖海及其他水域的底质情况的恶化）、土壤污染、噪声、振动、地面沉降（采掘矿物所造成的下陷除外）以及恶臭，对人体健康和生活环境带来损害。后来，日本的其他法律又规定，妨碍日照、通风等也是公害。

在中国，1978 年颁布的《中华人民共和国宪法》中首次使用了"公害"这个词。这部宪法第十一条第三款规定："国家保护环境和自然资源、防治污染和其他公害"。1979 年颁布的《中华人民共和国环境保护法（试行）》，也有"防治污染和其他公害"的规定。所以，在中国，凡污染和破坏环境对公众的健康、安全、生命及公私财产等造成的危害均为公害。

2. 公害病（public nuisance disease）

一般认为是环境污染引起的地区性疾病。公害病不仅是一个医学概念，而且具有法律意义，须经严格鉴定和国家法律正式认可。

公害对人群的危害，比生产环境中的职业性危害广泛。凡处于公害范围内的人群，不论年龄大小，甚至胎儿均受其影响。职业性危害则只限于工作地点和在工作时间之内的职工。形成公害的污染物，一般与构成职业性危害的污染物具有相同的种类和性质，只是浓度较低。但浓度低并不意味着危害轻，因为汇集到环境中的多种有害物质在各种环境因素（日光、空气、土、水、生物等）作用下，可能发生物理、化学或生物学方面的变化，从而产生各种不同的危害。例如，含无机汞的工业废水排入水体后，其中的无机汞会沉积水底，被细菌转化为毒性更强的甲基汞，并被富集于水生生物（如鱼类或贝类等）体内，人们长期食用这种含甲基汞的鱼类或贝类，就会造成中枢神经系统损伤。日本的水俣病是一个典型的例子。

公害病有下列特征：（1）它是由人类活动造成的环境污染所引起的疾患。（2）损害健康的环境污染因素是很复染的，有一次污染物和二次污染物；有单因素作用或多因素的联合作用；污染源往往同时存在多个，污染源的数量及其排放污染物的性质和浓度同对人体的损害程度之间一般具有相关关系，确凿的因果关系则往往不易证实。（3）公害病的流行，一般具有长期（十数年或数十年）陆续发病的特征，还可能累及胎儿，危害后代；也可能出现急性暴发型的疾病，使大量人群在短时期内发病。（4）公害病在疾病谱中是新病种，有些发病机制至今还不清楚，因而也缺乏特效疗法。

日本是研究公害病最早的国家之一，也是发生公害病严重的国家之一。世界上有名的公害事件，有几件就发生在日本，如 1974 年日本施行《公害健康被害补偿法》，确认与大气污染有关的四日市哮喘、与水污染有关的水俣病、痛痛病，以及与食品污染有关的慢性砷中毒（见砷污染对健康的影响）等为公害病，并规定出这几种病的确诊条件和诊断标准及赔偿法，同时还设立专门的研究、医疗机构，对患者进行治疗和追踪观察，以探明发病机制，寻求根治措施。

20 世纪早期环境污染事件（environmental disasters in the early 20th century）

1. 洛杉矶光化学烟雾（Los Angeles photochemical smog）1943

1943 年夏季，美国西海岸的洛杉矶市（三面环山）。该市 250 万辆汽车每天燃烧掉 1100t 汽油。汽油燃烧后产生的碳氢化合物等在太阳紫外线照射下引起化学反应，形成浅蓝色烟雾，使该市大多市民患了眼红、头疼病。后来，人们称这种污染为光化学烟雾。1955 年和 1970 年洛杉矶又两度发生光化学烟雾事件，前者有 400 多 65 岁以上老人因五官中毒、呼吸衰竭而死，后者使全市 3/4 的人患病。

2. 多诺拉烟雾（Donora smog）1948，美国宾州

1948 年美国的宾夕法尼亚州多诺拉城有许多大型炼铁厂、炼锌厂和硫酸厂，工厂密集于河谷形盆地。1948 年 10 月 26 日清晨，大雾弥漫，受反气旋和逆温控制，工厂排出的烟尘和 SO_2 等有害气体扩散不出去，生成硫酸盐气溶胶并被吸入肺部，全城 14000 人中有 6000 人眼痛、喉咙痛、头痛胸闷、呕吐、腹泻，17 人死亡。

3. 伦敦烟雾（The Great Smog in London）1952

自 1952 年以来，伦敦发生过 12 次大的烟雾事件，祸首是燃煤排放的粉尘和二氧化硫，

SO_2 在金属颗粒物催化下生成 SO_3、硫酸和硫酸盐，附在烟尘上吸入肺部。烟雾逼迫所有飞机停飞，汽车白天开灯行驶，行人走路都困难，烟雾事件使呼吸疾病患者猛增。1952年12月那一次，五天内有4000多人死亡，两个月内又有8000多人死去。

4. 四日市哮喘病（Yokkaichi asthma）1955 起（公布于 60 年代），日本三重县

1955年起，四日市发现哮喘病、肺气肿及支气管炎患者，并蔓延几十个城市，患者500多人，其中36人因哮喘致死。查找原因，工厂大量排出 SO_2 和煤粉，并含钴、锰、钛等重金属微粒，这些重金属粉尘和 SO_2 随煤尘进入人体肺部。

5. 水俣病（Minnamata disease）（甲基汞中毒）1953 ~ 1956，日本熊本县水俣市

1953 ~ 1956年，日本熊本县水俣镇一家氮肥厂的含汞催化剂随废水排入海湾，经过某些生物的转化成为甲基汞，先被鱼和贝类摄入，这些汞在海水、底泥和鱼类中富集，又经过食物链使人中毒。当时，最先发病的是爱吃鱼的猫。中毒后的猫发疯、痉挛，纷纷跳海自杀。没有几年，水俣地区连猫的踪影都不见了。1956年，出现了与猫的症状相似的病人。因为开始病因不清，所以用当地地名命名。1991年，日本环境厅公布的中毒病人仍有2248人，其中1004人死亡。

6. 骨痛病（Itai-itai disease）（镉中毒）1955 ~ 1972（1956 年发现），日本富山县

镉是人体不需要的元素。1955 ~ 1972年，日本富山县的神通川流域，随后蔓延至群马县等7条河的流域。一些铅锌矿在采矿和冶炼中未经处理的含镉废水排入河中，废水在河流中积累了重金属"镉"。人长期饮用这样的河水，食用浇灌含镉河水生产的稻谷，就会得"骨痛病"。病人开始关节痛，继而神经痛和全身骨痛，最后骨骼软化萎缩，骨骼严重畸形、剧痛，身长缩短，骨脆易折，衰弱疼痛致死。至1968年5月确诊258例，死亡128例，1977年12月又死亡79例。

7. 日本米糠油事件（Yusho rice bran oil poisoning）（多氯联苯中毒）1968，福岗县

1968年，日本九州爱知县等23个府县，先是几十万只鸡吃了有毒饲料后死亡，人们没深究毒的来源，继而在北九州一带有13000多人受害。这些鸡和人都是吃了含有多氯联苯的米糠油而遭难。病人开始眼皮发肿，多汗，全身起红丘疹，接着肝功能下降，全身肌肉疼痛，咳嗽不止，甚至死亡。这次事件曾使整个日本陷入恐慌中。

印度博帕尔事件（Bhopal disaster）1984

1984 年 12 月 3 日，美国联合碳化公司在印度博帕尔市的农药厂因管理混乱，操作不当，致使地下储罐内剧毒的甲基异氰酸脂（制造杀虫剂甲萘威 carbaryl 的中间产物）因压力升高而爆炸外泄。45t 毒气形成一股浓密的烟雾，以 5000m/h 的速度袭击了博帕尔市区。接触毒气者超过 50 万人，死亡近两万，受害 20 多万人，5 万人失明，孕妇流产或产下死婴，受害面积 40km²，数千头牲畜被毒死。

切尔诺贝利核泄漏事件（Chernobyl disaster）1986，原苏联乌克兰

1986 年 4 月 26 日，位于乌克兰基辅市郊的切尔诺贝利核电站，由于管理不善和操作失误，4 号反应堆爆炸起火，致使大量放射性物质泄漏。西欧各国及世界大部分地区都测到了核电站泄漏出的放射性物质。31 人死亡，237 人受到严重放射性伤害。而且在 20 年内，还将有 3 万人可能因此患上癌症。基辅市和基辅州的中小学生全被疏散到海滨，核电站周围的庄稼全被掩埋，少收 2000 万吨粮食，距电站 7km 内的树木全部死亡，此后半个世纪内，10km 内不能耕作放牧，100km 内不能生产牛奶……这次核污染飘尘给邻国也带来严重灾难。这是世界上最严重的一次核污染。

剧毒物污染莱茵河（Sandoz chemical spill into Rhine）1986，瑞士跨国制药农药库火灾后泄入莱茵河

1986 年 11 月 1 日，瑞士巴塞尔市桑多兹化工厂仓库失火，近 30t 剧毒的硫化物、磷化物与含有水银的化工产品随灭火剂和水流入莱茵河。顺流而下 150km 内，60 多万条鱼被毒死，500km 以内河岸两侧的井水不能饮用，靠近河边的自来水厂关闭，啤酒厂停产。有毒物沉积在河底，将使莱茵河因此而"死亡"20 年。

温室效应（greenhouse effect）

全球变暖（global warming）是指全球气温升高。近 100 多年来，全球平均气温经历了冷—暖—冷—暖两次波动，总的看是上升趋势。20 世纪 80 年代后，全球气温明显上升。1981 ~ 1990 年全球平均气温比 100 年前上升高了 0.48℃。导致全球变暖的主要原因是人

类在近一个世纪以来大量使用矿物燃料（如煤、石油等），排放出大量的二氧化碳、甲烷等多种温室气体，使它们在大气中的浓度不断增加。CO_2 能吸收地面的长波辐射。为数不多的长波太阳辐射被大气中的水蒸气和二氧化碳吸收后，到达地面的主要是短波太阳辐射，其中一部分被地表反射，一部分被地表吸收。地表被吸收的短波辐射加热、提温，并以长波向外辐射。该长波辐射能再度被大气中的水蒸气和二氧化碳吸收，使大气加热、增温，转而再以长波向地表及天空辐射，于是很大一部分辐射能又返回到大气下层和地表，继续使地表和大气下层增温。这个现象被称之为"温室效应"。大气圈中二氧化碳含量的增减会影响大气圈内能量的平衡过程，使全球气候变暖。温室效应严重威胁着人类。有人预测，到 21 世纪中叶，大气中的二氧化碳含量将增加 0.056%，是工业革命前的 2 倍，全球气温将上升 1.5 ~ 4.5℃，会使全球降水量重新分配，冰川和冻土消融，海平面将升高 0.3 ~ 0.5m，许多人口密集地区（如孟加拉国以及太平洋和印度洋上的多数岛屿）将被海水淹没。全球变暖将对生态系统与农业产生严重影响，既危害自然生态系统的平衡，更威胁人类的食物供应和居住环境。

臭氧层破坏（臭氧洞问题）（ozonosphere depletion）

在地球大气层中，约有 90% 的臭氧存在于近地面约 15 ~ 50 公里的平流层里，在平流层的较低处，即离地面 20 ~ 30 公里处，为臭氧浓度最高区域，被称为臭氧层（Ozone Layer，或 ozonosphere），其中臭氧含量占存在于这一高度气体总量的十万分之一。臭氧含量虽然极微却具有重要的作用。它能吸收太阳光中大部分的紫外线，以屏蔽地球表面生物，使之不受紫外线的侵害。大量观测和研究结果表明，南北半球中高纬度高层大气中臭氧损耗 5% ~ 10%，在地球两个极地的上空形成了臭氧空洞，南极的臭氧层最高时损失 50% 以上。对于臭氧层破坏的主要原因，多数科学家认为，是人类过多使用制冷剂含氟氯烃类（chlorofluorocarbons,CFCs）物质破坏同温层臭氧层所致。

南极的臭氧层空洞，是臭氧层破坏的一个最显著的标志。到 1994 年，南极上空的臭氧层破坏面积已达 2400 万平方公里。南极上空的臭氧层是在 20 亿年里形成的，可是在一个世纪里就被破坏了 60%。北半球上空的臭氧层也比以往任何时候都薄，欧洲和北美上空的臭氧层平均减少了 10% ~ 15%，西伯利亚上空甚至减少了 35%。因此科学家警告说，地球上空臭氧层破坏的程度远比一般人想象的要严重得多。臭氧层破坏使到达地面的紫外辐射 UV–B 的辐射强度增强，以致皮肤癌和白内障发病率增高，植物的光合作用受到抑制，海洋中的浮游生物减少，进而影响水生物的生物链乃至整个生态系统。

酸雨（acid rain）

　　工业生产和火力发电的发展使大气污染物的排放量大量增加，经高烟囱排放及大气环流的影响，使大气污染物远距离传送，越界进入邻近（邻国甚至跨洲）地区。当烟囱排放出的二氧化硫或汽车排放出来的氮氧化物烟气酸性气体上升到空中与水蒸气相遇，经传输、转化和沉降就会形成硫酸和硝酸雨滴，落到地面的雨水就成了酸雨。煤和石油的燃烧是造成酸雨的主要原因。酸雨会给环境带来广泛的危害，造成巨大的经济损失。如腐蚀建筑物和工业设备；伤及露天的文物古迹；损坏植物叶面，导致森林死亡；破坏湖泊生态系统使鱼虾死亡；破坏土壤成分，使农作物减产甚至死亡；饮用酸化物影响的地下水，对人体有害。

生物多样性减少（biodiversity decline）

　　在人类现代生活中，物种以高于自然界物种自然消失速率100 ~ 1000倍的速度消失，这是从6500万年前白垩纪末期恐龙绝迹以来，动植物最大量灭绝的时期。统计表明，目前每年要有4000 ~ 6000种生物从地球上消失，更多的物种正受到威胁。科学家认为，在过去6亿年中，每年灭绝的物种只有几种，而目前每天约消失50个物种。1996年世界动植物保护会的报告指出："地球上1/4的哺乳类动物正处于濒临灭绝的危险，每年还有1000万公顷的热带森林被毁坏"。

　　物种灭绝的根本原因是人口密度增大导致了动植物自然生存环境恶化。沿海地区自然环境特别适于生物繁衍，但又非常脆弱，区内居住世界人口的60%以上。例如，沿海湿地就繁殖了占世界所有营业性捕捞2/3的各种鱼类，而珊瑚礁继热带雨林之后具有世界生物多样性的次高密度。然而，人类的逐渐侵入及其污染使沿海地区的环境日益恶化。粗略估计，世界盐沼和红树沼的1/2已消失或被彻底改变，而且世界2/3的珊瑚礁已退化。随着向沿海移民的继续，不出30年沿海居民可能要占到世界人口75%，其产生的环境压力很有可能继续增加。

　　人口剧增的同时，科学技术的进步、工业建设的发展、城市化进程的加快、森林、湿地和草原面积的迅速减少以及环境的污染，各个方面对自然界和动植物的破坏都在与日俱增。自然区域越来越小，生物多样性遭受破坏的速度惊人。

　　生物物种的大量灭绝意味着生态系统的破坏，也会导致许多有助于农作物战胜恶劣气候的基因消失，甚至会引起新的瘟疫。动植物的生死存亡必将影响人类的命运，人类威胁其他生物生存的最终结果将是威胁自己的生存。

人口暴增（population explosion）

人口问题是指因人口数量过多，人口增长过快，人口素质偏低对各种自然资源、能源以及环境造成的压力，包括各种资源、能源的耗竭以及对环境的污染，它们反过来又会直接威胁人类的继续生存。

1. 人口增长

持续增长的世界人口也许是当今最为严重的问题，回首刚刚过去的 20 世纪，我们不难发现在众多的巨大变革或事件中，没有任何一个变革会像人口爆炸问题那样，能对地球产生如此深远的影响。20 世纪后半叶，世界人口从 1950 年的 25 亿升到 1988 年的 59 亿，增长翻了一番，这个史无前例的人口巨浪及其不断上升的消费，正把人类的索取推向超出地球的自然极限。根据联合国的预测，到 2050 年世界人口将达 77 ~ 112 亿，而绝大多数新增的人口都将出生在经济落后的发展中国家（《世界人口展望》1996 年修订版）。尽管该模型未考虑人类控制自身发展的能力和人类的创造力，但该模型确实表明生态平衡与人口增长之间的关系重大。人口增加必然要开垦土地，兴建住宅，采伐森林，开辟水源。结果改变了自然生态系统的结构和功能，使其偏离有利的平衡状态。然而，只有保持适度的人口总量、优良的人口质量、合理的人口结构，才会实现人口、社会与环境的协调发展，才能杜绝人口增长—贫穷—环境退化的恶性循环。

20 世纪 70 年代国外生态学家曾对地球生态系统的人口容量（capacity of population）[1] 进行了估算，最乐观的估计是地球可养活 1000 亿人，但多数认为只能养活 100 亿人左右。面对上述的世界人口增长，如何养活这么多人口而不破坏地球的生态环境和耗尽自然资源，显然是关系到人类前途和命运的一个重大问题。

人口激增必然导致下列三种危机同时发生：（1）土地利用过度，因而不能继续加以使用，粮食产量下降；（2）资源因世界人口稠密而发生严重枯竭，工业产品也随之下降；（3）环境污染严重，破坏惊人，从而使粮食加速减产，人类大量死亡，人口增长停止。

---

[1] 通常人口容量并不是生物学上的最高人口数，而是指一定生活水平下能供养的最高人口数，它随所规定的生活水平的标准而异。如果把生活水平定在很低的标准上，甚至仅能维持生存水平，人口容量就接近生物学上的最高人口数。如果生活水平定在较高目标上，人口容量在一定意义上说就是经济适度人口。

2. 人口消费

土地

地球是人类栖息的场所，这个生态圈究竟能容纳多少人？就每人平均可能占有陆地而言，根据联合国预测资料，从 1999 年起按 45 年的倍增期计算，至 2080 年人口将达到 200 亿以上……800 年后世界人口可达到千万亿的天文数字。如果届时地球上全部土地，包括山脉、沙漠甚至南极洲都为人们所居住，平均每人占地为 $1.5m^2$，已经没有可供耕种的土地了。世界人口的增长速度越来越快。如果不设法扭转这种快速增长势头，地球村将容纳不下它的居民。

粮食

随着世界人口的不断增加，人类对粮食的需求越来越多，而目前世界粮食产量每年还不到 20 亿 t，20 亿 t 谷物能够养活 100 亿印第安人，或养活 50 亿意大利人，或者只能养活 25 亿美国人。如果按照美国人那样消耗自然资源来计算，人类至少还需要有另外一个地球。但实际上人类赖以吃和住的土地何在？

植物

从生态学角度分析，地球又能养活多少人呢？地球植物的总产量，按能量计算每年为 2.77×10^{21} 焦耳。人类维持正常生存每人每天需能量约 10^7 焦耳，则每年需 3.68×10^9 焦耳。按此数值计算，地球上植物总产量可养活 7534 亿人。但由于以下两方面原因：第一，以植物为食的，不仅仅是人类，其他各种动物也都直接或间接地以植物为食；第二，有许多植物和动物是不能供人食用的。因此，据估计人类只能获得植物总产量的 1%，即只能养活 75 亿人。

资源

人口迅速增长会使地球资源的消耗加快。美国世界观察研究所说，1900 年世界平均每天只消耗几千桶石油，而今天人类平均每天消耗 7200 万桶石油。人类对金属的使用也从每年的 2000 万吨上升到现今的 12 亿吨。其他自然资源消耗也是如此。自然资源的迅速减少使许多物种面临灭绝的威胁，地球越来越难养活它的居民。

垃圾

随着人口的增加和人均消费的增长，对环境吸纳废弃物的要求正在不断地增加，这对环境所造成的不可弥补的损害将是显而易见的。简而言之，如果不设法扭转这种快速增长的人口势头，地球村将容纳不下它的居民。

3. 人口素质（quality of population）

人口素质指人的质量特征，包括人口的体质和人口文化素质两个方面。人口体质指人口健康状况。人口文化素质指人口受教育状况和与此有关的生产经验和技能。

保证人口质量还涉及两个方面的问题：一是在严格控制生育的情况下，需要关注城市生育率与农村生育率之间的平衡；二是人口政策中控制人口数量的同时，必须关注教育，减少文盲、半文盲在总人口中的比例，才有可能及时向社会输送健康而具有文化的合格劳动力。

资源短缺（resources depression）

资源曾有所谓原生性资源（primary resources）和后生性资源（secondary resources）之分。有人称太阳能、空气和水等地球形成初期就出现的资源为原生；随自然历史演化形成的大量生物资源均为后生。另有人以人类出现为界，视一切未受人类干扰的自然资源为原生，而经受人类干扰的自然资源和人类加工和制造的资源为后生。

但对我们更重要的分类还是把自然环境中人类可以用于生活和生产的自然资源，分为三类：第一类是取之不尽的，如太阳能和风力；第二类是可以更新的再生性资源，亦称可更新资源（renewable resources）（参见同名条目），如生物、水和土壤；过去，一般都把水和土壤视为可更新资源，但这些貌似用之不竭的资源已因气候变迁、滥用、污染等因素在逐渐变质，面对数量暴增人类的需求，也已构成了重大环境问题。特别是土地资源关乎我们赖以为食的农产品和畜产品；第三类是不可更新的非再生性资源，亦称不可更新资源（nonrenewable resources）（参见同名条目），如各种矿物。特别是一些令人担忧用绝的、作为能源的燃料如煤、石油、天然气，它们都是千百万年前绿色植物的残骸经地质变化深埋地下逐渐变化形成的不可更新资源。当前人类面临的资源危机指的正是后两类，其中如：土地资源、水资源、森林资源、能源等都属于备受全球关注、人类在沿可持续发展道路艰难迈进中所面临的重大资源问题。

在过去的 50 年里，全球能源需求的增长速度是人口增长速度的两倍。到 2050 年，发展中国家因人口的增加和生活的富裕，其能源消耗将会更多。人口的增长使能源供应紧张并且缩短化石燃料的耗竭时间。关于矿产资源，其消耗速度正随着工业建设的速度急剧增加，很多矿产的储量在近数十年内迅速减少。专家预计，再有 50 ~ 60 年即将耗去石油储量的 80%，某些贵金属资源则将消耗殆尽。

由于生产和生活中所消耗的燃煤、石油、天然气等释放出大量 CO_2，加之热带雨林被大面积砍伐，使大气中 CO_2 浓度从原先的 315ppm 上升至 352ppm，引起的温室效应，使全球气候变暖，而且会导致生物异常，毁坏大面积森林和湿地，引起海平面上升，甚至导致极地冰帽融化。异常的气候会加速森林的破坏。而发展中国家的燃料又有90%来自森林。

当人均能耗居高不下时，即使人口低速度增长也可能对总的能源需求有重大的影响。例如，到2050年预计美国新增人口7500万，其能源需求约增加到目前非洲和拉丁美洲能耗量的总和。世界石油人均产量1979年达到最高水平，而此后下降了23%。预计全球石油产量从2011～2025年将达到最高极限，这就预示只要石油仍然是世界占主导地位的燃料，未来的油价仍会大幅上升。在未来50年中，能源需求增幅最大的地区将是经济最活跃的地区。在亚洲，尽管人口增长仅仅50%，但能源消耗却要增长361%；在拉丁美洲和非洲，能耗量预计增长分别达到340%和326%。上述三地区，在森林、矿物燃料储备和水资源等能源资源方面正面临巨大压力。

土地资源短缺（land resources depression）

1. 人均耕地减少

从20世纪中叶以来，产粮面积（通常作为耕地的代名词）增加了19%，而世界人口却增长了132%。随着人口增长，人均产粮面积的缩减，越来越多的国家承受着失去粮食自给自足能力的危险。

据世界银行1986年报道，20世纪80年代，非洲仅有1/4的国家其粮食消费量有所增加，1971～1980年多数国家人口年增长率约2.92%，粮食年增长率只有0.2%，有的地区甚至是负增长，如中非粮食增长率为-0.91%。就中国情况看，1950年人均耕地0.18公顷，1980年降到0.1公顷，仅为世界人均耕地面积0.37公顷的1/3，至2000年人均拥有耕地只有0.08公顷了。也就是说，每公顷地需要养活的人口数量不断增加。1950年为5.5人，1980年增到9.8人，2000年每公顷耕地需养活12人。然而，由于土地沙化、水土流失、工业和城市发展蚕食耕地等种种原因，致使中国的可耕地面积正以每年47～67万公顷的速度减少。1984～1987年间平均每年减少耕地65.5万公顷。

世界上人口增长最快的4个国家的情况十分明显地说明了这种发展趋向。在1960～1998年间，巴基斯坦、尼日利亚、埃塞俄比亚和伊朗人均耕地面积减少了40%～50%，预计到2050年将进而减至60%～70%——这只是假定农耕地不再减少条件下的一项保守估计。其结果会使上述4国人口总数在10亿以上，而人均耕地面积仅仅在300～600m²——小于1950年人均耕地面积的1/4。

2. 土地荒漠化（desertification）

简单地说，土地荒漠化就是指土地退化（其定义参见土地荒漠化），是生态平衡遭到破坏而使绿色原野逐步变成类似沙漠的景观。荒漠化的结果产生沙漠化的土地。1996年6月17日第二个世界防治荒漠化和干旱日，联合国防治荒漠化公约秘书处发表公报指出：当前世界荒漠化现象仍在加剧。荒漠化主要是破坏土地资源，使可供农牧的土地面积减少，土地滋生能力退化，造成农牧生产能力降低和生物生产量下降。（参见土地荒漠化）

3. 水土流失（soil erosion）

水土流失是指土壤在水的浸润、冲击作用下，结构发生破碎和松散而随水散失的现象。人类对水土资源不合理的开发和经营，使土地覆盖物遭受破坏，加速了水土流失的进程。可使土地肥力降低，水灾和旱灾发生频繁、地下水位降低、河道淤塞、环境质量下降、生态系统的平衡遭到破坏。（参见水土流失）

土地荒漠化（desertification）

1992年联合国环境与发展大会对荒漠化的概念作了这样的定义："荒漠是由于气候变化和人类不合理的经济活动等因素，使干旱、半干旱和具有干旱灾害的半湿润地区的土地发生了退化。"

产生荒漠化的因素有自然因素和人为因素：自然因素如干旱（基本条件）、地表形成松散的砂质沉积物（物质基础）、大风的吹扬（动力）等；人为因素如过度放牧、过度垦殖、过度樵采和不合理地利用水资源等。人为因素和自然因素综合作用于脆弱的生态环境，使植被破坏，导致风沙活动加剧和沙丘的形成，荒漠化景观开始出现和发展。

全球现有12亿多人受到荒漠化的直接威胁，其中有1.35亿人在短期内有失去土地的危险。荒漠化已经不再是一个单纯的生态环境问题，而且演变为经济问题和社会问题，它给人类带来贫困和社会不稳定。到1996年为止，地球上受到荒漠化影响的土地面积有3800多万平方公里，占到整个地球陆地面积的1/4，相当于俄罗斯、加拿大、中国和美国国土面积的总和。其中亚洲占32.5%，非洲占27.9%，澳大利亚占16.5%，北美和中美洲占11.6%，南美洲占8.9%，欧洲占2.6%。

全世界受荒漠化影响的国家有100多个，尽管各国人民都在进行着同荒漠化的抗争，但荒漠化却以每年5万～7万平方公里的速度扩大，相当于爱尔兰的面积。在人类当今诸多的环境问题中，荒漠化是最为严重的灾难之一。对于受荒漠化威胁的人们来说，荒漠化意味着他们将失去最基本的生存基础——有生产能力的土地。中国荒漠化的地区主要分布在内蒙古东部等地的半干旱草原地带，新疆、甘肃和内蒙古西部的沙漠地带的外围，在中国的西北、华北、东北形成一条不连续的弧形地带。荒漠化是环境退化的现象，它在不停地发生和发展。历史上形成的沙漠有的在继续发展，加上现代的荒漠化，使遭受荒漠化破坏的土地面积越来越大。据1984年估计，地球上35%即约45亿公顷的土地正不同程度地荒漠化，其中有3/4以上的土地中度退化，1/5的土地完全丧失了生产能力。荒漠化问题涉及的范围广泛，引起全世界的关注。

防治沙漠化的途径是因地制宜和因害设防：在干旱地区，根据自然条件和资源特点，以流域为生态单位进行规划，适度地开发利用自然资源。在已经发生沙漠化的地区，按不同的自然特征采取防治措施，如对干旱草原和荒漠草原地带，要封育沙漠化的弃耕地和退化草场，保护现有植被或限定载畜量和采取分区轮牧。对已形成的流动沙丘采用丘间营造片林，丘上栽种固沙植物等方法固定沙丘。对草原地带内现有的旱作农田，扩大林牧比重、建立护田林网。对风蚀或沙埋严重地段要退耕还林或营造片林。在水土条件较好的滩川地要营造乔灌结合的小林网。对遭受沙漠化危害的干旱地区，采取绿洲边缘的防沙林带，绿洲内部的护田林和绿洲外围封沙育草保护植被。对侵入绿洲的流动沙丘，可设置沙障，障内栽固沙植物，丘间营造片林固定流沙。

水土流失（soil erosion）

在自然条件下，降水所形成的地表径流会冲走一些土壤颗粒。土壤如果有良好覆盖物，如森林、野草、作物或植物的枯枝落叶等保护，水土流失的速度非常缓慢，土壤流失量小于母质层育化成土壤的量，这是正常的现象。人类对土地的利用，特别是对水土资源不合理的开发和经营，使土壤的覆盖物遭受破坏，裸露的土壤受水力冲蚀，流失量大于母质层育化成土壤的量，土壤流失由表土流失、心土流失而至母质流失，终致岩石暴露。这种流失就叫异常流失，或称加速流失。

水土流失造成土壤肥力降低，水、旱灾害频繁发生，河道淤塞，河流资源难以开发利用，地下水位下降，农田、道路和建筑物被破坏，并引起环境质量变劣，生态平衡遭到破坏。例如，中国黄土高原随着森林覆盖率的不断下降，水土流失极为严重。目前，流经黄土高原的黄河每年把大量的泥沙带入了海洋。

水土流失按时期可分人类出现以前的水土流失和人类时期的水土流失。人类出现以前的水土流失是在构造运动和海陆变迁所造成的地形基础上进行的。在自然条件发生变化，如冰川融解或雨量增大时，会发生严重的地表径流，形成今日的侵蚀地貌。这种地貌条件为人类时期水土流失发生和发展提供了演化的基础。人类出现后，随着人类的活动，如水土资源的开发和利用，地表覆盖物被大量破坏，在人类出现以前形成的侵蚀地貌的基础上，出现了新的水土流失的过程。这种过程的发展往往是非常迅速的，可以在很短期间（甚至几天内）把千百年形成的土壤冲掉。

水土流失按流失的动力可分为雨失、径流冲失和重力流失。雨失是雨滴冲击地面，使土壤破碎、分离、飞溅而流失。径流冲失是指降雨或融雪产生的径流对土壤的破坏和引起的流失。重力流失是指在水参与下，土壤由于重力作用而发生陷落、地滑、滑塌等现象。

水土流失的形态通常分为：面状流失、沟状流失、塌失和泥石流四类：

面状流失

分散的地表径流引起土壤发生面状流失的现象，主要发生在裸露的土壤上。这不仅使土层流失，而且使土壤养分和腐殖质流失，使土壤的物理、化学性质恶化，降低土壤的肥力。

沟状流失

集中的水流破坏土壤，切入地面形成冲沟。

面状流失同沟状流失之间既有区别又有联系。面状流失汇集水流，由小股汇成大股，为沟状流失的产生和发展创造了条件。因此，面状流失严重的地区往往是沟蚀严重的地区。而沟状流失所造成的土壤和母质裸露，坡度高等，又促进了径流的形成与冲刷力量的增大，加速面蚀的发展。

塌失

产生的原因比较复杂，但水土流失是其中的重要因素。在黄土区，由于雨水渗润，黄土组织逐渐松散，石灰质被淋洗溶解形成孔洞。在重力作用下，黄土塌落，形成陷穴。水分在不透水层聚积，可使土体沿不透水斜坡滑塌或坐塌。陡壁风化土体经雨水冲泻，堆积坡脚形成泻溜。在石山区，由于山石之间的水土发生流失，也会引起堕石，严重时甚至发生山崩。

泥石流在面状流失和沟状流失发展严重的地区，常发生这种含有大量固体物质的洪流。它是受重力和流水冲力的综合作用而形成，动能很大，危害也大。

水土流失的影响因素

地形和地面坡度、坡长、坡形、坡向都会影响水土流失的程度。坡度越陡，水流越急，水土流失越严重；坡面越长，径流量越大，水土流失也越多；降水、温度、湿度、风等气象条件会影响水、土的存在和变化状况。降水强度越大，雨失和径流冲击力越强；降水历时越长，水土流失的进展越快；降水频率越高，水土流失发生的频率也越高。土壤性状决定着抵抗水土流失的能力。土壤质地过粗，抗冲力小，易发生水土流失；质地过细，渗水性差，地表径流强，也易发生水土流失。良好的植被可以改良土壤性状，通过根系固结土壤，阻留降水，减轻雨失，缓和和分散径流。在森林茂密、水草繁茂的一些地方，水土流失很少发生；而在过度砍伐或过度放牧引起植被破坏的一些地方，水土流失便逐渐加重。

根据 2004 年公布的相关资料，从已完成全国土壤类型和肥力状况普查的 1400 多个县的统计中，可知约有 30% 的耕地存在水土流失问题。全国水土流失面积则已占国土总面积约 38% 以上。

水资源短缺（water resources depression）

1. 水资源的含义

水资源主要是指与人类社会生产、生活用水密切相关又能不断更新的淡水，包括地下水、地表水和土壤水。国内外文献中对水资源有多种提法，关于水资源定义的差别还很大，尚未形成公认的定义。《英国大百科全书》中，定义是"全部自然界任何形态的水，包括气态水、液态水和固态水的全部量"为水资源。联合国教科文和世界气象组织共同制定的《水资源评价活动——国家评价手册》中，定义水资源为"可以利用或可以被利用的水源，具有足够的数量和可用的质量，并能在某一地点为满足某种用途而可被利用"。《中国水资源初步评价》则定义水资源为"逐年可以得到恢复的淡水量，包括河川径流量和地下水补给量，而大气降水则是它们的补给来源"。在《中华人民共和国水法》中，"所谓水资源，是指地表水和地下水"。"水"和"水资源"两词在含义上理应有所区别，不能混为一谈。地球上各种水体的储量虽然很大，但不能全部纳入水资源范畴。作为水资源的水体一般应符合下列条件：（1）通过工程措施可以直接取用，或者通过生物措施可以间接利用；（2）水质符合用水的要求；（3）补给条件好，水量可以逐年更新。

2. 水资源短缺

近数十年来，自然资源的消耗量与日俱增，已有很多资源显现出短缺的现象。除土地资源外，另外两个最重要的就属水资源、和矿产资源。

全球人均水资源总量虽然丰富，但可获得的水资源却不足。人均水资源量不到

2000m³ 的国家有 40 个，人口比例占 12%，这还不包括像中国这样的地区性缺水严重的国家。人类不能造水，只能设法保护现有水资源。据专家估计，从 21 世纪开始，世界上将有 1/4 的地方长期缺水。工业和城市生活污水处理不当，使河流、湖泊、地下水受到污染，进一步加剧了水资源短缺程度。目前全球有约 1/3 的人口已受到缺水的威胁，2000 年全球缺水人口比例增加到 1/2 以上。我国人均水资源占有量仅为世界人均占有量的 1/4，加上水资源在时间和空间上分布的不均匀性，水资源短缺的矛盾十分突出。国际水资源管理研究所预测，到 2050 年有些国家共约 10 亿人口生活将面临绝对缺水的状况。这些国家必将减少农业用水，以满足居民和工业的用水需求，中国和印度被认为是世界上两个灌溉农业大国，将要大量减少灌溉供水。

"缺水"或许是当代世界最不被重视的资源问题。但凡是人口还在增长的地区，人均淡水供给量都在减少。河流干枯和地下水位下降，被视作水资源紧缺的证据，如尼罗河、黄河和科罗拉多河几乎无水入海。目前，包括主要产粮区的世界各大洲地下水位正在下降，美国南部的大平原、中国华北平原和印度的大部分地区，地下蓄水层正日益枯竭。

我国目前水资源短缺日趋严重，水资源总量为 2.8 万亿立方米，居世界第 6 位，但全国人均占有量 2340 立方米，仅为世界人均占有量的 30% 左右，为美国的 1/5，俄国的 1/7，加拿大的 1/50，排在世界第 109 位，被列为世界 13 个贫水国家之一。

2000 年入春以来，我国 669 座城市中约有 400 多座城市缺水，其中 110 座严重缺水。这给城市、地区经济发展带来极大负面影响。华北平原城市缺水造成每年的损失，约占全国生产总值的 3%，因灌溉用水不足，每年约少收 2000 万吨粮食。

3. 水资源利用与节水

严重的是我国水资源利用率相当低下，以农业为例，生产 1 吨粮食耗水 1330 立方米，高出发达国家 300 ~ 400 立方米，利用系数仅 0.3 ~ 0.4，不足发达国家一半。灌溉方式以落后的大水漫灌为主，年用水量高达 4000 多亿立方米，占全国总用水量的 70% ~ 80%。我国生产 1 吨钢材耗水 10 ~ 14 吨，生产 1 吨纸耗水 260 吨。无论是农业生产还是工业生产，其科学技术水平还远低于发达国家，面对国家严重缺水，提高水资源在生产中的利用率是最现实的当务之急。

在城市规划与建设方面，我国过去不注重节水防污，不但使大量地面不透水化，也使城市丧失许多积水的湿地坤塘，使地下水源未能得到及时足够的补充和涵养；平时严重缺水，一旦下大雨，又排水不畅，动辄发生洪涝灾害。

实现节水防污型社会是推进绿色建筑和城乡生态建设的一个重要目标，要积极研究开发高效节水的城乡取水、用水、耗水、排水的技术与系统，包括水处理回用循环系统，恢复与改善建筑基地的保水性能，以及建设城市生态防洪系统；要努力研制并推广节水器具和设备，推广雨水回渗、收集与利用系统，研究低成本、高安全性、区域级、规模化的中水再利用技术与系统。

森林资源破坏（forest resources devastation）

森林是保持人类环境质量的重要因素，更是陆地生态系统的重要组成。

地球上曾经有过76亿公顷的森林，但是人口过分增长，毁林造田、毁林盖房、过量采集薪材和饲料、过度放牧……致使越来越多的森林资源受到破坏。自1850年以来，几乎10亿公顷的森林被砍伐，原始森林约减少了一半。到20世纪，森林面积下降为55亿公顷，20世纪70年代已减至28亿公顷。1975～1980年的五年中，非洲森林资源被毁坏的面积达3700万公顷，亚洲为1200万公顷，拉丁美洲为1840万公顷，数量惊人。1980～1990年，世界上又有1.5亿公顷森林（占森林总面积的12%）消失。由于世界人口的增长以及城市化的迅速发展，对居住、耕地、牧场、木材、生产与生活的需求量日益增加，导致对森林的过度采伐和开垦，使森林受到前所未有的破坏。科特迪瓦是世界人口自然增长率最高的国家之一，1987年其人口自然增长率为3.0%，而每年森林损失率为5.9%。中国由于人口增长过快，许多农村找不到薪柴而对森林乱砍滥伐。如全国人口自然增长率最高的四川省，新中国成立初期森林覆盖率是19%，20世纪80年代初已下降到13%，生态系统遭到严重破坏，也引起自然灾害的增多。

最近几十年以来，热带地区国家森林面积减少的情况更加严重。据统计，全世界每年约有1200万公顷的森林消失，其中占绝大多数是对全球生态平衡至关重要的热带雨林。对热带雨林的破坏主要发生在热带地区的发展中国家，热带雨林主要生长国巴西、印度尼西亚、扎伊尔三个国家，20世纪80年代，每年砍伐的林木超过200万公顷。尤以巴西的亚马孙情况最为严重。亚马孙森林居世界热带雨林之首，但是，到20世纪90年代初期这一地区的森林覆盖率比原来减少了11%，相当于70万平方公里，平均每5秒钟就有差不多有一个足球场大小的森林消失。

森林面积的减少导致了森林功能的衰退，这些包括野生动植物生存环境，碳贮藏量（调节气候的关键），土壤侵蚀控制，跨雨旱季蓄水以及降雨量调节等。导致水土流失、土地退化、物种减少、温室气体排放增加、生态环境恶化，旱涝灾害发生频率增加，引起一系列环境问题。

环境污染（environmental pollution）

污染是污染因子（pollutant）侵入自然环境，直接或间接危及生态系统的情况，本书则着重从人类的角度来介绍污染。污染因子可以是化学物质（一般常把 pollutant 翻译为污染物），例如直接危害人体健康和影响生物资源更新（农、牧、林、渔等业）的毒物；但也可以是能量，如噪声、核辐射等。污染的影响可相当迂回复杂，例如农肥侵入湖海可以破坏水体中的生态平衡，导致局部富营养化（参见营养物循环），造成浮游植物滋生和鱼虾缺氧死亡，这里农肥并非直接杀死鱼虾的毒物，然而最终结果是水产业减产从而影响人类的营养摄入。污染是个定量概念，很多污染因子就正常存在于自然环境中，但因量小不造成危害。只有当数量增加导致危害时，才构成污染。

污染可以是自然发生，例如火山爆发，但目前最烦扰我们的却是我们人类自己制造的、经常发生且越演越烈的污染。在近代伴随城市化人口密集过程因粪便侵入水源而导致肠道传染病暴发的情况曾多次发生，但随着公共卫生的发展已得到一定的控制。目前，危害最大的是工矿业污染。自 18 世纪开始工业革命起，工矿业的废气废水废渣就威胁着邻近的居民。以后随着工矿业规模的扩大和动力交通工具的出现，日益增加的污染可以随气流和水流波及广大地区。特别是化学工业兴起后，新毒物层出不穷。

污染可以按污染的源头来分类，例如工业污染、农业污染、交通运输污染、生活污染等。从源头治理污染异常重要，这样才有可能从根本上预防污染的发生。还可按污染因子来分，例如化学污染（如毒物）、物理污染（如噪声）、生物污染（如细菌）等。但这里要强调的分类是按受侵的环境来分，例如大气污染、水污染、土壤污染等（参见相关条目）。查明污染因子在环境中的转移途径，有利于我们更好地加以监测、处理和预防。

一般工矿业弃废于自然，都是寄希望于环境自净作用（environmental self-purification），希望借环境中的自然因素消除污染或至少能降低污染物的局部浓度。例如倾废于海（ocean dumping）希望水流能稀释掉污物，污物焚烧（incineration）希望烟尘能随气流扩散开，有些进入土壤的污染物仅只是被土壤微粒吸附住，从而阻止了它们随食水进入人体，污物毫未消灭。以上只是物理净化作用，化学净化作用则可能进一步改变污染物的性质。例如进入水体的铅、汞、镉等可能同水中的硫离子结合成难溶的硫化物而沉积于水底污泥中。但更重要的净化作用还是生物净化作用，即土壤微生物对生物有机废物的降解作用。在温度适宜、供氧充足的条件下，需氧微生物大量繁殖，可将有机污染物分解氧化为 CO_2 和水以及硝酸盐等；缺氧时，厌氧微生物也可降解有机污染物，只是产物改变，包括甲烷和氨等。现代水厂清洁水质所用的活性污泥法（activated sludge process）就是利用前面这个原理，称为"活性"正是因为依靠通气补氧促进需氧微生物的繁殖和加强它们分解氧化的能力。但对于无机物以及前述POPs，生物净化作用就常无能为力了。

综上可以看出，水污染和土壤污染影响人体健康，主要是通过饮水和进食经消化道侵入人体，这就引出了食品污染（food pollution）问题。而且近年发现很多污染物其实是不法加工单位出于其他目的添加的。例如，掺水牛奶为了蒙混通过蛋白质含量检测关，常在掺水奶中加入含氮化合物。2008年三鹿集团就在奶粉中添加三聚氰胺（melamine），结果造成很多儿童肾脏受损。

随着工矿业的不断发展，废气、废水、废渣的数量高速增加，过去看似无限的大气和海洋目前也难以容纳了。而且废物的种类也在不断增加。建筑业如果包括旧屋拆毁和改造，所产生的垃圾量可占社会总垃圾量的1/5。近年废旧电子产品以及制造时产生的废料（习称电子废料，E-waste），逐年增加，已接近总垃圾量的5%，且因多含铅、镉、汞等毒物，较难处理。20世纪八九十年代人们在北太平洋环流中心地带发现了一个漂浮垃圾带，后得名大太平洋垃圾带（Great Pacific Garbage Patch）。垃圾主要是不能生物降解的塑料，不过因为大量塑料已被破碎为微屑，有时肉眼都看不出，但其含量常数倍于同水域中的浮游生物。这些微屑称为海洋废屑（marine debris）。据估计，有4/5来自陆地，特别是由大江大河流出，有1/5来自船舶抛弃。塑料的危害人已熟知，每年有大量海兽如海豹和海鸟如信天翁死于吞食塑料造成的消化道梗阻，海洋生物也常被残旧但未回收的渔网（习称鬼网，ghost net）缠绕致死，至若微屑还可吸附多氯联苯等毒物，也可被鱼食入而进入食物链。这个垃圾带的大小因测量方法和所定标准不一，各家报告差别很大，约在几百万平方公里上下，厚度可超过10米。

目前陆上处理废物，特别是固体废物，仍常使用焚烧法和填埋法。参见固体废弃物污染。

大气污染及危害（air pollution and hazard）

随着现代经济的快速发展，大规模地使用包括煤和石油在内的能源和其他自然资源，工业排放，城市建设、生产与生活的排放，其结果给环境空气造成不同程度的污染。而大气和其他环境之间又有各种物质交换，如：悬浮颗粒物终要降落地面和水面，而大风又可将其吹起。在纯气态物质中，碳、氮、硫的氧化物都是遇水形成酸再随雨降落地面或水面，而这些元素的氢化物（甲烷、氨、硫化氢）在污泥等还原环境中生成后又可复归大气。情况十分复杂。

1. 全球性大气污染物的人为来源

（1）火力发电厂、钢铁厂、炼焦厂等工矿企业的燃料燃烧，各种工业窑炉的燃料燃烧以及各种民用炉灶、取暖锅炉的燃料燃烧等，均向大气排放出大量污染物。燃烧排气中的污染物组分与能源消费结构有密切关系，发达国家能源以石油为主，全球性大气污染物主要是 CO_2、CO、SO_2、氮氧化物和有机化合物。中国能源以煤为主，主要全球性大气污染物是颗粒物、CO_2、SO_2。

（2）工业生产中，化工厂、石油炼制厂、钢铁厂、焦化厂、水泥厂等各种类型的工业企业，在原材料及产品的运输、粉碎以及由各种原料制成成品的过程中，都会有大量的污染物排入全球性大气中，这类全球性污染物主要有粉尘、碳氢化合物、含硫化合物、含氮化合物以及卤素化物等多种污染物。

（3）农业生产中，农业生产过程对全球性大气的污染主要来自农药和化肥的使用。有些有机氯农药，如 DDT，施用后在水中能在水面悬浮，并同水分子一起蒸发而进入大气。氮肥在施用后，可直接从土壤表面挥发成气体进入全球性大气；而以有机氮或无机氮进入土壤内的氮肥，在土壤微生物作用下可转化为氮氧化物进入全球性大气，从而增加了全球性大气氮氧化物的含量。此外，稻田释放的甲烷，也会对全球性大气造成污染。

（4）交通运输中的扬尘，各种机动车辆、飞机、轮船等排放有害废物到大气中。由于交通运输工具主要以燃油为主，因此主要的污染物是碳氢化合物、CO、CO_2、氮氧化物、含铅污染物、苯并芘等。排放到大气中的这些污染物，在阳光照射下，有些还可经光化学反应，生成光化学烟雾，因此它是二次污染物的主要来源之一。

（5）制冷及保温行业中，各种制冷设备及保温隔热工作中大量使用 CFC（氟利昂）工质进行制冷与发泡保温，由于 CFC 的泄漏，向全球性大气中排入 CFC 污染物。CFC 不但是主要温室气体，而且是对臭氧层破坏作用最大的污染物。

（6）施工扬尘、餐饮油烟及其他。

依据大气污染物存在的形式，可以将大气污染物分为颗粒物质和气态物质。所谓颗粒物质是指大气中粒径不同的固体、液体和气溶胶体。粒径小于 $10\mu m$ 的固体颗粒称为飘尘，飘尘能够长期地漂浮在大气中。颗粒物的直径越小，进入呼吸道的部位越深（参见环境空气中的 $PM_{2.5}$）。气溶胶体则是空气中的固体和液体颗粒物质与空气结合成的悬浮体，悬浮在大气中对人类及生物造成化学危害。

2. 大气环境污染危害

大气污染造成危害的方式多种多样，其中如酸雨、臭氧层破坏以及燃烧化石燃料（fossil fuel，如煤、石油、天然气）造成的污染最为普遍和严重。

（1）对植物的危害

植物跟人一样，都要呼吸空气。植物如果吸入了污染的空气，同样也要生病，植物在短时间内受到高浓度大气污染物伤害后，叶片将出现伤斑、枯萎和脱落，直至造成整株死亡。植物长时间接受较低浓度的大气污染物后，造成叶色褪绿、干枯和损伤等。若逢酸雨，酸雨使土壤酸化，危害作物和森林生态系统。在其酸化过程中，Ca、Mg、K 等营养元素被淋失，微生物固氮和分解有机质的活动受抑制，从而使土壤贫瘠化。有毒重金属（Al、Cd 等）的溶解流动，则伤害植物根系，或者进入江河湖泊与地下水中，引起水质污染。酸雨对森林的危害比较明显，一是直接伤害树的叶子，二是使森林土壤酸化。首先死亡的是乔木，紧接着是灌木。

（2）对动物的危害

大气污染对动物的危害可以分为直接和间接两方面。在大气污染严重时期，家畜等动物直接吸入含大量污染物的空气，引起急性中毒，甚至大量死亡。1952 年的伦敦烟雾事件中，首先发病的就是参展的 350 头牛，其中 66 头因呼吸系统严重受损死亡。日本上野动物园也曾因大气严重污染使养鸟大批死亡，死亡鸟类的肺部有大量的黑色烟尘沉积。大气污染还可以通过间接途径引起动物大量死亡。大气污染物沉降到土壤和水体后，通过食物链在植物中富集，草食动物食入含有毒物的牧草之后会中毒死亡。

大气中化学性污染物的种类很多，对人体危害严重的多达几十种。我国的大气污染属于煤炭型污染，主要的污染物是烟尘和二氧化硫，此外，还有氮氧化物和一氧化碳等。这些污染物主要通过呼吸道进入人体内，不经过肝脏的解毒作用，直接由血液运输到全身。所以，大气的化学性污染对人体健康的危害很大。这种危害可以分为慢性中毒、急性中毒和致癌作用三种：

慢性中毒——大气中化学性污染物的浓度一般比较低，对人体主要产生慢性毒害作用。科学研究表明，城市大气的化学性污染是慢性支气管炎、肺气肿和支气管哮喘等疾病的重要诱因。

急性中毒——当工厂大量排放有害气体并且在无风、多雾时，大气中的化学污染物不易散开，就会使人急性中毒。例如，1961 年日本四日市的三家石油化工企业，因为不断地大量排放二氧化硫等化学性污染物，再加上无风的天气，致使当地居民哮喘病大量发生。后来，当地的这种大气污染得到了治理，哮喘病的发病率也随着降低了。

　　致癌作用——大气中化学性污染物中具有致癌作用的有多环芳烃类（如 3,4- 苯并芘）和含 Pb 的化合物等，其中 3, 4- 苯并芘引起肺癌的作用最强烈。国内外研究者认为，大气污染与肺癌之间有明显的相关关系。城市中汽车废气、工业废气、燃烧的煤炭、公路沥青和香烟的烟雾都有致癌物质存在，其中主要是 3,4- 苯并芘。大气中的化学性污染物，还可以降落到水体和土壤中以及农作物上，被农作物吸收和富集后，进而危害人体健康。此外，大气污染还包括大气的生物性污染和大气的放射性污染。大气的生物性污染物主要有病原菌、霉菌孢子和花粉。病原菌能使人患肺结核等传染病，霉孢子和花粉能使一些人产生过敏反应。大气的放射性污染物，主要来自原子能工业的放射性废弃物和医用 X 射线源等，这些污染物容易使人患皮肤癌和白血病等。

　　臭氧层破坏与皮肤癌的关系密切。臭氧是大气中唯一能吸收紫外线辐射的气体，它可以把 99% 的紫外线过滤掉。臭氧层的破坏导致大量紫外线直接照射到地面，从而使皮肤癌的发病率大大提高。

室内污染（indoor pollution）

　　近年更发现，室内空气污染造成的危害不弱于室外空气污染。煤气中毒和二手烟的危害以及大量感染性疾病主要是在室内传播，而建材和室内装修用品排放有毒甚至致癌的挥发性有机化合物（volatile organic compounds，VOCs）的情况也日益受到重视。室内空气污染导致的人类健康问题可能远大于室外空气污染。

　　室内环境分为室内空气品质与室内物理环境（声光热环境）两大类。室内空气污染，可分为物理污染（如粉尘）、化学污染和生物污染（如霉菌）三类。我国新建建筑中大量使用建筑装饰装修材料和复合材料制成的室内物品（包括家具），其中不乏会散发较多化学污染物的材料和产品。我国缺乏关于建筑及装修材料和物品有害物限量的严格科学的法规和标准，而消费者又难以鉴别这些材料和物品的环保程度，致使高散发有害物的建筑材料、室内材料和物品进入市场、投入使用。

　　我国还缺乏室内空气净化器科学评价标准，导致空气净化器市场鱼龙混杂。一些空气净化器在"净化"空气过程中，反而产生有害副产物。室外空气污染相当严重，也影响室内空气品质。此外，我国饭店和百姓烹饪中，大量采用油煎、油炸和爆炒方式，造成大量颗粒物和多环芳烃的散发。

　　室内空气中的挥发性有机化合物（VOCs）浓度过高往往会引发病态建筑综合症、与建筑有关的疾病及多种化学污染物过敏症。美国环境保护署历时五年的专题调查结果显示：许多民用和商用建筑内的空气污染程度是室外空气污染的数倍、数十倍，甚至超过100倍。因此，美国已将室内空气污染归为危害人类健康的五大环境因素之一。应当加大室内空气品质的研究、监测与控制的力度，保证居民具有良好的室内空气品质。

室内物理环境又分为热环境、声环境与光环境。首先是要重视室内热湿环境。世界卫生组织曾对健康住宅提出热舒适性标准是："起居室、卧室、厨房、厕所、走廊、浴室等要全年保持在 17℃ ~ 27℃之间；室内相对湿度全年保持在 40% ~ 70% 之间。"我国城镇居住建筑中只有寒冷和严寒地区大城市有集中采暖的住宅在冬季基本达到国际公认的室内热舒适标准，还有几亿中国人生活在环境品质较差的住宅里。因此，应该把建设具有良好室内热环境的绿色建筑作为保障温饱、实现小康社会、体现"以人为本"的民生工程予以高度重视。

室内声环境也是我国长期被忽视的人居环境问题之一。在我国各地环境污染投诉案件中，对噪声与振动干扰的投诉数量经常高居首位。2006 年全国环保系统共收到涉及环境污染群众来信 58.7 万件，其中投诉噪声污染的达 26.3 万件。建设中应当严格执行住宅隔声标准，保证居民良好的室内声环境。

改善人居声环境的另一个重要方面，是要搞好公共建筑，尤其是音乐厅、影剧院等观演建筑，体育馆、会议厅、演播厅以及候机、候车厅和教室、医院等建筑的建筑声学设计。

搞好室内光环境是改善人居环境、节约能源的重要方面。日照对人的生理和心理健康都非常重要。充足的天然采光有利于人的身心健康，提高工作效率。因此，做好各类建筑的采光照明设计，既可避免房间过亮或过暗，避免眩光和光污染，又可大量节省照明用电。事实上，由于大量教室未做好采光照明设计，使得室内光环境不佳，已是造成青少年近视高发的重要原因。在城市夜景照明中，如何推行绿色照明，既美化城市市容，又节约用电，防止对周围居民和生物的光污染，是十分值得研究的课题。

不良建筑综合症（sick building syndrome,SBS）

申诉者在一个建筑中停留时感到身体不适，例如头疼、异味、眼鼻喉刺激感、干咳、暴露部位的皮肤发痒、头晕恶心、疲倦、精神难以集中等，以上症状出现得快，而且在程度上似乎与在该建筑中停留的时间有关，且离开建筑后常迅速消失。当找不到明确原因，一时也得不出特异性诊断，这些申诉就归于 SBS 项下，这个情况又称为"病屋综合症"。但必须知道，这虽名为综合症，其实并不构成医学诊断。不过它却提供一个重要线索，促使我们去进一步做调查，寻找原因。常常发现，它同室内空气质量（indoor air quality，IAQ）有关。

如果通过调查，诊断出明确的特异性疾病，且可归因于大气传播的建筑污染物，则情况属于建筑物相关疾患（building related illness，BRI）。不良建筑综合症最常见的原因包括建筑通风、空调设计不合理以及装修和家具污染等，必须及时解决。有时也可能源于生物因子，如病菌、霉菌、病毒、花粉，甚至是室外原因，如邻近的汽车尾气。

环境空气中的 PM$_{2.5}$（ambient PM$_{2.5}$）

PM$_{2.5}$ 是指环境空气中空气动力学当量直径小于或等于 2.5μm（微米，1000μm=1mm）的颗粒物，也称细颗粒物。PM$_{2.5}$ 中的 PM 为 "颗粒物" 的英文缩写，全称为 particulate matter。2.5μm 的直径还不及人头发丝粗细的 1/20。虽然 PM$_{2.5}$ 只是地球大气成分中含量很少的组分，但它对空气质量和能见度等有重要影响。同较粗的大气颗粒物相比，PM$_{2.5}$ 粒径小，富含大量有毒、有害物质且在大气中停留时间长、输送距离远，因而对人体健康和大气环境质量的影响更大。PM$_{2.5}$ 对大气的污染程度用空气中的颗粒含量 μg/m^3（微克 / 立方米）表示，这个值越高，就代表空气污染越严重。发达国家及中国的大气中 PM$_{2.5}$ 的浓度标准值（μg/m^3）分别为：24 小时——美国（35），日本（35），中国（75）；年平均——美国（15），欧盟（25），日本（15），中国（35）。目前，美、日的标准限值接近 WHO 第三阶段目标，欧盟则与 WHO 第二阶段目标相同，但都高于 WHO 最终指导值。中国在 2013 年 3 月 2 日发布的新《环境空气质量》（GB 3095—2012）中首次提出 PM$_{2.5}$ 标准值，它与 WHO 第一阶段目标相同。

粒径在 2.5μm 以下的细颗粒物，不易被阻挡。颗粒物的直径越小，进入人体呼吸道的部位越深。10μm 直径的颗粒物通常沉积在上呼吸道，5μm 直径的可进入呼吸道的深部，2μm 以下的可 100% 深入到细支气管和肺泡。干扰肺部的气体交换，主要对呼吸系统和心血管系统造成伤害。老人、小孩以及心肺疾病患者是 PM$_{2.5}$ 污染的敏感人群。据有关资料，在欧盟国家中，PM$_{2.5}$ 导致人们的平均寿命减少 8.6 个月，而 PM$_{2.5}$ 还可成为病毒和细菌的载体，为传播呼吸道传染病推波助澜。世界卫生组织在 2005 年版《空气质量准则》中也指出：当 PM$_{2.5}$ 年均浓度达到每立方米 35 微克时，人的死亡风险比每立方米 10 微克的情形约增加 15%。

PM$_{2.5}$ 来源广泛，包括自然过程和人为排放。自然来源有：风扬尘土、火山灰、森林火灾、飘浮的海盐、细菌等；但 PM$_{2.5}$ 主要来自人为排放，如：化石燃料（煤、汽油、柴油、天然气）和生物物质（秸秆、木柴）等燃烧、道路和建筑施工扬尘、工业粉尘、餐饮油烟等污染源直接排放的颗粒物，也包括由一次排放出的气态污染物（主要有二氧化硫、氮氧化物、挥发性有机物、氨气等）转化生成的二次颗粒物。2000 年北京的部分测定资料表明：机动车、燃煤、工业、扬尘等污染是形成 $PM_{2.5}$ 的主要原因，约占北京市 $PM_{2.5}$ 来源的 75.5%，其中机动车的贡献率为 22.2%，燃煤为 16.7%，工业及溶剂使用为 16.3%，各类扬尘为 15.8%，农业及畜禽养殖、秸秆焚烧、餐饮油烟等其他源的贡献率为 4.5%，区域污染传输对北京市的贡献率年平均为 24.5%。

治理 $PM_{2.5}$ 的措施从属于大气污染治理综合工程，但针对 $PM_{2.5}$ 的特点及其危害，则参照北京市的措施，要求做到：1. 完善监测体系和信息发布制度，落实属地防治责任；2. 积极发展绿色交通，控制机动车污染；3. 大力发展清洁能源，控制燃煤总量；4. 推进产业结构调整，深化工业污染治理；5. 加强科技支撑，促进污染减排；6. 提高绿色施工和道路保洁水平，遏制扬尘污染；7. 加强生态建设，增加环境容量；8. 加强重污染日预警和应急管理；9. 强化各级政府、企业责任，促进公众参与。此外，还须努力减少区域大气污染影响，积极参与区域联防联控工作。

水污染（water pollution）

水污染是指水体的污染，包括地表水体，如河、湖、海以及地下水。有人认为，水污染在各类污染中导致人类疾病和死亡的严重事例最多。一方面，将废水未经有效处理排入江河是多数工矿业排污的主要模式；另一方面，人必须饮水，作为食源的动物必须饮水，作为食源的植物也离不开水，因此污水中的有害物质很多都以食物形式经消化道侵入人体。一个著名的例子是日本富山县神通川流域在 20 世纪上半叶发生的痛痛病（itai-itai disease），该处铅锌矿炼锌的含镉废水侵入河流和稻田中，当地居民长期饮用含镉污水和食用含镉稻米乃发病，肾脏受损继而骨痛骨折，甚至死亡。

在农业开发程度比较高的国家，由于过多使用农药和化肥，地表水和地下水都受到了严重污染。人口膨胀和工业发展所制造出来的越来越多的污水废水终于超过了天然水体的承受极限，于是本来是清澈的水体变黑发臭、细菌滋生、鱼类死亡、藻类疯长。更为严重的是，本来足以滋养人体的水，常因含有有毒物质而使人染病，甚至于死亡。在发展中国家，有 80% ~ 90% 的疾病和 1/3 以上的死亡都是与受细菌或化学污染的水有关。现在，每天有 2 万 ~ 5 万人死于水污染的疾病。工农业生产本身当然也因为水质的恶化而受到极大损害。水环境的污染使原来就短缺的水资源更为紧张。水资源的短缺，水环境的污染加上水的洪涝灾害，构成了足以毁灭人类的水危机。我国每年排入江河的废水竟有 416 亿吨。七大水系中，五个水系被严重污染，黄河大部分河段、松花江 70% 河段为 IV 类水质，珠江下游河段、广州附近、淮河一级支流一半以上河段出现超 V 类水质，近海水域海水 IV 类水质高达 53.4%。

1. 水体污染的来源

工业废水、城市污水、农业排水、大气降水、降尘等。水污染源主要来自工农业生产和人们的生活废水。其中 69% 为农业用水，23% 为工业用水，8% 则是生活用水。

2. 水污染对植物的危害

地球上的水是植物生命的源泉，只有保证有充足的水分供应，才能正常生活。但若植物吸入了被污染的水后，把污染物储存在体内，不仅毒害植物体本身，而且还贻害人类和其他动物。当人们吃了带有有毒污染物的蔬菜、水果后，也会同样被毒害。水污染对植物的危害，有的是直接的，如化工厂排放的酸性污水，流入水稻田后，使稻根腐烂而死亡；有的是间接的，如长期用污水灌溉农田，不仅使稻米产量下降，而且煮的饭有异味。太湖水污染严重，太湖米不好吃则为典型一例。水污染对植物的危害有以下几方面：

（1）污水中油类物质危害植物——因为油类物质比水轻，又不溶于水，形成了一层不透气的薄膜，使水缺氧而影响植物的生存。

（2）污水中无机物危害植物——水中的氮、磷、钾等矿物质，尽管是植物生长的营养物质，但达到一定浓度后，会使植物体内的细胞破坏，发生腐烂，植株枯萎。水中的汞、镉、铬、镍和砷等金属，更影响水生植物生长发育。

（3）污水中有机化合物危害植物——例如，酚、氰、石油等，达到一定浓度时，会影响植物的新陈代谢，发育不良，甚至停止生长而干枯死亡。

3. 水污染对动物和人的危害

河流、湖泊等水体被污染后，对人体健康会造成严重的危害，首先是饮用污染的水和食用污水中的生物，能使人中毒，甚至死亡。其次是被人畜粪便和生活垃圾污染了水体，能够引起病毒性肝炎、细菌性痢疾等传染病以及血吸虫病等寄生虫疾病。再就是一些具有致癌作用的化学物质，如砷（As）、铬（Cr）、苯胺等污染水体后，可以在水体中的悬浮物、底泥和水生生物体内蓄积。长期饮用这样的污水，容易诱发癌症。

（1）富营养化对生物的危害

工业废水、生活污水和农田排出的水中含有很多氮、磷等植物所必需的矿质元素，若这些植物必需的矿质元素大量地排到池塘和湖泊中，就会使藻类植物和其他浮游生物大量繁殖。这些生物死亡以后，先被需氧微生物分解，使水体中溶解氧的含量明显减少。接着，生物遗体又会被厌氧微生物分解，产生出硫化氢、甲烷等有毒物质，致使鱼类和其他水生生物大量死亡。就会使池塘和湖泊出现富营养化现象。富营养化是指因水体中氮、磷等植物必需的矿质元素含量过多而使水质恶化的现象。它不仅影响水产养殖业，而且会使水中含有亚硝酸盐等致癌物质，严重地影响人畜的饮水安全。

（2）重金属对生物的危害

有些重金属如锰、铜、锌等是生物体生命活动必需的微量元素，但是大部分重金属如汞、铅等对生物体的生命活动有毒害作用。生态环境中的汞、铅等重金属，同样是通过生物富集作用在生物体内大量浓缩，从而产生严重的危害。

土壤污染（soil pollution）

地下水和土壤重叠交错在一起，因此土壤污染和水污染是并存的。土壤是个复杂动态的系统，土壤颗粒缝隙间既含气，又含水，污染物在土壤中的移动主要是借助水流，而地表水体中污染物又大量富集于水底污泥中。土壤本是地球生物圈和岩石圈（lithosphere）间的界面层，是两方相互作用的产物。这里有矿物质（mineral matter，岩石的风化产物，颗粒状碎屑），有机物（organic matter，如腐殖质 humus，即枯枝落叶、动物残骸等的分解产物），有活的生物（living organism，如植物根系、土壤动物以及多种微生物），还有气和水。人类不仅农牧林业等依赖土壤，人类还经常弃废于地，希望借助土壤微生物的力量化解其不良效应。

土壤经常承受废渣的弃置掩埋、污水的排放（包括灌溉）、废气的沉降以及农药农肥的施用。在工业革命前主要是生活垃圾，特别是人畜粪肥在农田的撒泼，帮助病菌和寄生虫卵通过食物途径在人畜群体中传播。在都市化过程中，粪便污染水源还曾引起多次大的疫情暴发。不过生活垃圾大多为生物可降解的（biodegrable）有机物，正是土壤微生物的食料，不难被迅速清除。及至工矿业兴起，大量矿山尾矿和工业垃圾堆积如山，不仅占据宝贵地面，而且随着雨水的冲淋，大量污染物或随径流泄至相连的江河，或渗入地下。这其中包含大量无机物，特别是难以根除的重金属，还有新合成的、生物不能降解的有机物，特称持久性有机污染物（persistent organic pollutants，POPs）。

土壤被污染后，肥力明显下降，导致农作物减产。人和动物吃了被污染的植物后，又把有毒物质带到人体和动物体内，也会发生中毒甚至死亡。

土壤污染物的种类繁多，既有化学污染物也有物理污染物、生物污染物和放射污染物等，其中以土壤的化学污染物最为普遍、严重和复杂。按污染物的性质一般可分为四类：即有机污染物、重金属、放射性元素和病原微生物：

1. 有机污染物——主要是化学农药。目前大量使用的化学农药约有 50 多种，其中主要包括有机磷农药、有机氯农药、氨基甲酸酯类、苯氯羧酸类、苯酚、胺类等。此外，石油、多环芳烃、多氯联苯、甲烷、有害微生物等也是土壤中常见的有机污染物。

2. 重金属——使用含有重金属的废水进行灌溉是重金属进入土壤的一个重要途径。重金属进入土壤的另一条途径是随大气沉降落入土壤。重金属主要有汞、镉、铜、锌、铬、镍、钴等。镉被认为是土壤中最有毒有害的重金属元素之一。土壤中过量的镉，不仅能在植物体内残留，而且也会对植物的生长发育产生明显的毒害。植物受镉害后，生长缓慢，植株矮小，根系受到抑制，使作物生长受阻，产量降低。土壤中的铅可促使水的吸收量减少，耗氧量增大，阻碍植物的生长发育，甚至死亡。其在植物体内的残留累积对动物和人体危害极大。土壤中汞、砷等也都是危害植物生长的元素，使作物的生长发育受到显著抑制。由于重金属不能被微生物分解，而且可为生物富集，对人类有较大的潜在危害。土壤一旦被重金属污染，其自然净化过程和人工治理都是非常困难的。

3. 放射性元素——放射性元素主要来源于大气层核试验的沉降物以及原子能和平利用过程中所排放的各种废气、废水和废渣。含有放射性元素的物质不可避免地随自然沉降、雨水冲刷和废弃物的堆放而污染土壤。土壤一旦被放射性物质污染就难以自行消除，只能自然衰变为稳定元素而消除其放射性。

4. 病原微生物——土壤中的病原微生物，主要包括病原菌和病毒等。来源于人畜的粪便及用于灌溉的污水，未经处理的生活污水，特别是医院污水。人类若直接接触含有病原微生物的土壤，可能会对健康带来影响；若食用被土壤污染的蔬菜、水果等则会间接受到污染。

固体废弃物污染（pollution of solid wastes）

固体废弃物，是指在人类生产和生活活动过程中产生的、对生产者不具有使用价值而被废弃的固态或半固态物质。它主要包括工业废物、农业废物、工矿废物和城市垃圾四类。通常将各类生产活动中产生的固体废物称之为"废渣"，将生活活动中产生的固体废物称之为"垃圾"。城市垃圾和工业废渣，随着人口的增长和工业的发展而日益增加，至今已成为城市的一大灾害。垃圾中含有各种有害物质，任意堆放不仅占用土地，还会污染周围空气、水体，甚至地下水。有的工业废渣中含有易燃、易爆、致毒、致病、放射性等有毒有害物质，危害更为严重。固体废弃物的来源极为广泛。而且随着社会经济的不断发展，生产规模的持续扩大，人类需求的日益提高，固体废弃物的产生量也与日俱增。目前，工业发达国家的工业固体废弃物正以每年 2%~4% 的速率增长，其主要产生源是冶金、煤炭和火力发电三大部门，其次是化工、石油和原子能等工业部门。其所造成的危害极为严重。

1. 危害

（1）侵占土地资源、污染土壤环境

固体废弃物的大量积累和不适当地处置，势必侵占大量的土地，与工农业生产争地，从而减少可利用的土地资源。目前，我国固体废弃物的累计堆积量已达 66.4×10^8 吨，占地 5.5 万多公顷。这对人口众多、人均可耕地面积仅为 0.08~0.1 公顷的我国而言，如不加控制，将对我国的可持续发展构成十分严重的威胁。未来半个世纪中世界新增人口将达到 34 亿，所以废料排放对区域和全球环境的影响将会更为严重，而在近、中期内提供可利用的卫生环境的希望也十分渺茫。

此外，土壤是微生物库，是许多细菌和真菌聚居的场所。这些微生物与周围环境构成一个生态系统，是自然界碳、氮循环的重要组成部分。固体废弃物尤其是有害物的随意堆积，由于风化、淋溶和地表径流等因素的作用，废物中的有毒有害物质将渗入土壤而影响甚至杀死土壤中的有益微生物，破坏土壤的分解能力，使土地板结、肥力下降，甚至导致土地荒芜，或通过有毒有害物在植物体内的积累，通过食物链而影响人体健康。

（2）污染水体

由于降雨、淋溶等作用，随意堆放的固体废弃物中的有毒有害物将随淋溶或渗滤液进入地表或地下水而产生严重的污染事故。

固体废弃物向河道、海洋的倾倒，不仅污染水体，危害水生生物的生存和水资源的利用，而且将缩小水河面积。如我国由于向水体投弃废物，使 20 世纪 80 年代的江湖面积比 50 年代减少了 130 多万公顷。

（3）污染大气、影响环境卫生

固体废弃物露裸堆置，可通过微生物和环境条件的作用，释放出有害气体，尾矿、粉煤灰、干污泥及粉尘等随风飘散，影响大气和环境卫生，也为蚊、蝇和寄生虫的孳生

提供了有利的场所，并由此而成为导致传染疾病的潜在威胁。

2. 处理

目前陆上处理废物，特别是固体废物，仍常使用焚烧法和填埋法。焚烧如处理得法还可利用所产热能。但固体废弃物的焚烧往往是主要的大气污染源之一，如在塑料废物的焚烧中，会释放出有毒的 Cl_2、HCl 气体和大量的粉尘，如不加控制，将危害大气环境和人体健康。现代所谓的卫生填埋法（sanitary landfill）是选择适宜地点在地下先设置不透水层，再分层弃废压实，最后再覆盖不透水层及表面土层。不过这一切也只是治标，填埋既浪费宝贵土地资源而污染仍有可能泄露出来。美国在 20 世纪 70 年代暴露出来的拉夫运河（Love Canal）污染事件就是一例。拉夫运河位于尼亚加拉瀑布附近，是个流产的工程项目，只挖了 1.6 公里就废弃了，所遗废沟成为该地弃废场所。后被一个化工厂买去，在 1948~1953 年间在此填埋了 21000 吨的化工废料。随后该填埋场关闭，表面覆土并出现植被。同年该地被转让给当地教育机构兴建学校，房地产公司也开始兴建民宅。施工时挖开了黏土不透水层，再加连年大雨，污染外泄。污染物中曾查出苯，甚至二噁英类（dioxins）。1960 年居民就发现地下水中的异味异色，但直到 20 世纪 70 年代后期人们发现多起流产以及新生儿畸形，再加传媒的报道，才引起普遍注意，最后将居民迁走。

由全局看来，仅从废物处理上来着手实属舍本逐末。更关键的是严格控制人口的增长，扭转目前流行的高消费经济模式，改进工艺从根本上杜绝污染因子的产生才是唯一的出路。

环境质量（environmental quality）

环境质量一般是指在一个具体的环境内，环境的总体或环境的某些要素，对人群的生存和繁衍以及社会经济发展的适宜程度。它反映出因人类的具体要求而形成的环境评定这一概念。到 20 世纪 60 年代初，随着环境问题日益严重，人们常用环境质量的好坏来表示环境遭受污染的程度。例如把对环境污染程度的评价叫作环境质量评价，把一些环境质量评价的指数，称之为环境质量指数。

环境科学所指的环境是围绕着人群的空间以及其中可以直接、间接影响人类生活和发展的各种自然要素和社会要素的总体。所以，环境质量的优劣是根据人类的某种要求而定。例如，根据人体健康对空气的要求，大气污染严重的地方，环境质量就坏，空气清新的地方就好；根据人群对生活舒适的要求，嘈杂的闹市环境质量就坏，恬静的郊野就好；对经济开发来说，水热条件适宜、土地肥沃、资源丰厚、交通方便的区域，环境质量就好，反之就差。从另一方面看，控制污染、保护环境、改造自然和合理利用资源等，都属于改善环境质量的范畴。这样，环境质量又具有人类与环境相协调程度的含义。

环境是由各种自然环境要素和社会环境要素所构成，因此环境质量包括环境综合质量和各种环境要素的质量，如大气环境质量、水环境质量、土壤环境质量、生物环境质量、城市环境质量、生产环境质量、文化环境质量等。由于各种环境要素的优劣，都是以人类各种要求来衡量，所以环境质量又是同环境质量评价联系在一起；在环境的研究与开发、利用中，人类要确定环境质量就必须进行环境质量评价，要进行评价就必须有标准，因此产生了环境质量标准体系。由于环境质量是依据人类的各种要求来评价，所以环境质量标准也会依不同的要求有许多种类。

环境质量基准（environmental quality criteria）

环境质量基准指环境中污染物对特定对象（人或其他生物等）不产生不良或有害影响的最大剂量（无作用剂量）或浓度。例如，大气中二氧化硫年平均浓度超过 0.115 mg / m3 时，对人体健康就会产生有害影响，这个浓度值就称为大气中二氧化硫的基准。环境质量基准是制定环境质量标准的科学依据。

环境质量基准和环境质量标准是两个不同的概念。环境质量基准是由污染物同特定对象之间的剂量——反应关系确定的，不考虑社会、经济、技术等人为因素，不具有法律效力。环境质量标准是以环境质量基准为依据，并考虑社会、经济、技术等因素，经过综合分析制定的，由国家管理机关颁布，一般具有法律的强制性。

环境质量基准按环境要素可分为大气质量基准、水质量基准和土壤质量基准等；按保护的对象可分为保护人体健康的环境卫生基准，保护鱼类等水生生物的水生生物基准，保护森林树木、农作物的植物基准等。同一污染物在不同的环境要素中或对不同的保护对象有不同的基准值。

环境质量基准与环境质量标准有密切的关系。环境质量标准规定的污染物容许剂量或浓度原则上小于或等于相应的基准值。

环境质量基准的研究始于 19 世纪末，1898 年俄国卫生学家 A.ф.尼基京斯基在《医生》杂志发表了《石油制品对河流水质和鱼类的影响》一文，阐述了原油、重油和其他石油制品对鱼类的毒害，提出了环境质量基准的概念。近年来，联合国世界卫生组织专家委员会多次编制大气基准资料，已公布了二氧化碳、氟、一氧化碳、氮氧化物、DDT、铅、汞，以及噪声、微波、放射性物质、微生物毒素、紫外光辐射等基准。美国环境保护局、美国卫生、教育及福利部曾多次修订水质基准手册。苏联、北大西洋公约组织、欧洲内陆渔业咨询委员会、加拿大国家研究委员会等也都发表了不少基准资料。基准是世界各国可互相借鉴的科学资料，但由于各国在研究基准时采用的实验方法或观测项目不同，同一污染物的基准往往有所不同。中国依据本国国情，开展了不少有关基准的科学研究和调查工作。

环境质量标准（environmental quality standards）

环境质量标准是国家为保护人群健康和生存环境，对污染物（或有害因素）容许含量（或要求）所做的规定。环境质量标准体现国家的环境保护政策和要求，是衡量环境是否受到污染的尺度，是环境规划、环境管理和制定污染物排放标准的依据。环境质量标准是以环境质量基准为依据，并考虑社会、经济、技术等因素，经过综合分析制定的，由国家管理机关颁布，一般具有法律的强制性。

环境质量标准是随着环境问题的出现而产生的。产业革命以后，英国工业发展造成的环境污染日益严重。1912 年，英国皇家污水处理委员会对河水的质量提出三项标准，及五日生化需氧量（见生化需氧量）不得超过 4 毫克/升，溶解氧量不得低于 6 毫克/升，悬浮固体不得超过 15 毫克/升，并提出用五日生化需氧量作为评价水体质量的指标。近几十年来，一些国家先后颁布了各种环境质量标准。环境质量标准按环境要素分，有水质量标准、大气质量标准、土壤质量标准和生物质量标准四类，每一类又按不同用途或控制对象分为各种质量标准。

1. 水质量标准

对水中污染物或其他的最大容许浓度所做的规定。水质量标准按水体类型分为地面水质量标准、海水质量标准和地下水质量标准等；按水资源的用途分为生活饮用水质量标准、渔业用水水质量标准、农业用水水质量标准、娱乐用水水质量标准和各种工业用水水质量标准等。由于各种标准制定的目的、适用范围和要求的不同，同一污染物在不同标准中规定的标准值也是不同的。例如，铜的标准值在中国的《生活饮用水卫生标准》、《工业企业设计卫生标准》和《渔业水质量标准》中分别规定为 0.1 毫克/升和 0.01 毫克/升。

世界各国制定的各种水质量标准中规定的项目多寡不一，项目最多的是苏联颁布的地面水水质标准，正式颁布的有 420 多项，未正式颁布的还有 200 多项。多数国家的地面水水质标准中都规定有酚、氰化物、砷、汞、铅、铬、镉等主要项目。中国 1979 年修订颁布的《工业企业设计卫生标准》关于地面水中有害物质的最高容许浓度列有 53 个项目。为了有效地控制地面水污染，中国正在制定《地面水质量标准》。中国已颁布的水质标准还有《海水水质标准》、《农田灌溉水质标准》等。

2. 大气质量标准

对大气中污染物或其他物质的最大容许浓度所做的规定。目前世界上已有 80 多个国家颁布了大气质量标准。世界卫生组织（WHO）1963 年提出二氧化碳、飘尘、一氧化碳和氧化剂的大气质量标准。

中国在 1962 年颁布的《工业企业设计卫生标准》中首次对居民区大气中的 12 种有害物质规定了最高容许浓度。1982 年 4 月颁发的《大气环境质量标准》按标准的适用范围分为三级；一级标准适用于国家规定的自然保护区、风景游览区、名胜古迹和疗养地等；二级标准适用于城市规划中确定的居民区、商业交通居民混合区、文化区、名胜古迹和广大农村等；三级标准适用于大气污染程度比较重的城镇和工业区以及城市交通枢纽、干线等。《大气环境质量标准》列有总悬浮微粒、飘尘、二氧化硫、氮氧化物、一氧化碳和光化学氧化剂（O_3）等项目。每一项目按照不同取值时间（日平均和任何一次）和三级标准的不同要求，分别规定了不同的浓度限量。

此外，还有一种大气质量标准是规定工厂企业生产车间或劳动场所空气中有害气体或污染物的最高容许浓度的。这种标准是为了保护劳动者间歇（只在工作时间内）的长期接触中不发生急性或慢性中毒。美国、苏联等国家对不同行业的劳动生产场所的空气污染物规定有最高容许浓度。中国《工业企业设计卫生标准》关于生产室作业地带空气中有毒气体、蒸汽和粉尘的最高容许浓度，列有氨、笨等 120 个项目。

3. 土壤质量标准

对污染物在土壤中的最大容许含量所作的规定。土壤中污染物主要通过水、使用植物、动物进入人体，因此，土壤质量标准中所列的主要是在土壤中不易降解和危害较大的污染物。土壤质量标准的制定工作开始较晚，目前只有苏联、日本等国家制定了项目不多的土壤质量标准。苏联土壤质量标准中列有 DDT、六六六、砷、敌百虫等十多个项目，日本有镉、铜和砷等项目。

4. 生物质量标准

对污染物在生物体内的最高容许含量所做的规定。污染物可通过大气、水、土壤、食物链或直接接触而进入生物体，危害人群健康和生态系统。联合国粮食及农业组织（FAO）和世界卫生组织（WHO）规定了食品（粮食、肉类、乳类、蛋类、瓜类、蔬菜、食油等）中的农药残留量。美国、日本、苏联等也规定了许多污染物和农药在生物体内的残留量。例如日本厚生省 1973 年 1 月颁布的农药残留标准，对大米、豆类、瓜类等 30 多种生物性食品中的铅、砷、DDT、六六六等 17 种污染物规定了残留标准。中国颁布的食品卫生标准对汞、砷、铅等有毒物质和一些农药等在几十种农产品中的最高容许含量做出了规定。

除上述四类环境质量标准外，还有噪声、辐射、振动、放射性物质和一些建筑材料、构筑物等方面的质量标准。中国已经颁布了《放射防护规定》和《城市区域环境噪声标准》。

环境质量参数（environmental quality parameters）

以环境中各种物质的测定值或评定值作为参数来表示环境质量的优劣程度和变化趋势。环境质量参数很多。从完整的环境概念出发评价环境质量，应采用自然的、社会的和文化的环境三个方面的参数。从自然系统方面评价环境质量，常采用地质、土壤、水文、气候、植物、野生动物等方面的参数。在评价环境污染程度时，选取的参数可分为物理的、化学的、生物（或生态）的三类。

物理性污染的参数大部分反映特定的环境质量状况，如噪声的声级、振动的强度级、射线的强度、微波的功率、热辐射的能量。但也有仅仅反映某一环境要素的一个侧面的参数，如大气中颗粒物的浓度、粒径、形态，水的浑浊度、透明度等。

化学性污染的参数大部分是反映某环境要素的单项特征的，例如，在大气质量评价中，常以硫氧化物、一氧化碳、氧化剂、氮氧化物、碳氢化物以及颗粒物浓度作参数反映大气污染的程度。有时，也把二氧化硫浓度和颗粒物浓度的经过乘积修正的相加值、硫酸盐转化速率等作为表示大气质量状况的参数。在水质评价中，除一些常规的水化学参数外，常用微量有害化学元素的含量、农药及其他无机或有机化合物等的含量作参数。其中有毒化学品，特别是各种致畸、致突变的化学产品的参数很受重视。pH 值、生化需氧量（或化学需氧量）、溶解氧浓度等参数，则能综合反映水质状况。

生物性污染参数能综合反映环境质量状况。例如水体中的大肠杆菌数，能反映水质受生活污水的污染程度。一些表示水生生物种属个体及群落变化的参数，能综合反映水体环境质量变异。

在评价某一地区的环境质量时，选择环境质量参数的依据是：1. 环境评价的目的；

2. 被评价地区的自然特点；3. 被评价地区的环境类型、结构和功能特点。选择的参数合理与否，关系到评价结构的可靠性。因此，选择环境质量参数是环境质量评价的主要步骤。

环境质量评价（environmental quality assessment）

环境质量评价的基本目的是为环境规划、环境管理提供依据，同时也是为了比较各地区受污染的程度。

环境质量评价是按照一定的评价标准和评价方法对一定区域范围内的环境质量进行说明、评定和预测。在地学等科学领域里，对一定区域的自然环境条件或某些自然资源（如矿产、水源、土壤、气候、林地）本来就有进行评价的传统。由于环境污染和生态破坏日益严重，环境质量评价已经具有新的含义。从 20 世纪 60 年代中期起，人们对环境质量评价进行了广泛的研究，并开始用环境质量指数描述环境质量。

环境质量评价有下述类型：按地域范围可分为局地的、区域的（如城市的）、海洋的和全球的环境质量评价。按环境要素可分为大气质量评价、水质评价、土壤质量评价等，就某一环境要素的质量进行评价，称为单要素评价，就诸要素综合进行评价，称为综合质量评价。按时间因素可分为环境回顾评价、环境现状评价和环境影响评价。按参数选择，有卫生学参数、生态学参数、地球化学参数、污染物参数、经济学参数、美学参数、热力参数等质量评价。环境质量变异过程是各种环境因子综合作用的结果，包括如下三个阶段：1. 人类活动导致环境条件的变化，如污染物进入大气、水体、土壤，使其中的物质组分发生变化；2. 环境条件发生一系列链式变化，如污染物在各介质中迁移、转化，变成直接危害生命生物的物质；3. 环境条件变化产生综合性的不良影响，如污染物作用于人体或其他生物，产生急性或慢性的危害。因此，环境质量评价是以环境物质的地球化学循环和环境变化的生态学效应为理论基础的。

环境影响评估（environmental impact assessmennt，EIA）

"环境影响评估"是在一项工程兴建以前对它的选址、设计以及在施工中和建成后可能对环境造成的正面或负面影响进行预测和评估，以作为项目核准的决策依据。这里所谓的环境影响可以是广义的，包括社会、经济，甚至文化方面，但长期以来的重点是放在污染上。因此，这个评估常要包括各种污染防治方案的分析和比较。

1969 年，美国首先提出环境影响评估的概念，并在《国家环境政策法》中定为制度。

随后许多国家陆续推行。但各国推行的广度与深度相差很大。评估报告中的建议一般不具约束力。中国 1979 年颁布的《中华人民共和国环境保护法（试行）》规定，在进行新建、改建和扩建工程时，必须提出对环境影响的报告书。这种制度要求根据区域环境特征，即根据气象、地理、水文、生态等条件，对工业区、居民区、公用设施、绿化地带做出环境影响评价，以便为全面规划、合理布局、防治污染和其他公害提供科学依据。

评估内容

需要进行环境影响评估的工程主要是能对环境产生较大影响的基本建设项目。如大、中型工厂，大、中型水利工程，矿山、港口和铁道交通运输建设工程，大面积开垦荒地、围湖围海的建设项目，以及对珍贵稀有的野生动物和植物等的生存和发展产生严重影响，或对各种生态型的自然保护区和有重要科学价值的地质、地貌地区产生重大影响的建设项目等。

一个工程项目全面的环境影响评估，是在调查和综合分析工程本身的情况和工程所处地区的环境状况，以及工程施工过程中和投产以后对周围地区环境影响的基础上进行的。工程本身情况的调查和分析的内容包括：建设规模；主要原料、燃料、水的用量和来源；产品方案和主要生产工艺；废水、废气、废渣、粉尘、放射性废物等的性质、排放量和排放方式；废弃物回收利用和防治污染的方案、设施和主要工艺；职工人数和生活区布局；占地面积和土地利用方案；扩建计划和发展规划等。工程所处地区环境状况的调查和分析的内容包括：周围地区的地形、地貌、地质、水文、气象情况；周围地区的矿藏、森林、草原、水产、野生动植物等自然资源的情况；周围地区的自然保护区、风景游览区、名胜古迹、温泉、疗养区，以及重要的政治文化设施情况；周围地区已有的工矿企业分布情况；生活居住区的分布情况和人口密度；地方病和周围地区的大气、土壤、水的环境质量状况等。工程施工过程中和投产以后对周围地区环境影响的分析和估计的内容包括：对周围地区的地质、水文、气象可能产生的影响；对周围地区自然资源和自然保护区可能产生的影响；排放的各种污染物对周围地区的环境质量影响程度和影响范围；噪声、振动对周围生活居住区的影响程度和范围等。在综合分析上述情况的基础上，可以建立各种环境影响的数学模型，用来估算一个工程项目对环境可能造成的影响程度。这样便可以对工程项目的选址方案和实施方案提出有利于工程建设，又有利于防治环境污染的最佳方案，并可对环境保护措施投资进行估算，以获得投资少收效大的污染控制方案。

环境影响评价可以根据不同的评价对象和评价要求，或者只作污染物扩散的环境影响评价，或者对大气、水、土壤、生物等环境要素分别进行单要素影响评价。污染物扩散的环境影响评价一般是采用大气或水体的扩散模式进行估算。

实施

评估工作的实施确实取得了一定实效，但难度很高，有技术方面的原因。做一个全面的评估，一般要包括当地的气象、地理、水文、生态等自然条件和社会、经济等人文条件，特别是当地的工业结构以及水电供应、交通、电信等基础设施，都需详加考察；而项目本身的物流、能流和信息流的安排以及与外界的衔接是否经济、合理，特别是废弃物的回收利用，噪声、辐射的吸收和屏蔽以及三废的处理与排放是否环保和有效，情况复杂而多变。至若评估社会影响，则还存在很多方法论上的问题。一方面是对间接影响的分析，如对工业产品要采取全生命周期的观点去考虑原材料、构配件和燃料等的采、制、运以及产品寿命终结期的拆改与回收和相关环保问题等，牵连甚广；另一方面是主观评价的问题。如对一地的旅游价值评估，如何考量一地的审美价值和文化底蕴，虽常采取群众调查和专家咨询等方法，但难于取得共识，主观成分在所难免。

此外，目前世界上通行"污染者付罚款"原则（polluter pays principle），也即"谁污染，谁付罚金"。此中还涉及罚金的量是否足以促使相关污染企业投资者积极面对减免污染；以及罚金是否会被转入产品成本，把制约转嫁到顾客身上等一系列待研问题。实际上，当前常见的污染企业由富国转向穷国、由都市转向偏远地区的现象，就是向法治相对松散地区转移以逃避责任的举动。

环境自净（environmental self-purification）

环境自净指环境受到污染后，在物理、化学和生物的作用下，逐步消除污染物达到自然净化的过程。环境自净按发生机理可分为物理净化、化学净化和生物净化三类。当环境所受到的污染处于环境自身承受能力范围以内时，环境可通过自净来恢复其正常状态，这也是在环境保护工作中首先关注的第一道防线，当污染突破了这道防线，就须随之采取人为治理措施。

1. 物理净化

环境自净的物理作用有稀释、扩散、淋洗、挥发、沉降等。如含有烟尘的大气，通过气流的扩散，降水的淋洗，重力的沉降等作用，而得到净化。浑浊的污水进入江河湖海后，通过物理的吸附、沉淀和水流的稀释、扩散等作用，水体恢复到清洁的状态。土壤中挥发性污染物如酚、氰、汞等，因为挥发作用，其含量逐渐降低。物理净化能力的强弱取决于环境的物理条件和污染物本身的物理性质。环境的物理条件包括温度、风速、雨量等。污染物本身的物理性质包括比重、形态、粒度等。此外，地形、地貌、水文条件对物理净化作用也有重要的影响。温度的升高利于污染物的挥发，风速增大利于大气污染物的扩散，水体中所含的黏土矿物多利于吸附和沉淀。

2. 化学净化

环境自净的化学反应有氧化和还原、化合和分解、吸附、凝聚、交换、络合等，如某些有机污染物经氧化还原作用最终生成水和二氧化碳等。水中铜、铅、锌、镉、汞等重金属离子与硫离子化合，生成难溶的硫化物沉淀。铁、锰、铝的水合物、黏土矿物、腐植酸等对重金属离子的化学吸附和凝聚作用，土壤和沉积物中的代换作用等均属环境的化学净化。影响化学净化的环境因素有酸碱度、氧化还原电势、温度和化学组分等。污染物本身的形态和化学性质对化学净化也有重大的影响。温度的升高可加速化学反应，所以温热环境的自净能力比寒冷环境强。这在对有机质的分解方面表现得更为明显。有害的金属离子在酸性环境中有较强的活性而利于迁移；在碱性环境中易形成氢氧化物沉淀而利于净化。氧化还原电势值对变价元素的净化有重要的影响。价态的变化直接影响这些元素的化学性质和迁移、净化能力。如三价铬（Cr^{3+}）迁移能力很弱，而六价铬（Cr^{6+}）的活性较强，净化速率低。环境中的化学反应如生成沉淀物、水和气体则利于净化；如生成可溶盐则利于迁移。

3. 生物净化

生物的吸收、降解作用使环境污染物的浓度和毒性降低或消失。植物能吸收土壤中的酚、氰、并在体内转化为酚糖甙和氰糖甙，球衣菌可以把酚、氰分解为二氧化碳和水。绿色植物可以吸收二氧化碳，放出氧气。凤眼莲可以吸收水中的汞、镉、砷等化学污染物，从而净化水体。同生物净化有关的因素有生物的科属，环境的水热条件和供氧状况等。在温暖、湿润、养料充足、供氧良好的环境中，植物的吸收净化能力强。生物种类不同，对污染物的净化能力可以有很大的差异。有机污染物的净化主要依靠微生物的降解作用。如在温度为20℃~40℃，pH值为6~9，养料充分、空气充足的条件下，需氧微生物大量繁殖，能将水中的各种有机物迅速地分解、氧化、转化成为二氧化碳、水、氨和硫酸盐、磷酸盐等。厌氧微生物在缺氧条件下，能把各种有机污染物分解成甲烷、二氧化碳和硫化氢等。在硫磺细菌的作用下，硫化氢可能转化为硫酸盐。氨在亚硝酸菌和硝酸菌的作用下被氧化为亚硝酸盐和硝酸盐。植物对污染物的净化主要是根和叶片的吸收。城市工矿区的绿化，对净化空气有明显的作用。

环境保护（environmental protection）

工业革命以前，在农业和畜牧业的发展中，以及其后出现了城市化和手工业作坊（或工场），污染即已开始；但因生产并不发达，环境污染还不突出。从 18 世纪中叶到 20 世纪中叶，经过了两个世纪，两次产业革命，两次世界大战，工业不断集中和扩大，尤其是有机化学工业迅速崛起，人口迅猛增加，城市化的速度加快，能源消耗大增，污染日趋严重；美国洛杉矶市，自 20 世纪 40 年代以后随着汽车数量的日益增多，经常在夏季出现光化学烟雾，对人体健康造成危害。1952 年，英国伦敦出现的烟雾事件，短短四天内已严重威胁着市民的生存。大量污染事件惊动了朝野，才引起了对环境问题的重视。20 世纪 50 ～ 60 年代震惊世界的区域性污染公害事件接连出现，终于形成了首次环境问题高潮（参见环境问题）。1962 年，美国海洋生物学家卡森（Rachel Carson）女士推出了一本著作《寂静的春天》，论述杀虫剂、特别是 DDT 对鸟类和生态环境毁灭性的危害。尽管这本书的问世使卡森一度备受攻击、诋毁，但书中提出的有关生态观点却最终还是被人们所接受。西方一些发达国家于 20 世纪 60 年代中期，出现了反污染运动，人民群众首先发出了"保护环境，防治污染"的强烈呼声，掀起了声势浩大的"环境运动"。工业发达国家的政府相继成立了环境保护机构，把环境问题及环境保护当作战略问题摆上了国家议事日程，包括颁布一系列政策、制定法律、建立机构、加强管理、采用新技术等，用大量投资来治理环境。并在短短的 20 世纪 70 年代中，频繁进行了各种会议和活动，联合国制定了保护人类生存环境的一系列计划，并逐步付诸实施，例如 1971 年，设立了"人与生物圈计划"（MAB），1972 年，召开人类环境会议，1976 年，成立了联合国人居中心（UNCHS），1977 年，召开世界气候会议，召开资源、环境、人口和发展相互关系学术讨论会。同年，《马丘比丘宪章》发表等（参见环境科学）。全球为此做出了大量努力，这些正是产业革命二百年后人类面对环境问题的紧急回应。

虽然，当时对"环境保护"这一概念开始有了一些理解，但由于就污染影响范围的表面来看，似乎尚属局部，采取的主要措施多是限制排污和治理污染，因此人们往往把环境污染和破坏看作是局部性的社会问题，环境保护的目的也只是消除区域性公害，治理区域性污染，保证人体健康，以及在这些方面施加技术措施和管理。

但严酷的现实则是，20 世纪 50 ～ 60 年代以后，工业生产继续高速前行，全球人口、城市化、环境破坏、资源开发等还都一再飞升。大量监测资料表明，就在人们一心关注治理区域性环境污染的同时，潜在于 70 年代的环境污染和大范围生态破坏却以更快的步伐迅速席卷全球。

1972 年，一个名为"罗马俱乐部"的知识分子组织发表了题为《增长的极限》的报告。报告根据数学模型预言:在未来一个世纪中，人口和经济需求的增长将导致地球资源耗竭、生态破坏和环境污染。除非人类自觉限制人口增长和工业发展,否则这一悲剧将无法避免。这项报告发出的警告启发了后来者。它首次从理论上提出了人口、资源和污染三大世界性问题。而现实当中则也已先后呈现出：资源方面如热带雨林的破坏；环境方面如酸雨的国际跨界污染；人口方面如当时令人担心的新兴国家人口泛滥等。

进入 20 世纪 80 年代，小生产被建立在科学技术成果之上的大生产所代替，无限扩大地开采自然资源、无偿和无节制地利用环境,它们进一步造成了全球性的环境污染、生态破坏与资源短缺。联合国世界环境与发展委员会（WCED）曾在 1987 年公布的"我们的共同未来"报告中，具体列出了世界面临的 16 个严重的环境问题中，就有影响范围从区域扩展到全球，给人类的生存造成极大威胁的十大环境问题：1. 全球气候变暖；2. 臭氧层破坏；3. 酸雨蔓延；4. 耕地资源减少土地荒漠化；5. 水及矿产资源短缺；6. 森林锐减；7. 大气污染肆虐；8. 水环境污染严重；9. 固体废弃物成灾；10. 生物多样性减少。

以上全球性环境问题的突显，终于在 20 世纪 80 年代形成环境问题的二次高潮（参见环境问题）。诸多问题之间相互联系又相互制约，构成了一个复杂的环境问题群（groups of environmental issues）。究其核心，它们都是人口问题、资源问题和环境污染问题三者的具体化和发展。也正是人类在沿可持续发展道路艰难迈进中所面临的三个巨大挑战。

20 世纪 60 年代以来，人们经过不断的斗争和体验，越来越多地认识到，环境保护不再仅仅是排放污染物所引起的人类健康问题，或者仅仅是就事论事控制污染，更重要的是自然保护和生态平衡，以及维持人类永续生存发展所需的资源。"环境保护"这一术语从此得到了广泛采用。面对人口、资源与环境三大危机的全面觉醒，1987 年联合国世界环境与发展委员会（WCED）"我们共同的未来"（Our Common Future）第一次阐述了"可持续发展"的概念：要在"不损害未来一代需求的前提下，满足当前一代人的需求"；报告并指出，国家之间在生态与经济方面需要互相紧密地联系在一个互为因果的网络之中。

随后，1992 年在巴西里约热内卢召开了由 100 多个国家和地区的首脑参加的联合国环境与发展大会，通过了"里约环境与发展宣言"、"21 世纪议程"，签署了联合国"气候变化框架"、"生物多样性公约"。1998 ~ 1999 年共有 84 个国家开放签署（到 2009 年 2 月共有 183 国通过）了国际性公约"京都议定书"（United Nations Framework Conveution on

Climate Change,UNFCCC）即"联合国气候变化框架公约的京都议定书"。 2000 年联合国首脑会议上由 189 个国家签署的重要文件"联合国千年宣言"。

以上种种充分体现了全人类重视现实、积极采取措施，逐渐改善和解决全球环境问题的合作与决心。至今可以看出，人们在环境保护问题上已经取得了如下重要的共识：

1. 自第一次产业革命开始约两个多世纪以来，人类所走过的发展道路已然使人类自身与环境的关系不自觉地走向了对立，因此这条道路是不可取的。必须遵循生态学所指出的客观规律，走"环境友好"之路，走联合国 1987 年《我们共同的未来》报告中提出的"可持续发展"之路，人类才能实现"永续生存"。

2. "可持续发展"首先是从环境保护的角度来倡导保持人类社会的进步与发展。环境保护倡导的是自然保护、生态平衡、合理开发利用以及维持人类永续生存发展的资源。经济发展不能超过环境容许的极限。对不可再生自然资源不得采用消耗—再消耗—无尽消耗的模式，它将会使人类面临不能永续生存的危机。

3. 有计划地控制环境污染，保护环境，促进经济与环境协调发展，造福人民。对于环境不采用污染—治理—再污染—再治理的就事论事模式，而用"污染的源头控制"取代"污染末端治理"。

4. 全球问题需要全球众多国家加强合作共同付出努力去解决，需要"国家之间在生态与经济方面互相紧密地联系在一个互为因果的网络之中"。全人类积极行动，把环境问题的积累性研究与分散性治理化为整体对策、化为全球合力，全球环境问题的改善和解决就大有希望。

自然保护（conservation of nature）

自然保护是指保护自然环境和自然资源，人类的生存和发展，需要有良好的自然环境和丰富的自然资源。自然环境是指客观存在的物质世界中同人类、人类社会发生相互影响的各种自然因素的总和，主要是大气、水、土壤、生物、矿物和阳光等。自然资源是自然环境中人类可以用于生活和生产的物质，可分为三类：一是取之不尽的，如太阳能和风力；二是可以更新的，如生物、水和土壤；三是不可更新的，如各种矿物。

可更新资源保护（conservation of renewable resources）

可更新资源（renewable resources）指通过天然作用或人工经营能为人类反复利用的

各种自然资源，主要是土地资源、水资源、气候资源、生物资源等。

土地资源包括农耕地、宜垦地、草场、宜林地、沙漠、裸露山地等；水资源包括地表水和地下水；气候资源包括光照、温度、降水等；生物资源包括各种农作物、林木、牧草等植物，鱼类、家畜、家禽、野生的兽类和鸟类等动物以及微生物，也包括由它们组成的各种种群和生物群落。这些资源是人类生产和生活的物质基础。

土地、水、气候和生物资源都有各自的运动规律，彼此相互联系，相互制约，构成完整的系统。人类开发和利用生物圈中某一种可更新资源，必然会影响到其他的资源。例如，过度采伐森林会使径流发生变化，造成土壤流失和河川水文状况的改变，严重时甚至导致局部地区气候的恶化。

第二次世界大战后随着人口的急剧增加和工农业生产的迅速发展，对可更新资源的破坏日益加剧。近年来由于侵蚀、盐渍化和污染，全世界平均每年约有 500 万公顷土地不能再用于粮食生产。由于不合理的垦殖、放牧和气候变化，全世界沙漠化面积，每年大约扩大 5 万 ~ 7 万平方公里。热带森林每年的破坏率达 2%。由于不合理的采伐和狩猎，全世界鸟类中有 139 个种和 39 个亚种已经灭绝；还有 600 多种动物濒临灭绝。对可更新资源的调查、保护和管理已成为当代生态学和环境科学中重要的课题。中国可更新资源按人口平均计算，数量并不多，质量也不高，合理利用、保护和管理可更新资源更具有重要的意义。

1. 土地资源保护

土地是人类生活和生产的场所，是地质、地貌、气候、植被、土壤、水文和人类活动等多种因素相互作用下组成的高度综合的自然经济系统。中国的国土有 2/3 是山地，1/3 是平地，而耕地面积只占 10.4%，约为 100 多万平方公里，工业、交通、城镇等面积占了 6.9%，约为 67 万平方公里。因此从生态平衡的观点出发，控制人口增长和严格限制对耕地面积的侵占，是同自然保护密切相关的。

土地资源保护的根本措施是植树造林，对已开发利用的土地资源要合理灌溉和耕作。海涂是沿海淤积平原的浅海滩，可为农业提供可耕土地，又可为水产业提供养殖场地，可以制盐，还可利用潮汐能发电等。因此必须对海涂资源进行综合调查和研究，做出全面安排和统筹规划，使海涂得到合理的开发和利用。

2. 水资源保护

河流、湖泊、沼泽、水库、冰川、海洋等 "地表贮水体"，由于太阳的照射，水蒸发后在空中凝结成雨再降到地面，一部分渗入地下，大部分流进河流汇入海洋。地球上的水总量约 14 亿立方公里，但真正可利用的水资源却只有很小的一部分。中国大部分地区是季风气候区，降雨多集中于夏季，很多河流雨季后流量迅速减少。华北和西北又处于干旱和半干旱气候区，缺水尤其严重。因此，保护水资源，防止水污染，十分重要。

保护水资源必须有效地控制水污染，因此要大力降低污染源排放的废水量和降低废水中有害物质的浓度。行之有效的措施是：(1) 改革生产工艺和设备，少用水或不用水；少用或不用容易产生污染的原料，减轻处理负担。(2) 妥善处理工业废水和生活污水，杜绝任意排放。(3) 回收城市污水，用于农业、渔业和城市建设等，节约新鲜水，缓和农业和工业同城市争水的矛盾。(4) 加强对水体及其污染源的监测和管理，使水污染逐步得到减轻和控制。

3. 生物资源保护

森林是由乔木、灌木和草本植物组成的绿色植物群体，要根据森林的自然生长规律，有计划地合理开发，永续利用，还要注意防止森林火灾和防治病虫害。草原是草本植被，要根据草原的生产力，合理确定载畜量，防止超载放牧。对已沙化地区，要进行封育，并结合人工补种。对大面积天然草场采取围栏、灌溉、施肥、化学除莠、灭鼠、区划轮牧等综合技术措施，提高草原牧草的产量和质量。某些原始性的草原，或有特殊植被类型的草原，以及有珍稀动物栖息的草原，可划为草原自然保护区。在野生动、植物资源保护方面，要开展资源的普查工作，建立自然保护区和禁猎区，规定禁猎期，建立物种库，保存和繁殖物种，并开展人工引种驯化科学研究。

不可更新资源保护（conservation of non-renewable resources）

不可更新资源（non-renewable resources）指人类开发利用后，在现阶段不可能再生的自然资源。不可更新资源是与可更新资源相对的概念。主要指经过漫长的地质年代形成的矿产资源，包括金属矿产和非金属矿产。有人认为需要漫长岁月才能形成的土壤也属于不可更新资源。

1. 矿产资源保护

矿产资源由于人类不断地、越来越大量地开采，储量逐渐减少，有的快要枯竭。矿产形成的速度根本无法同人类开发的速度相比，因而矿产资源被认为是不能再生的。矿产资源的储量一般按目前的技术水平和经济条件能够开发利用的量进行统计。随着开采、冶炼和提取技术的提高，一些低品位矿产和矿石中伴生矿物也将被利用起来。

资源利用

在当前的技术水平和经济条件下，能够被人类利用的富矿和优质矿产资源是极其有限的。解决矿产资源短缺问题的一个途径是开展综合利用。矿石中伴生的矿物和杂质元素，弃之成害，用之成宝。在勘探和评价某些矿产时，应进行综合评价。在采矿、选矿和冶炼时，应力求综合开发，综合利用。此外，如果把开采矿产的边界品位放宽，某些矿产储量将成倍增加，例如把开采铜矿的边界品位由现在的 0.4% 降低到 0.2%，全世界的铜矿储量将增加 25 倍。随着采矿、选矿和冶炼技术的发展，某些在今天看来是没有开采和利用价值的废石、废渣，将来可能会变成有用原料。

解决矿产资源问题的另一途径是开发海洋。海洋占地球总面积 70.8% 左右，资源极其丰富。全球海洋中约有 40 亿吨铀，还含许多种可供利用的元素，如在深海沉积物中，有大量的"锰结核"，既含锰，还含铜、钴、镍等。仅太平洋中，就有锰结核 4000 亿吨。海洋中镍的储量为陆地的 150 倍。近海区还有金、铬铁矿、锡石、金红石、独居石等砂矿。大陆架（水深 200m 以内的浅海部分）和大陆斜坡（水深 200 ~ 1000m）蕴藏着丰富的石油和天然气。海底石油储量估计约占世界石油储量的 45%。

资源开发

矿产资源的大量开发和利用，除了造成矿产资源短缺外，还污染环境，改变地球环境的基本结构和改变区域的自然环境条件。

露天开采矿石使采区的景观、生态遭受彻底的破坏，产生深远的严重影响。苏联高加索的基斯洛沃茨克三面环山，不受北方大陆性气候的影响，曾被誉为景色宜人的"绿洲"。20 世纪 40 年代开始在当地开采石灰石，把整座的山头削平，使原来的峡谷变成了一个大豁口。城市便处在北方寒冷气流的袭击之下，"绿洲"消失了。露天开采矿石，使地面形成巨大的矿坑。如德意志联邦共和国的莱茵褐煤采区和捷克斯洛伐克的北捷克州褐煤采区，当矿挖尽时，将面临着地形平整和生态恢复工作，每公顷土地的"复田费"需数千至上万美元，约占煤炭成本的 3% ~ 5%。

露天采矿和地下采矿都存在废石和尾矿的堆积问题。废石和尾矿堆积成山，不仅占用农田，而且还容易发生滑坡事故。美国韦尔斯的阿伯芬曾发生 244 米高的煤矸石场滑坡事故，造成 800 多人死亡。尾矿经风吹雨淋，属矿粉或其中的有害物质扩散到大气、水体和土壤中，还造成严重污染。1964 年英国康卫盆地的巴尔克铅锌矿尾矿场经过一次大雨冲刷，毁坏了大片肥沃的低地草原，废物覆盖层厚达半米。

在石油、天然气的开采过程中，地下流体的抽出和注入，改变了地下流体静水压力条件，会引起地面沉降，或诱发地震。

矿产资源往往是多种矿石伴生或多种化学元素组合在一起的，因此在矿石的洗选和冶炼过程中往往造成有害物质的扩散。如1902～1903年间，美国蒙大拿州的阿纳康达铜冶炼厂，曾因含砷烟尘扩散而造成砷中毒事件，致使大量牲畜死亡。中国包头地区的铁矿石，含氟高达7%左右，在选冶过程中，矿石中的氟大部分进入尾矿，一部分在烧结和高炉生产过程中从烟气和废水排出，加上这个地区自然高氟背景，造成了氟污染，危害人、畜健康。

开发和利用矿产资源对环境产生的不良影响，已引起环境地质学家和环境保护工作者的重视。对其产生的污染问题，解决措施着重在综合评价、综合开发和综合利用；对开发矿产资源产生的环境结构破坏，侧重在预防和善后恢复工作，同时，建立合理开发和保护矿产资源的经营管理措施。

2. 土壤资源保护（参见可更新资源保护）

土壤是经过漫长的地质年代形成的自然体，因此有人把土壤也视为一种不可更新资源或难以恢复的环境要素。人们对土壤的不合理的开发和利用，会造成土壤资源的流失；尤其是土壤被污染，会造成土壤成分、结构、性质和功能的变化，如失去肥力和净化能力，或是发生沙漠化。这些都是在短期内不能恢复的。

"雅典宪章"（"Charter of Athens"）1933

第一次世界大战后，世界经济迅速恢复和发展。人口更加集中，城市越来越大，矛盾也日益增多。人们感到只是建造房屋，扩大城市并不能满足人们生活多层面的需要。1933年，国际建协第4次会议通过，并在雅典的帕提农神庙下签署了"雅典宪章"——一个有关城市规划理论和方法的历史性文件。

这个文件系统地阐明了城市和其周围的区域之间存在着有机联系。每一个城市都应该有一个与区域规划、国家规划相配合的城市规划方案。它指出现代城市要解决的居住、工作、游憩和交通四大功能，在城市发展的不同阶段要保持四种功能之间的平衡。关于居住，"宪章"认为，居住是城市的首要功能，应按邻里单位的原则规划住宅区，占用最好的地理位置，留有必需的绿地和空地。关于工作，"宪章"认为，工业须在区域范围内合理分布，工厂、商业中心和机关等地点应按各自的功能配置。工作地点与居住地点之间应保持最短时间到达的距离。关于游憩，"宪章"强调建设绿地，并留出空地建造公园、运动场和儿童游戏场，保护河流、海滩、森林、湖泊等自然环境供居民游憩，反映了当时人们已经认识到自然环境在城市生活中的积极作用。关于交通，"宪章"指出，应按不同的功能来区分和设计道路，以适应现代交通工具和交通量。"宪章"是对19世纪后期以来城市规划理论和方法的较为系统的总结，其基本精神是重视现代城市功能以人为本，但是由于第二次世界大战的爆发，使以人为本的功能主义思想未能得到充分的体现，其所阐明的思想和许多具体原则，直到第二次世界大战以后的几十年中才对世界各国的规划与建筑实践发挥了重要作用，成为城市发展的主流。

《寂静的春天》（"Silent Spring"）1962

过去一百余年间，人类最深刻的警醒莫过于"可持续发展"思想的形成。1962年，美国海洋生物学家卡森（Rachel Carson）女士推出了一本著作《寂静的春天》，论述杀虫剂、特别是滴滴涕对鸟类和生态环境毁灭性的危害。尽管这本书的问世使卡森一度备受攻击、诋毁，但书中提出的有关生态观点最终还是被人们所接受。该书的问世，是警醒人类关注污染和随之而来的环境问题的一个信号，环境问题从此由一个边缘问题逐渐走向全球政治、经济议程的中心。

"人与生物圈计划"（"Man and the Biosphere Program", MBP）1971

20世纪60年代末到70年代初，由于环境、资源、人口、粮食等问题的日益严峻，人类开始重新审视自己既定的观念和发展模式，激起了人们的生态意识觉醒。卡森（Rachel Carson，1962）的《寂静的春天》和罗马俱乐部的《增长的极限》（Meeadows，1972）警示人们世界城市化、工业化引起的全球性问题（环境、资源、人口、粮食）将影响人类的生存和前景。"环境问题并不仅仅是一个技术问题，也是一个重要的社会经济问题"，这个观点在1972年出版的《增长的极限——罗马俱乐部关于人类困境的报告》一书中有明显的体现。正是面对这样的忧患，促使人们去改变过去一味追求技术，追求产品增长，忽视生存环境的发展模式，开始注重人与自然的协调关系。可持续的发展理论逐渐成为整个国际社会，包括各国政府都认可的发展方向。

联合国教科文组织（UNESCO）于1971年发起在国际生物学计划（IBP）的基础上设立"人与生物圈计划"。联合国"人与生物圈计划"MBP（Man and the Biosphere Program）

（1971）是一项政府间跨学科大型综合性研究计划，目的是为全球的环境与发展服务。其所开展的城市生态系统研究，内容涉及城市生物、气候、代谢、迁移、土地利用、空间布局、环境污染、生活质量、住宅、城市化胁迫效应、城市演替过程等多层面的系统研究，使城市生态学理论和方法日趋完善。1972 年，在联合国教科文组织第 17 次大会上，中国参加了"人与生物圈计划"的国际协调理事会，并当选为理事国。1978 年成立了中华人民共和国人与生物圈国家委员会。

《增长的极限》（"The Limits to Growth"）1972

1972 年，一个名为"罗马俱乐部"的知识分子组织发表了题为《增长的极限》的报告。报告根据数学模型预言：在未来一个世纪中，人口和经济需求的增长将导致地球资源耗竭、生态破坏和环境污染。除非人类自觉限制人口增长和工业发展，否则这一悲剧将无法避免。这项报告发出的警告启发了后来者。

"人类环境宣言"（"Declaration of United Nations Conference on Human Environment"）1972

1972 年，联合国在瑞典首都斯德哥尔摩召开了第一次人类环境会议，这是世界上各国政府共同讨论当代环境问题、探讨保护全球性环境战略的首次会议。参加者有 113 个国家 1300 多位人士，被认为是人类历史上的重要里程碑。会议通过了著名的"人类环境宣言"及行动计划。同年，第 29 届联合国大会接受并通过建议，将联合国人类环境会议开幕日 6 月 5 日定为"世界环境日"。

"世界环境日"象征着全世界人类环境向更好的方向发展，标志着世界各国政府要积极为人类环境作出贡献。世界环境日的目的和意义在于提醒全球注意环境状况和人类活动对环境的危害，要求全世界各国在这一天开展各种活动来强调保护环境和改善人类环境的重要性。联合国环境规划署在每年"世界环境日"发表环境现状的年度报告书。

"马丘比丘宪章"（"Charter of Muchu Picchu"）1977

第二次世界大战以后，科学技术、经济文化得到飞跃发展，也带动了城市建设的大发展，人口的高度集中，高楼大厦的大量出现，高速道路的延伸，城市无节制地扩展，以及三废污染，绿色的消失，生态系统的破坏，危及人们自身生存的环境，引起了人们的反思。随着环境科学、生态科学的形成、《寂静的春天》的出版，以及 1972 年"人类环境宣言"发表"只有一个地球"的宣言，使人们对自然的认识有了进一步的提高。1977 年 12 月，一些国家的著名建筑师、规划师、学者和教授在秘鲁的首都利马集会，以"雅典宪章"为出发点，讨论了 20 世纪 30 年代以来城市规划和城市设计方面出现的新问题以及相关的思想、理论和观点。当年 12 月，于秘鲁的古文化遗址马丘比丘山签署了具有宣言性质的"马丘比丘宪章"（简称"宪章"）。

"宪章"在肯定"雅典宪章"所提出的许多原理至今仍然有效的同时，针对第二次世界大战后城市化进程中出现的新变化、新问题，例如自"雅典宪章"问世以来，世界人口增长了一倍，而世界城市人口增长率又大大超过了世界人口增长率。发展中国家的大批农村人口向城市迁移，而发达国家，却由于私人汽车拥有量的增长，富裕居民向郊区转移，一方面发生迅增的城市化，另一方面出现明显的城中心空心化。又如近几十年，世界工业技术空前发展，对自然资源滥加开发使用，环境污染达到了空前的灾难性程度，等等。"宪章"总结了实践经验，提出了一些卓越的思想，对"雅典宪章"的某些观点进行了修改和发展。关于城市规划，"宪章"指出区域规划和城市规划是个动态过程，而每一个特定城市和区域都应制定适合自身特点的标准和开发方针；关于功能分区，"宪章"认为不能为追求分区而牺牲城市的有机构成，更不应把城市当作一系列孤立的部分组拼在一起，而应努力去创造一个综合的、多功能的环境；关于住房，"宪章"不同于"雅典宪章"，认为人的相互交往是城市存在的基本根据，住房是促进社会发展强有力的工具，设计上必须灵活，以适应社会变化；关于交通，总结"雅典宪章"公布以后 44 年的经验，"宪章"认为，未来城区交通应使私人汽车从属于公共运输系统的发展；关于环境问题，"宪章"呼吁控制城市发展的当局必须采取紧急措施，防止环境继续恶化，恢复环境原有的正常状态。保护我们赖以生存的自然环境，在人工环境中再现自然天地，园林绿地不仅是人们休憩的空间，而且是人们获取自然信息和孕育生机的地域。

"东京宣言"（"Tokyo Declaration"）."我们共同的未来"（"Our Common Future"）1987

早在 1983 年 11 月，联合国就成立了世界环境与发展委员会（WCED），1987 年，该委员会通过了"东京宣言"，并把经过长达 4 年充分论证的报告"我们共同的未来"提交给联合国大会公布，正式提出了可持续发展的模式以及许多以"可持续发展"为中心思想的建议。该报告对当前人类在经济发展和保护环境方面存在的问题进行了全面和系统的评价，如环境污染、水土流失、森林砍伐等对发展所带来的影响。

"我们共同的未来"报告，第一次阐述了"可持续发展"中"发展"的概念。报告指出，它就是"满足当代的需求又不危害后代满足其自身需求能力"的"发展"。这个定义可以有两层含义：一是优先考虑当代人，尤其是世界上贫穷人的基本需求；二是在生态环境可以支持的前提下，满足人类眼前和将来的需要。

"里约宣言"（"Rio Declaration on Environment and Development"）. "21世纪议程"（"Agenda 21"）1992

1992年6月在巴西的里约热内卢，在100多个国家和地区的首脑参加的联合国环境与发展大会（UNCED——The United Nations Conference on Environment and Development，又称"地球峰会 Earth Summit"）上，通过了"里约环境与发展宣言"（简称"里约宣言"又称"地球宪章 Earth Charter"）、"21世纪议程"即"可持续发展的环境与发展行动计划"及"关于森林原则声明"等重要文件，并签署了联合国"气候变化框架公约"、"生物多样性公约"等，明确把发展与环境密切联系在一起，提出可持续发展的战略，并将之付诸全球的行动。"里约宣言"中对可持续发展进一步阐述为"人类应享有与自然和谐的方式过健康而富有成果的生活权利，并公平地满足今世后代在发展和环境方面的需要，求取发展的权利必须实现。"，与会各国一致承诺把走环境保护、可持续发展的道路作为未来长期的、共同的发展战略。

可持续发展的思想是人类社会近一个世纪高速发展的产物。它体现着对人类社会进步与自然环境关系的反思，也代表了人类与环境达到"和谐"的古老向往和辩证思考。这一思想从西方传统的自然和环境保护观念出发，兼顾发展中国家发展和进步的要求，在20世纪的最后10年中又引发了世界各国对发展与环境的深度思考。美国、德国、英国等发达国家和中国、巴西这样的发展中国家都先后提出了自己的"21世纪议程"或行动纲领。尽管各国侧重点有所不同，但都不约而同地强调要在经济和社会发展的同时注重保护自然环境。

虽然"里约宣言"与"我们共同的未来"在可持续发展概念表达方式上有所差异，但都包含了两个基本要点：一是强调人类追求健康而富有生产成果的权利应当是坚持与自然相和谐的方式，而不应当是凭借着人们手中的技术和投资，采取耗竭资源，破坏生态和污染环境的方式来追求这种发展权利的实现；二是强调当代人在创造今世发展与消费的同时，应承认并努力做到使自己的机会与后代人的机会相平等。不能允许当代人一味地、片面地和自私地为了追求今世的发展与消费，从而剥夺后代人本应享有的同等发展和消费的机会。

正是由于环境问题已不仅是局部污染的问题，而且是涉及全球污染的扩散，导致物种的减少、生态的破坏，人类生活环境的恶化等，所以可持续发展的提出，其本质就是要求"环境与经济的协调发展，追求人和自然的和谐"，也就是要保护好生态环境、优化生态环境、建立生态价值观。1997 "京都议定书"的制定与签署就是一项具有这个方面重要意义的全球性历史活动。

"联 合 国 气 候 变 化 框 架 公 约"（"United Nations Framework Convention on Climate Change"，UNFCCC）1992

联合国 "气候变化框架公约"是 1992 年 6 月在巴西里约热内卢召开的联合国环境与发展大会（UNCED——The United Nations Conference on Environment and Development, 又称 "地球峰会 Earth Summit"），由参会的 100 多个国家和地区的首脑签署的一项旨在控制全球主要工业国家的工业 CO_2 排放量的重要文件。1997 年 12 月，在这个基础上，于日本京都由联合国气候变化框架公约参加国第三次缔约方会议把它发展制订并通过为一项国际性公约 "联合国气候变化框架公约的京都议定书"，简称 "京都议定书"。（参见京都议定书）

"京都议定书"（"Kyoto Protocol"）1997

近半个世纪，人类面临的环境污染范围越来越大，问题呈现出全球一体的趋势。"全球气候变暖"就是国际社会关心的全球性环境问题之一。

1992 年 6 月在巴西的里约热内卢，由来自 178 个国家和地区的首脑参加的联合国环境发展大会，通过并签署了联合国 "气候变化框架公约"。

1997 年 12 月在日本京都由联合国气候变化框架公约参加国第三次缔约方会议制定并通过了 "京都议定书" [全称是 "联合国气候变化框架公约的京都议定书"（United Nations Framework Conveution on Climate Change,UNFCCC）] 这一国际性公约，为各国的 CO_2 排放量规定了标准，即在 2008 年至 2012 年间，全球主要工业国家的工业 CO_2 排放量应比 1990 年的排放量平均降低 5.2%。其目标是将大气中的温室气体含量稳定在一个适当的水平，进而防止剧烈的气候改变对人类造成公害。

1997 年 12 月在日本京都通过，1998 年 3 月 16 日至 1999 年 3 月 15 日共有 84 个国家签署，到 2009 年 2 月共有 183 国通过该议定书，超过全球排放量的 61%。条约于 2005 年 2 月 16 日开始强制生效。

2011 年 12 月，加拿大宣布退出该项公约，是继美国之后第二个签署但其后又退出的国家。美国人口占全球人口的 3%~4% 而排放 CO_2 占全球 25% 以上。

中国于 1998 年 5 月签署并与 2002 年 8 月核准了该议定书。欧盟及其成员国于 2002 年 5 月 31 日正式批准了"京都议定书"。

"北京宪章"（"Beijing Charter"）1999

北京宪章于 1999 年 6 月 27 ～ 29 日在北京召开的国际建协第 21 届代表大会（21th General Assembly of the UIA）上通过。20 世纪以来，国际建筑师组织 CIAM 和 UIA 发表了诸多的宣言，但以"宪章"命名的文件却只有三个，这就是"雅典宪章"、"马丘比丘宪章"和"北京宪章"（下称"三个宪章"），这本身就表明这三个文件具有特别重要的历史地位。

"雅典宪章"发表于 1933 年，它用理性分析的方法，创立了现代城市规划的基本原则并奠定了它的历史地位。但是强调静态的理性分析、功能至上以及对自然环境的忽视，又使它带有一定的历史局限性。

"马丘比丘宪章"发表于 1977 年，它使用了"综合"的、"动态"的观念，弥补了"雅典宪章"单纯理性分析方法的不足。在肯定"雅典宪章"所提出的许多原理至今仍然有效的同时，"马丘比丘宪章"针对第二次世界大战后出现的新变化、新问题，如人口增长、城市化、滥用自然资源、环境污染等。总结了实践经验，分别从城市规划、功能分区、住房、交通以及环境问题等方面，对"雅典宪章"的某些观点进行了修改和发展。

"北京宪章"发表于 1999 年。从 20 世纪 70 年代中期起，人们已逐渐从发展以及从与环境的对立统一关系来认识环境保护的含义，认为环境保护不仅是控制污染，更重要的是合理开发利用资源，经济发展不能超过环境容许的极限；至 20 世纪 80 年代末，人们进而意识到，保护环境是人类面临的重大挑战，是当务之急，健康的经济和健康的环境完全相互依赖。因此，概括地说，认识到环境保护就是在合理开发利用自然资源的同时，深入理清污染和破坏环境的根源与危害，有计划地控制环境污染，保护环境，保护人体健康，促进经济与环境协调发展，造福人民，贻惠于子孙后代。"北京宪章"正是在这样的历史背景下产生的。

"北京宪章"利用现代科学思维 ——辩证系统思维作为基本方法，面对当今的环境建设，它既肯定了分析的作用，更强调有机综合的价值。它指出"必须分析与综合兼顾"，而当前更重在"整合"。它提出了可持续发展的城市规划原则，即将"规划建设、新建筑设计、历史环境保护、一般建筑的维修与改建、古旧建筑合理地重新使用、城市和地区的整治、更新与重建，以及地下空间的利用和地下基础设施的持续发展等纳入一个动态的、生生不息的循环体系之中"。它科学地继承了传统辩证思维的精髓——变易观、整体观与和谐观。关于环境问题，基于人们已获得的共识"人类只有一个地球"，而我们所处的世界，"仅仅是从子孙处借得，暂为保管罢了"。"北京宪章"强调要用"综合辩证的考察"去直面"人口爆炸"、"环境污染"和"生态失衡"等全球环境问题，与之同时，"北京宪章"在环境问题的科学分析中进而提出了一条符合生态原理的建筑设计观，即用新陈代谢的客观规律和循环体系的观念，将建筑的生命周期概念，融入人居环境建设过程之中——"不仅结合建筑的生产与使用，还要基于最小的耗材、少量的'灰色能源'消费和污染排放、最大限度的循环使用和随时对环境的运营、整治"。"北京宪章"把这些问题的处理上升到哲学的高度。

从人类忽视对环境的破坏，到关注环境的问题，进而提出可持续发展的环境观念和规划设计原则来看，历史表明了人类环境观念的巨大发展与进步，"北京宪章"的发表，就科学意义来说，又把这段历史的进程推向了一个新的制高点。

"联合国千年宣言"（"The United Nations Millennium Declaration"）2000

"联合国千年宣言"是于 2000 年联合国首脑会议上由 189 个国家签署的重要文件。文件对联合国一致通过的"联合国千年发展目标"行动计划作出承诺。该发展目标共有8 个方面，其中第 5 个方面是："保护我们的共同环境"。强调的主旨是："必须不遗余力，使全人类，尤其是我们的子孙后代不致生活在一个被人类活动造成不可挽回的破坏、资源不足以满足他们的需要的地球。"计划中重申支持联合国环境与发展会议所商定以及"21世纪议程"所列的可持续发展的原则，全力确保"京都议定书"生效，推动全面执行"生物多样性公约"，促进公平用水、充分供水、制止滥用水战略，以及加紧合作减少灾害等。

"千年生态系统评估"（"The Millennium Ecosystem Assessment"）2001

"千年生态系统评估"是在联合国秘书长安南先生的支持和推动下，由联合国环境规划署、开发计划署、世界银行、世界资源研究所等机构与生物多样性公约、防止荒漠化公约、湿地公约等组织共同发起，于 2001 年 6 月 5 日世界环境日之际，由世界卫生组织、联合国环境规划署和世界银行等机构组织开展的国际合作项目，简称"MA 计划"。旨在通过对全球、区域、国家、局地等不同尺度的生态评估，加深认识气候变化、土地利用变化、生物多样性减少、富营养化等因素对生态系统的影响，评估世界生态系统、植物和动物面临的威胁，为决策者提供最新科学信息，指导和影响决策者的行动，采取切实有效措施，保护和改善自然的和人为控制的生态系统，保护人类自身的安全。这一活动约 1500 名科学家、专家和非政府组织的代表参加。

"千年生态系统评估"大致可分为三个层次，第一是全球尺度的千年评估，主要包括环境、情景及消除不利影响的措施等；第二是 2 ~ 3 个"焦点区域"的"一连串"评估，所谓"焦点区域"主要指南部非洲地区、东南亚，可能还会包括欧洲和中美洲；所谓"一连串"指包括地方、国家和区域等不同尺度；第三是其他区域的"伙伴"评估，例如挪威、印度和中国。

可持续发展（sustainable development）

可持续发展概念是在 1980 年发表的世界自然资源保护大纲中首次给予系统阐述。在世界自然保护大纲中改变了过去就保护论保护的做法，明确提出其目的在于把资源保护和发展有机地结合起来，使其既能有利于经济的发展，以满足人类的物质文化需要，不断提高生活质量，又能保护人类及其他生物赖以生存的环境条件。大纲还提出了自然保护的三大目标，即维持基本生态过程和生命支持系统、保护遗传多样性以及保证生态系统和生物物种的持续利用。世界自然资源保护大纲所提出的可持续发展概念及其实现的途径，对 20 世纪 80 年代以来的可持续发展研究起了重要作用。

1987 年，联合国环境与发展委员会发表了题为"我们共同的未来"（即布伦特兰报告）。报告中对可持续发展中的"发展"作了宣言式的解释，即"满足当代的需求又不危害后代满足其自身需求能力的发展"（"Development that meets the needs of the present without compromising the ability of future generations to meet their own needs."），有人称为布氏定义。这一定义在联合国第 42 届大会上通过，于是"持续发展"（sustained development）已成为被普遍接受的新观念。"保护全球生态环境是全人类的共同责任"，业已成为世界各国人民的共识。可以认为，自 1987 年联合国大会公布并通过了"我们共同的未来"以后，标志着地球环境和公众环境意识已经发生了划时代的变化，它预告了一个新的环境时代即将来临。报告的发表对可持续发展成为当今社会关注的焦点起了十分重要的推动作用。

可持续发展是一种有约束、有节制、有规范的发展道路，是人类面对当今的困境所作出的理智选择。实施可持续发展战略的实质，就是要处理好长远利益与眼前利益、整体利益和局部利益之间的矛盾，保证当代人与后代人有均等的发展机会和权利，使人类在谋求自身美好幸福的同时，为后代人留下更多更好的发展条件。

可持续发展的内涵非常广泛，几乎人类生活的一切重要方面都与之相关。世界环境与发展委员会在"我们共同的未来"中，提出了实现可持续发展目标所应采取的行动，包括如下七个方面：

1. 提高经济增长速度，解决贫困问题；

2. 改变以破坏环境与资源为代价的增长模式，改善增长的质量；

3. 尽最大可能满足人民对就业、粮食、能源、住房、水、卫生保健等方面的需要；

4. 将人口增长控制在可持续发展的水平；

5. 保护与加强资源基础；

6. 技术发展要与环境保护相适应；

7. 将环境与发展问题落实到政策、法令和政府决策之中。

"我们共同的未来"中，仅指出了可持续发展的基本目标，并未界定也不可能界定其可操作的内涵，因此，重要的还需在全球共识与合作的基础上由各个国家根据自身的国情制定具体可行的措施。中国即曾在世界银行和联合国环境开发署的支持下，根据国情先后完成了体现可持续发展战略的重大研究和方案，包括"中国环境与发展十大对策"、"中国环境保护战略研究"、"中国 21 世纪议程"等。

中国的可持续发展将要：在人口战略方面，控制人口数量、提高人口素质、开发人力资源；在资源战略方面，建立资源节约型国民经济体系。实行保护、合理开发利用、增殖等并重的政策，建立以节时、节地、节水为中心的资源节约型农业体系、农业制度与农业技术。建立以节能、节材、节水、节约资本为中心的资源节约型工业生产体系、技术和制度，建立以节省运力、节能、节时为中心的节约型综合运输体系、技术和制度，以及建立适度消费、勤俭节约为特征的生活服务体系；在环境战略方面，建立健全生态环境体系。建立同发展阶段相适应的环保体制，把环境保护纳入国民经济和社会发展计划，使环境保护与各项建设事业统筹兼顾，综合平衡，把保护环境和合理利用自然资源作为发展工业、农业及其他产业部门生产的基础条件，推行有利于环境保护和自然资源利用的经济、技术政策，积极发展清洁生产和生态农业；在环境科学方面，面对全球性及国内环境问题的主流，加强环境科学研究，组织好重大项目的科技攻关，努力发展环境保护产业，把环境保护建立在科技进步和比较先进的环保技术、装备的基础上，防治环境污染和公害，提高环境质量，保障公众身体健康，促进经济社会可持续发展。

环境问题是在发展过程中产生的。如果对发展进行深入剖析就会发现，导致环境退化的根源在于不可持续的生产与消费方式。不顾自然生态的承受能力，消耗了地球上大量的自然资源和能源，向环境中排放了大量的污染物，导致环境问题的加剧和环境问题的全球化。因此，可持续的生产（工业和农业）与消费以及与之密切相关的生态城乡建设将是实现环境与发展协调的一个根本途径。

可持续发展不但是发展中国家争取的目标，也是发达国家争取的目标。作为一种理想的目标，我们憧憬其美好的形象。但更为紧迫的现实是，变革人类沿袭已久的生产方式与生活方式以及调整现行的国际经济关系，需用可持续发展的模式规范我们的行为和价值取向，修正我们的战略框架和决策体系，变革社会管理和重构人类文化。

可持续生产（sustainable production）

环境问题是在发展过程中产生的，导致环境退化的根源在于不可持续的生产与消费方式。因此，可持续的生产和消费以及与之密切相关的生态城乡建设是实现环境与发展协调的一个根本途径。

可持续生产是指满足消费者对产品需求而不危及子孙后代对资源和能源需求的生产。可持续生产的核心是，对每一种产品的产品设计、材料选择、生产工艺、生产设施、市场利用、废物产生和处置等都要考虑环境保护，都要符合可持续发展的要求，正如以"污染的源头控制"取代"污染末端治理"一样，可持续生产是污染防治政策的发展和延伸。它包括了生态工业及其系统和可持续农业（参见可持续农业）两大方面。本条目仅就生态工业及其系统（eco-industry and system）展开叙述如下：

1. 生态工业（eco-industry）与清洁生产

所谓生态工业，是指合理地、充分地、节约地利用资源，工业产品在生产和消费过程中对生态环境和人体健康的损害最小以及废弃物多层次综合再生利用的工业发展模式，是一种现代工业的生产方式，其中的关键是"清洁生产（clean production）"。

（1）清洁生产

清洁生产是指利用先进的工艺、技术和管理办法，提高资源和能源利用率，降低物耗、能耗，最大限度地减少废弃物排放量的生产经营活动。推行清洁生产是在生态工业发展中实行可持续发展的主要途径。1989 年联合国环境署工业与环境中心（UNEP/IE）提出了清洁生产的概念，并作为鼓励政府和工业采取预防战略控制污染的新定义写入《21世纪行动议程》，该定义为："清洁生产是将综合预防的环境策略持续应用于生产过程和产品中，以便减少对人类和环境的风险。"

从该定义可知，对生产过程而言，清洁生产包括节约原材料和能源，淘汰有毒原材料，并在全部排放物和废弃物离开生产过程以前减少它们的数量和毒性。对产品而言，清洁生产策略旨在减少产品的整个生命周期中，从原材料的提炼到产品的最终处置对人类和环境的影响。

清洁生产概念提出后，很快就被有关国际组织和许多国家接受，联合国环境规划署决定在世界范围内推行清洁生产，把它作为实现可持续发展战略的关键对策，并为此制定了行动计划和方案，在世界上进行了大量的工作。因此，近年来实行清洁生产已经形成一股世界性的潮流，正在为世界各国和越来越多的企业所接受和使用，成为解决工业污染问题的主要方法。

清洁生产的内涵非常丰富，它是指产品从摇篮到坟墓的全过程污染控制，主要内容包括清洁的能源、清洁生产过程、清洁的产品，推行清洁生产进一步理解为实现两个全过程控制：一是在宏观层次上组织工业生产的全过程控制，包括资源和地域的评价、组织、实施、运营管理和效益评价等环节；二是在微观层次上的物料转化生产全过程的控制，包括原料的采集、贮运、预处理、加工、成型、包装、产品的贮运等环节。

（2）清洁生产措施

目前，世界上普遍使用的，达到清洁生产的主要途径是：

1）调整产品结构——用无污染、少污染的产品代替毒性大、污染重的产品。

2）调整原料结构——用无污染、少污染的能源和原材料代替毒性大、污染重的能源和原材料。

3）调整企业技术结构——用消耗少、效率高、无污染、少污染的技术、工艺和设备替代消耗高、效率低、污染产生量大、污染的技术、工艺和设备。

4）设计物料闭路循环——开展"三废"综合利用，最大限度地利用能源和原材料，实现物料最大限度的厂内循环。

5）强化工业生产管理——减少跑、冒、滴、漏和物料流失。

6）低耗、高效处理排污——对少量的、必须排放的污染物，采用低费用、高效能的净化处理设备进行最终的处理、处置。

7）建立无废工业区。

2. 生态工业系统

生态工业系统的概念是指在一个封闭的循环系统中，企业根据合作互利的原则，利用对方生产过程中所产生的废弃物作为自己加工产品的原材料或能源。这一系统将资源的浪费减至最小。

在生态工业系统中，合作的企业之间相互交流的纽带是"工业生态链"，一个企业的产品或废物是另一个企业的原材料或能源，这之间存在着一种共生、伴生或寄生的关系，构成了生态系统中生物链一样的关系。当许多条生态链交织起来，则构成了高级的生态工业网络系统，它是生态工业系统的基本形态。因此，生态工业系统中各企业之间存在着一种有序的但纵横交错的联系，通过这种联系，物质能量、信息等进行流通，使其流到外环境中的量减少到最小，以保护外界生态环境。

可持续农业（sustainable agriculture）

1930 年以来，西方国家将机器、化肥、农药等大量引入农业，农业生产力得到大幅度提高，农业专业化生产迅速发展，农产品商品化程度不断提高。但是，由于工业性能源投入不断增长，在促进生产力发展的同时，伴随着产生了一些副作用，一是环境污染严重，如农药在土壤或水域中的残留越积越多，导致农产品中的农药残留量超标；二是土壤肥力下降，土壤结构板结，有机质含量降低；三是农业生产成本提高，国家用于农业的补贴大幅度增加，财政负担加重；四是水土流失严重，资源损失巨大。农业的这种状况已经不能实现农业生产的持久永续。因此，为了更好解决发展与环境双向协调的问题，20 世纪 80 年代提出了具有新意的可持续农业。

由于各国国情不同，对农业发展有不同的要求，因此也就产生了对可持续农业理解上的差异。发达国家追求农业生产以质量目标为主，而发展中国家的农业发展注意力更多地集中于数量上的增长，以解决温饱问题。不过发达国家与发展中国家因起点不同，对农业要求各有侧重，但共同点都是要求保护资源与环境，使农业可持续发展。因而，"丹波宣言"中的"可持续农业"定义已为世界各国普遍接受，即可持续农业是"采取某种使用和维护自然资源的基础方式，以及实行技术变革和机制性改革（包括农业、林业和渔业）来维护土地、水、动植物遗传资源，是一种环境不退化、技术上应用适当、经济上能生存下去以及社会能够接受的农业生产模式"。

为了促进农业可持续发展，必须根据本国国情和当地实际，也就是立足于人口、资源和环境的实际情况。

1. 做好农业规划，加强农业综合开发

农业是一个大而复杂的概念，在各个地方表现出千差万别，发展可持续农业，必须因地制宜地做好农业发展规划，合理地开发利用农业自然资源。注意把握地方优势，围绕主导产业，突出特色，形成与资源特色相适应的经济格局；其次应注意把握提高经营集约程度，使所规划的农业产品有相当高的产量水平和商品水平；最后还应注意把握从实际出发，要与经济、社会各项事业保持协调发展。

同时还要着眼于面向大农业，实现农林牧副渔业全面发展，最后要面向市场需求，建设农产品的产、供、销一条龙体系，提高农产品的增加值。

2. 依靠科技进步，推广持续农业生产技术

把农业的可持续发展放在紧紧依靠科技进步上，挖掘农业内部土地、良种、栽培技术等方面的潜力，提高农业的物质投入效率和农业生物对光、热、水、气、养分五大生长要素利用率。农业可持续发展模式在国外主要有有机农业、再生农业、轮种农业、生态农业、低耗持续农业等；在我国主要有集约持续农业与中国生态农业。这些模式都兼顾了发展与环境、效率与持续诸方面。

当前，可持续农业研究推广的几种主要技术是：轮作复种技术、以生防为主低量施用农药的综合防治技术、秸秆还田土壤培肥技术、免耕覆盖技术、氮肥高效利用与污染防治技术、发展喷灌微灌节水技术等。

3. 中国生态农业技术

中国生态农业的主要技术包括以下几个方面：

（1）运用物质循环再生原理和多层次利用技术，实现无废弃物生产，提高资源利用率。如：通过农牧结合及秸秆过腹还田，实现农业生态良性循环。有机肥同化肥配合施用，提高化肥有效利用率。又如：通过食物链连接技术使农副产品及秸秆、粪便作为其他动物和植物的营养成分，并提高生物能多级转化效率。如农作物秸秆通过沼气发酵可以使其能利用效率比直接燃烧提高几倍，沼液作再生饲料可以使其营养物质和能量的利用率增加20%。此外，基鱼塘系统是在中国南方低湿地区已流传300余年的农业生产模式，在生态农业建设中又有所发展。如在广东除桑基鱼塘外，还有草基鱼塘、蔗基鱼塘、果基鱼塘、猪—菜—基鱼塘等；在四川省成都平原水利条件较好的稻区，在北京治理低洼涝碱地，发展种植业及养殖业，均有较大面积的推广。

（2）合理安排种植业结构的农作制度。如：通过合理的间作、轮作，并结合地膜覆

盖、塑料大棚以及相应的施肥、耕作技术，提高土地利用率，增加植物覆盖；运用多层次立体种植方式，实现农林混作和间作（如在华北平原大面积推广枣粮间作、桐粮间作、果菜间作等）；在山区丘陵地带，根据地势高低起伏，合理安排种植业等。

（3）模拟自然生态系统物种共生原理，如大规模推广稻田养鱼、鱼鸭混养等。

（4）减少农药用量，实施病虫害综合防治生态技术。利用天敌昆虫（病毒、真菌、微孢子虫等）防治各种病虫害。

（5）障碍性土壤改良的生态技术。如：盐碱地改良和综合治理技术，沙荒地治理技术，酸、瘠红黄壤改良利用技术等。

可持续消费（sustainable consumption）

环境问题是在发展过程中产生的。如果对发展进行深入剖析就会发现，导致环境退化的根源在于不可持续的生产与消费方式。不顾自然生态的承受能力，消耗了地球上大量的自然资源和能源，向环境中排放了大量的污染物，导致环境问题的加剧和环境问题的全球化。因此，可持续的生产和消费以及与之密切相关的生态城乡建设是实现环境与发展协调的一个根本途径。

1. 可持续消费的定义

现行的消费模式引起了环境污染，资源耗竭，生物多样性和自然景观的破坏，正如施里达斯·拉夫尔在《我们的家园——地球》一书中所指出的"消费问题是环境危机问题的核心，人类对生物圈的影响正在产生着对于环境危机的压力并威胁着地球支持生命的能力。"因此，改变现行的不可持续的消费模式已成为国际与发展领域的重要议题。

联合国环境署在 1994 年于内罗毕发表的报告《可持续消费的政策因素》中提出了可持续消费的定义，即"提供服务以及相关的产物以满足人类的基本要求，提高生活质量，同时使自然资源和有毒材料的使用量最少，使服务或产品的生命周期中所产生的废物和污染物最少，从而不危及后代的需求"。

可持续消费是一个新的消费模式，并不是介于因贫困引起的消费不足和国家富裕引起的过度消费之间的折中，它适用于全球各个国家各种收入水平的人们。"21 世纪议程"提出，世界所有国家均应全力促进可持续消费模式，发达国家应率先达成可持续消费模式，发展中国家应在其发展过程中谋求可持续消费模式，避免工业化国家的那种过分危害环境，无效率和浪费的消费模式。

2. 走绿色消费与绿色生活之路

我国从 1999 年开始实施"三绿工程",即"提倡绿色消费"、"培育绿色市场"、"开辟绿色通道",建立食品安全保障体系,引导人们走绿色消费与绿色生活之路。

（1）绿色消费

当人们的生活随着富裕程度的提高而提高时,消费需求也由低层向高层递进,由简单稳定向复杂多变转化。这种高层次多样化的消费行为属于消费者个人的私事,但过度消费所引起的不良后果则是由社会来承担。因此,政府有必要强制企业和市场把公众的消费行为引导到有利于环境保护和生态平衡的方向上去。

"绿色消费"又称可持续消费,是 20 世纪 90 年代兴起的一种国际性消费新潮流,是现在国际市场消费需求出现的新变化,它是一种对环境不构成破坏或威胁的持续消费方式,是现代工业社会对"非生态化"消费的深刻反思。绿色消费主要包括三个方面的内容:消费无污染的产品,消费过程中尽量避免对环境造成的污染,自觉抵制和不消费那些破坏环境的产品。产品生产的最终目的是满足用户的消费,因此,企业在生产活动中,必须了解消费者对绿色消费的态度,引导消费者进行绿色消费,提高企业的形象。资料显示,77% 的美国人认为,企业的绿色形象会影响他们的购买欲,94% 的德国人愿意购买绿色产品,德国 82% 的消费者和荷兰 67% 的消费者在超级市场购物时会考虑环保因素。人们不再以大量消耗资源、能源来求得生活上的舒适,而是在求得舒适的基础上,大量节约资源和能源,即人们的消费心理和消费行为向崇尚自然、追求健康转变。

（2）绿色生活

为了实现绿色生活,每个公民必须努力做到以下几个方面:

树立绿色文明观念——自觉关心环境状况,遵守环境保护法规。

节约能源,减少空气污染——尽量使用公共交通工具、自行车或步行;节约用电,做到人走灯灭,使用节能灯;使用无氟、节能冰箱。

节约水资源,减少水污染——安装节水水龙头,用节水型抽水马桶;及时修理漏水管道;不向河中倾倒生活污水和杂物;尽量少用洗洁精,使用无磷、生物可降解的洗涤用品。

保护森林、矿产等自然资源——购买能再生可长期使用的商品;尽量不用一次性纸杯、木筷、餐盒;节约纸张。

珍惜土地——实施落叶堆肥,不焚烧落叶;参与废旧物品回收和利用;爱护公共绿地;尽量减少生活垃圾。

04 城市

城市（city）

城市是非农业人口集中，以从事非农业生产活动为主要特征的居民点；是一定地域范围内的经济、政治和文化生活的中心。"城"原指在都邑四周用作防御的墙垣；"内为之城"，"城外为之郭"。"市"则指进行贸易交换或者集中做买卖的场所。新石器时代，农业生产在许多地区成为主要的生产部门，形成了原始居民点。随着手工业和商业的发展，一部分原始居民点扩大成为一个地区的各种活动的中心，产生了奴隶主和封建主的城邑以及手工业作坊（或工场），这就是早期的城市。工业革命（1760 年）以前，由于生产并不发达，尽管城邑逐步扩大，但其规模还小，尚处于自然山水和田野的环抱之中。那时，人对自然的破坏仍处在可以恢复的状态（如污水的自然净化），引起的环境污染问题并不突出，人与自然还处在相对的平衡之中。古代城市发展缓慢，绵延持续了几千年之久，城市的规模受社会、经济和技术的制约。13 世纪欧洲城市居民很少超过五万人，那时，城市人口在世界人口中所占比重也很小。直到 1800 年，世界城市总人口还不到 3000万，仅占当时世界总人口数约 3%。产业革命以后，仅经约两百年的时间，随着大工业生产的发展与人类科学技术的进步，世界人口不断向城市集中，到 1985 年城市人口占世界总人口数的比率竟飙升至约 41%。大量农民进入城市就业，居住和工作的地点逐渐分开，集中的大生产，迫使大量的原料与产品以及大量的人流需要频繁运输，庞大的工业造就了巨大的城市，同时又加剧了对城市大气与水等环境的污染。20 世纪上半叶发生了两次世界大战，军事工业的大力发展，刺激了科学技术的飞速前进，自动化技术、传感技术、生化、物理等研究渗入各科学领域，并于战后转为民用，大大推动了科学技术与国民经济的发展，促进了建筑业与城市建设的大规模项目开发。二战结束后，一方面迎来了全球经济复苏、大工业发展与生产力提高，另一方面出现了城市数量的飙升和城市的扩大化与空心化。20 世纪 90 年代的城市研究学者只能预测到 20 世纪末的 40 个超大城市的数量，但他们没有料想到仅仅经过了十多年的经济急行军后，中国就已经拥有了 39 座超大城市。而从 20 世纪 20 年代以来，在信息化与小汽车交通的巨大冲击下，西方发达国家的大城市发生了一次又一次城市郊区化浪潮。第一次浪潮是人口的外迁，房地产开发商通过改善进出城市的交通设施，加速在地价相对便宜的郊区投资开发，使不断富裕起来的、拥有私人交通工具的富人首先逃离环境不断恶化的市中心。此后，又发生了第二次浪潮是工业的外迁；第三次浪潮是零售业的外迁；近年来办公也在一些主要城市的郊区得到了强有力的发展，形成了城市郊区化的第四次浪潮。20 世纪中后期，北美和欧洲一些发达国家的大城市出现大规模的郊区化现象，于是旧城中心区出现了"空心化"，同时又形成了巨大的都市圈。

人口增长、城市增加，自然资源消耗飞升，给地球所拥有的、人类赖以生存的有限土地资源、水资源、森林资源以及能源等带来巨大压力。不仅如此，生产、生活以及交通运输等还对自然环境造成严重的大气、水体、土壤以及垃圾污染。这些污染已经从局部走向全球，威胁着人类的安全，引起人类的高度关注。

城市化（urbanization）

城市是人类社会经济发展的产物。近几十年，社会经济迅速发展，各国工业以惊人的速度增长，大量农村人口流入城市，城市数目不仅剧增，而且城市规模越来越大，功能也越加复杂。从城市规模看，1980 年，全球 50 万人以上的城市已经发展到 476 个；2000 年，人口规模超过 500 万的城市达到了 28 个；1000 万人以上的城市发展到 18 个。由于世界人口不断向城市集中，城市人口占世界总人口的比率，从 18 世纪 50 年代以前的 3% 上升到 1950 年的 29.2%，至 1985 年，再上升到 41%。

城市化这一名词是由西班牙工程师塞尔达（A.Serda）于 1867 年首先提出的，中文通常译为"城市化"、"城镇化"或"都市化"。城市化是人类发展、变革的重要过程，是一个国家经济、文化发展的结果。事实上，由于世界各国对城市（或城镇）本身的定义各不相同，对于城市化一词至今没有形成通用的统计学上的统一口径。人们可以从不同角度对于城市化加以研究和表述，并且，不同的学科，如城市规划、社会学、地理学、人口学等，因其研究的侧重点不同，对城市化的定义也不尽相同。但无论是不同国家之间还是不同学科之间，对"城市化"至少有如下的共识：城市化是因社会生产力的发展而引起的由第一产业为主的农业人口向第二产业、第三产业为主的城市人口转化，由分散的乡村居住地向城市或集镇集中的客观过程，它包括了城镇人口比重和城镇数量的增加，城镇用地的扩展，以及城镇居民生活状况的实质性改变等。简言之，城市化具有三个显著标志：1. 城市数量的增加和规模的扩大；2. 农业人口转变为城镇非农业人口；

3. 城市居民生活方式的现代化。

城市化这一现象最早产生于英国，后来伴随着工业化的传播扩散到欧美大陆以及世界其他地区，在发达国家和发展中国家相继铺开，成为世界性的普遍现象。但不同地区的城市化高峰时期和完成城市化所需要的时间是不相同的。

由于城市人口的高度集中，工业的高度发达，建筑物的高度密集，当城市人口膨胀到一定程度，城市扩大到一定规模时，势必造成城市用地紧张，住房短缺，基础设施滞后，生态环境条件恶化等弊病。

农村城镇化（rural urbanization）

所谓"城镇化"，是指农村人口不断向城镇转移，第二、三产业不断向城镇聚集，从而使城镇规模扩大、数量增加的一种历史过程；也是各个国家在实现工业化、现代化过程中经历社会变迁的一种反映。"城镇化"一词的出现显然要晚于"城市化"，1991年国内曾有学者使用并拓展了这一概念，近50年来中国首次在最高官方文件《中共中央关于农业和农村工作若干重大问题的决定》中，正式采用了"城镇化"一词。

新中国成立以来，特别是改革开放以来30多年的发展，使我国进入了工业化和城市化加速发展的阶段；农村城镇化、农业产业化、农民居民化已呈明显趋势。但从总的发展情况来看，我国全面建成小康社会和现代化的薄弱环节还在农村，只有实现了农村的小康才能实现全面小康；只有实现了农村的现代化才能实现全国的现代化；而农村城镇化则是推动农村现代化的强大动力，也是全国现代化的必由之路。

1. 农村城镇化是调整产业结构、促进农业人口向非农业人口转移的有效途径

相当一部分农民进入城镇后，农村的土地就会连片形成规模，有利于集约化经营和发展农业机械化，提高农业的资金和技术的集约程度，从而加快农业现代化进程。通过城镇居民对农产品特别是对农产品深度加工的需求，为农业现代化创造市场空间。

2. 农村城镇化是启动国内有效需求的必然选择

农村城镇化水平滞后、农村剩余劳动力多是当前我国经济社会发展面临的一个结构性问题。扩大国内有效需求，除了对经济结构进行战略性调整外，推进农村城镇化是一个必然选择。可促使农民进城、建购房屋定居，拉动建筑、水、电、环保等相关诸多产业发展，成为新的经济增长点。同时农村城镇又是农村工业与服务业发展的载体，对乡

镇企业、文化、科学、教育、娱乐业等产业都有明显的集聚作用。

3. 农村城镇化是解决"三农"问题的必由之路

农村城镇化与工业化密不可分。在工业化的支撑下，城镇化以能量集聚、要素集聚为特征，通过集聚人口、集聚经济和社会能量，产生集聚效应和规模效应；有利于节约资源、合理使用土地、保护耕地、控制污染、提高基础设施利用率，走可持续发展之路；通过就业结构的变化推动产业调整，并引导农村剩余劳动力向二、三产业等非农产业转移。因而，不仅可优化农业内部种植业、养殖业、畜牧业以及副业结构，还可发展壮大农村二、三产业，推动农业和农村经济产业结构升级。所以说，农村城镇化是解决"三农"问题的必由之路。

综上所述，农村城镇化已不仅是农村发展问题，而是关乎国民经济和社会发展的大战略。健康的可持续发展的城镇化要两条腿走路：一是发展城市群推进城市化，二是通过做大县城来实现农村城镇化。实施城市化与农村城镇化并重，大、中、小城市健康均衡发展。通过建好的有吸引力的中、小城市来疏导大城市的人口，才能治理"大城市病"。依托县城推进农村城镇化需要根据不同的情况建设不同规模的城市。

城市生态学（urban ecology）

城市生态学是以生态学的概念、理论和方法研究城市生态系统的结构、功能和行为的生态学分支学科。人类社会发展经历了靠自然生态系统谋生的游牧生活阶段，主要靠农田生态系统谋生的田园生活阶段和主要靠城市生态系统谋生的工业化、城市化阶段。随着城市化的进程，能源、淡水、燃料等资源的供应以及大气污染、水体污染、固体垃圾的处置等环境污染问题日显突出，对于占世界人口近一半、国民生产总值占 90% 和辅助能源消耗占 80% 以上的城市——这个物质能量聚集、人类活动密集、环境变化剧烈的生态系统之研究就显得十分重要了。

真正运用生态学的原理和方法对环境问题进行深入研究，却还是 20 世纪以来的事。20 世纪初，国外一批学者将自然生态学的某些基本原理用于城市问题的研究，如 1904 年，英国生物学家格迪斯（Patrick.Geddes）在其所写的《城市开发》和《进化中的城市》中，把生态学同卫生、环境、住宅、市政工程、城镇规划等结合起来，应用于城市研究，开创了城市与人类生态学研究的新纪元。20 世纪 20 年代，美国芝加哥学派的创始人帕克（Robert Ezra Park）分别于 1916 年和 1925 年发表了题为《城市：环境中人类行为研究的几点建议》及《城市》的论文，进入了城市生态学研究的新领域。他把生物群落的原理和观点，如竞争、共生、演替、优势度等应用于城市生态学的研究领域，并提出了"城市生态学"；20世纪40~50年代，芝加哥人类生态学派以城市为研究对象，运用系统论的观点去看待城市，视城市为一个超级生物，一个人与自然、人与人相互作用的产物，研究城市的集聚、分散、入侵、分隔，以及空间分布、社会结构与调控，他们由此倡导创建了"城市生态学"。

20世纪60年代以来，由于工业的高度发展、全球人口暴增、城市化加速、资源开发规模不断扩大，环境的污染、自然资源的破坏等不断加剧。对于这些危及人类生存问题的控制和解决，特别是由于全球性污染和人类对自然界的控制与管理的宏观发展，在现代科技强大的物质及技术支持下，使"城市生态学"的研究得到长足进展。

20世纪70年代，生态学除了继续开展其研究生物与其生存环境间相互关系的核心命题外，在同其他学科相互渗透与相互交叉的过程中不断扩大其学科内容和学科边界，成为一门综合性的学科，其中仅城市生态学研究就有：以研究城市动植物为主体的"城市自然生态学"；以研究城市水、气、土等为主体的"城市生态环境学"；以研究城市二、三产业为主体的"城市生态经济学"；以研究社区、人口为主体的"城市社会生态学"；以研究城市规划为主体的"城市生态规划学"；以研究城市系统生态学为主体的"城市系统生态学"等。

1971年，联合国教科文组织（UNESCO）决定在国际生物学计划（IBP）的基础上设立"人与生物圈计划"（MAB），召开人与生物圈计划国际协调会，提出并开展了城市生态系统的研究，内容涉及城市生物、气候、代谢、迁移、土地利用、空间布局、环境污染、生活质量、住宅、城市化胁迫效应、城市演替过程等多层面的系统研究，使城市生态学的理论、方法与实践不断面临新的突破。此后，1973年日本的中野尊正编著了《城市生态学》，系统阐述了城市化对自然环境的影响、城市绿化、环境污染及防治。1975年国际生态学会主办的季刊《城市生态学》创刊，并于1977年发表《当代城市生态学》，系统阐述了城市生态学的起源、发展与理论基础。1992年，联合国召开的"人类环境与发展大会"将环境问题定格为21世纪人类面临的巨大挑战，并在实施可持续发展战略方面，促使人类住区以及城市的可持续发展成为当代城市生态环境问题研究的重要动向和热点。此后，于1996年、1997年先后在土耳其召开的"联合国人居环境大会"、在德国莱比锡召开的国际城市生态学术讨论会，显示出研究的目标逐渐集中在城市可持续发展的生态学方面。实际上，城市生态学和城市生态环境学已经成为城市可持续发展及制订21世纪议程的科学基础。

城市生态系统（urban ecosystem）

城市是地球表层人口集中的地区，是人类为了自身的经济利益，对自然生态系统改造和调控而形成的生态系统。城市生态系统是一个人类在改造和适应自然环境的基础上建立起来的以人为中心的"自然—经济—社会"三者合一的复合人工生态系统。它是城市空间范围内，居民同自然环境系统及人工建造的社会环境系统相互作用而形成的统一体。其中，自然环境系统包括大气、水体、土壤、岩石、矿产资源、太阳能等非生物系统和动物、植物、微生物等生物系统。社会环境系统包括人工建造的物质环境系统（包括各类房屋建筑、道桥及运输工具、供电、供能、通风和市政管理设施及娱乐休憩设施等）和非物质环境系统（包括城市经济、文化与群众组织系统，社会服务系统，科学文化教育系统等）。

城市的运行既要遵守自然演化规律，又要遵守社会经济规律。城市发展的实质在于维护自然界能够长期提供的自然和环境条件，保障经济增长和人类福利有一个稳定的生态环境基础。城市生态系统具有很强的对外依赖性，其赖以生存的能量、物质都需要从外界输入，其结构和功能、其自我调节和调控能力等都相当脆弱，极易受到外界干扰而被破坏或失去平衡。城市生态系统既具有一般自然生态系统的一些基本特征，又与自然生态系统有着本质上的差异：城市居民同样具有社会与自然双重属性。

1. 城市生态系统的核心是人类

同自然生态系统和农村生态系统相比，城市生态系统中生命系统的主体是人类，而非各种植物、动物和微生物。次级生产者与消费者都是人。人口发展代替或限制了其他生物的发展，一切都围绕着人而进行，人工控制对该系统起着决定性的作用。在自然生态系统和农村生态系统中，能量在各营养级中的流动都遵循"生态学金字塔"的规律，但在城市生态系统中能量在人类—动物—植物各营养级中的流动却表现出相反的倒金字塔规律，要维持城市生态系统的稳定和有序，就必须借助外部生态系统的物质和能量的输入。

2. 城市生态系统的主要环境是人工的环境

为了生产、生活等需要，城市居民在自然环境的基础上，建造了大量建筑物、构筑物以及水、电、气等等城市设施。这样，以人为主体的城市生态系统，其生态环境除具有阳光、空气、水、土地、地形地貌、地质、气候等自然环境条件外，大量地加进了人工环境成分，且自然环境条件也都不同程度地受到了人为的影响，使城市生态系统的环境较之自然生态系统更加复杂和多样。

3. 城市生态系统是一个不完全的生态系统

由于城市生态系统已大大改变了其中自然生态系统的生命组分与环境组分，系统的功能同自然生态系统的功能相比较，也就大有区别。经过长期生态演替处于顶级群落的自然生态系统，其系统内的生物与生物、生物与环境之间处于相对平衡状态。城市生态系统则不然，由于系统内的生产者生物多是人类为绿化城市而种植的树木花草，不能作为营养物质供城市生态系统中消费者——人来使用。维持城市生态系统所需要的大量营养物质和能量，都需要从系统外的其他生态系统中输入，每个城市都在不断地与周围地区和其他城市进行着大量的物质、能量和信息交换，深受周围地区和其他城市的影响。此外，城市内在的能流、物流运行要比自然生态系统快捷得多，城市生态系统所产生的各种废物，也不能靠城市生态系统的分解者生物去消化而要靠人类的各种环保措施来解决。所以说，城市生态系统是一个开放式的、不完全、不独立的生态系统，但它又是一个发展程度高、反自然程度强的人类生态系统。实际上，"城市生态"只不过是借喻于"生物生态"，而"城市生态系统"也只是"自然生态系统"的比拟。因此，人们把城市比喻为"超级生物体"或"超级生物"，即"Superorganism"。

城市生产功能（urban production）

城市生态系统的生产功能是指城市生态系统能够利用城市内外系统提供的物质和能量等资源，生产出产品的能力。其中包括生物生产与非生物生产：

1. 城市生物生产（urban biological production）

生物能通过新陈代谢作用与周围环境进行物质交换、生长、发育和繁殖。

（1）生物初级生产

生物的初级生产是指植物的光合作用过程。城市生态系统中的绿色植被包括农田、森林、草地、果园和苗圃等人工或自然植被。在人工的调控下，它们生产粮食、蔬菜、水果和其他各类绿色植物产品。然而，由于城市是以第二产业、第三产业为主的，故城市生物生产粮食、蔬菜和水果等的空间所占的城市空间比例并不大，植物生产不占主导地位。但应指出的是，虽然城市生态系统的绿色植物的物质生产和能量贮存不占主导地位，但城市植被的景观作用功能和环境保护功能却对城市生态系统十分重要。因此，尽量大面积地保留城市的农田系统、森林、草地系统等的面积是非常必要的。

（2）生物次级生产

城市生态系统的生物初级物质生产与能量的贮备是不能满足城市生态系统的生物（主要是人）的次级生产的需要量的。因此，城市生态系统所需要的生物次级生产物质有相当部分从城市外部输入，表现出明显的依赖性。由于城市的生物次级生产主要是人，故城市生态系统的生物次级生产过程具有明显的人为可调性，此外，城市生态系统的生物次级生产是在一定的社会规范和法律的制约下进行的，它具有社会性。为了维持一定的生存质量，城市生态系统的生物次级生产在规模、速度、强度和分布上还须与城市生态系统的初级生产和物质、能量的输入、分配等过程取得协调一致。

2. 城市非生物生产（urban abiological production）

城市生态系统的非生物生产是指其具有创造物质与精神财富，满足城市人类的物质消费与精神需求的性质。有物质的与非物质的非生物生产两大类：

（1）物质生产

物质生产是指满足人们的物质生活所需的各类有形产品及服务。包括：各类工业产品、设施产品——各类为城市正常运行所需的基础设施、服务性产品，指服务、金融、医疗、教育、贸易、娱乐等各项活动所需要的产品。这些物质生产产品不仅仅为本城市地区服务，更主要的是为城市地区以外的人类服务。生产量巨大，消耗的资源与能量惊人，对区域内外自然环境的压力也不容忽视。

（2）非物质生产

非物质生产是指满足人们的精神生活所需的各种文化艺术产品及相关的服务。城市生态系统的非物质生产实际上是城市文化功能的体现。

城市能流（urban energy flow）、城市物流（urban matter flow）、城市信息流（urban information flow）

1. 能流与物流

城市生态系统包括自然、经济与社会三个子系统，是一个以人为中心的复合生态系统。城市本身是人的生态环境，需遵循自然规律，但城市生态系统又处于社会工业大生产之中，要受社会经济规律的制约。在能量运转上，既有与自然生态系统相同的部分又有与其显著不同之处。自然生态系统的能量流动主要集中在系统内各生物物种之间进行，反映在生物的新陈代谢过程之中。这些都与城市自然生态子系统的规律相符。但城市生态中的能流包括一切人类活动所需，远大于生物能。对于简单的居民点来讲，至少要包括居住、衣食、劳动、炊事、照明、保温、交通、运输，以及与上述诸般活动相关设施及其建设等所需能量。对于商贸活动频繁的城市，物流交通所需能量甚大。至于工矿业发达的城市，工矿业对能量还更有其特殊需求。

城市生态系统中作为人工生态的其他相关系统大部分的能量集中在非生物之间的变换和流转，并反映在人工制造的各种机械设备的运行过程之中。随着城市发展，其能量与物资供应的地区越来越大，从城市邻近地区到整个国家，直到世界各地。在能量传递方式上，自然生态系统主要通过食物网传递能量，而城市生态系统总体的能量流动方式远多于自然生态系统，可通过农业部门、采掘部门、能源生产部门、运输部门等传递。在能量流运行机制上，自然生态系统能量流动是自为的、天然的，而城市生态系统能量流动则以人工为主。

城市生态系统的物质流，除了其属于自然生态子系统的那一部分以及属于城市的特殊物质流——即人口流之外，其他还可以分为两类：

（1）借自然力推动

城市的人口和工业生产集中，每天的耗氧量大，而城市的植被很少，产氧量很少，形成氧的不平衡，需借助空气流从外界带入大量氧气。与此相反，城市中产生的二氧化碳远远超出消耗量，也需要借助空气流把它们带出界外。由于数量大、状态不稳定，对城市生态环境质量尤其是对城市大气质量和水体质量有重要影响。

（2）借人工推动

借人工推动是指一般所说城市生态系统中的物质流动过程，这类物质流并不是简单的输入和输出，是要经过生产（有形态和功能上的改变）、交换、分配、消费、积累，以及排放废弃物等环节和过程。

作为一个生态系统，城市要维持市内工业生产和市内人民的生活，就要不断地从外部输入能量和物质。每天输入城市的能量，包括电力、石油、煤、天然气、粮食、肉蛋、鱼类、蔬菜和水果，输入的物质包括工业生产需要的各种原材料和人们生活、工作的日用品等。同时，又要向外部输出各类工业产品、排泄废物，包括工业产生的废物以及居民生活的垃圾和粪便。这就构成了城市生态系统的能流和物流。城市的能流和物流一般包括五个环节：开采→制造→运输→使用→废弃，能量在城市的生产和生活每一个环节中转移、消耗、变成热量而散失。每一个环节上都可能产生废物，它们排入环境，将使城市遭到污染。一个城市只有在能流和物流取得平衡的情况下，才能保证全部系统的稳定性。

城市最基本的特点是经济集聚（生产集聚），生产性物质远远大于生活性物质，城市首先是一个生产集聚区。城市生态系统中的物质循环包括各项资源、产品、货物、人口、资金等在城市各个区域、各个系统、各个部分之间以及城市与外部之间的反复运作过程。其功能是维持城市生存，维持城市生态系统的生产、消费、分解还原过程。但由于城市生态系统是高度人工化的生态系统，物流量巨大而又缺乏生态循环，物质被反复利用、周而复始循环的比例相当小；城市生态系统中消费者和生产者的比例常常失调，消费者生物量总是超过初级生产者生物量，生态金字塔是倒置的，稳定性很差，对外部资源环境有较大的依赖性。在输入大量物质满足城市生产和生活需求的情况下，由于系统内的分解者数量更少，其作用微乎其微，物质循环中产生数量巨大的废物，难以靠城市自身分解、还原。必须依靠输出大量的物质（产品及废物）以及施加人工推动力来解决。若对所产生的废物不加处理任其排放或处理不当进入自然环境，而又超出自然环境物质循环的允许容纳量时，就会对自然环境造成污染、甚至严重污染，包括土壤污染、水污染、大气污染或其他污染等。以自然生态系统的碳循环为例，城市生态系统分别从工业生产、交通运输及建筑建设与运行三个主要渠道向大气排放 CO_2，这正是破坏自然生态系统的碳循环平衡，引发"全球气候变暖"环境问题的重要因素。全球采取"低碳"（参见低碳排放）行动刻不容缓。

2. 信息流

城市生态系统是自然生态、经济生态和社会生态三个亚系统的综合体。其中，自然生态亚系统的信息传递遵循着自然生态系统的规律进行，但需要以生物与环境的协同共生和环境对城市活动的支持、容纳、缓冲及净化为前提；城市经济生态亚系统的信息传递，由于这个亚系统是由工业、农业、建筑、交通、贸易、金融、信息、科教等诸多系统组成，需要信息传递为各种资源、为物资从分散向集中再向分散的高密度、高强度的运转服务；而社会生态亚系统的信息传递则需为满足向经济生态亚系统提供劳力和智力资源，以及为满足城市高密度居民的就业、居住、交通、供应、文娱、医疗、教育、生活环境及高强度生活消费等需求服务。从而促使城市生态系统健康发展。

城市拥有现代化信息技术以及相关的技术人才，包括激光排版的印刷技术、发射与接收卫星的无线电通信技术、电话、微电脑、电子计算机和激光全息技术等。环绕上述三个服务对象，城市生态系统的信息传递需利用城市完善的新闻传播网络系统，如报社、广播电台、电视台、出版社、杂志社、通讯社等，通过消息、情报、指令、数据、图像、信号等方式，配合城市各条战线，赢得时间与效率，创造价值与财富。

城市土地资源（land resources of city）

1. 问题

（1）城市发展占用农地，加速了耕地面积的减少

土地是人类社会生产中重要的生产资料和劳动对象，是人类赖以生存的基质。但土地又是构成整个城市生物的基础。城市土地资源的形成、存在与利用同城市的社会生产力、经济发展水平、文明程度紧密相关。城市人口增长需要相应的土地供应，从而占用部分耕地，已是不可避免的现实。1978 年到 1985 年 7 年间我国城市建成区面积大约扩大了 2080km²，平均每年约扩大 300km²。之后，我国城市占用农地速度不断加快，从 1985 年到 1994 年 9 年中，城市建成区总面积增加了 88.4%，平均每年占用农地面积为 900km²。城市建设用地大量占用近郊耕地在一定程度上加速了我国耕地面积的减少，加剧了农村人多地少的矛盾。土地资源利用问题也日益突出。

即便如此，城镇的房建速度还赶不上人口增长速度，人口增长超过住房供给的最终结果是部分人的无家可归。据联合国估计，世界人口至少有 1 亿——大约相当于墨西哥的人口无家可归。

研究表明，现代城市满足人类生存、发展和享受等基本的人均土地面积范围为 140~200m²。随着人口的增加，城市要发展，不可能限制城市用地规模的扩大。如何解决城市用地发展与近郊耕地保护之间的矛盾，对我国城市经济乃至整个国民经济的发展都有十分重要的影响。城市用地的发展，应与利用城市近郊的非耕地土地资源，以及开发城市近郊宜耕土地资源，扩大耕地面积，密切关联。

（2）土地退化，粮食产量赶不上人口增长

人类生存与繁衍的绝大部分食物来自于农田与草原生态系统，而庞大的人口对食物的压力，最终会转移到土地与草原上，迫使人们高强度地使用耕地，从而造成一系列的资源与环境安全问题。土壤与草原地一旦退化，则难以恢复。例如，为了弥补日益不足的耕地，人们以高昂的代价去开垦贫瘠的土壤和山坡地等，这些土壤极易出现盐化、沙化和侵蚀；另一方面，由于土地沙化、盐碱化、污染、水土流失及工业城市发展占地等原因，使我国的耕地面积正在迅速减少，导致人口对土地的压力形势更加严峻。

由于许多发展中国家土地退化，粮食产量赶不上人口增长，使得世界粮食供应日趋紧张。在非洲，人口增长快于粮食增长。据世界银行 1986 年报道，20 世纪 80 年代，非洲仅有 1/4 的国家其粮食消费量有所增加，1971 ~ 1980 年多数国家人口年增长率约 2.92%，粮食年增长率只有 0.2%；有的地区甚至是负增长，如中非粮食增长率为 –0.91%。

2. 城市节地

（1）节约建筑用地

统计表明，全世界范围内，建筑约消耗全球耕地的48%，它在城市节地方面占有举足轻重的地位；而在住宅建筑、公共建筑、工业建筑当中，住宅建筑约占总体建筑的2/3，成为节地工作的重中之重。因此，1）从城市节地出发，建筑作为城市生物的基础细胞，须特别关注住宅的基本套型，要求它"小而精"，在满足合理功能的基础上，提高面积利用的经济性；2）在区域规划上，要求重点关注的是，在同样的建筑用地上，多产出使用面积。因此，或者是强调合理地提高建筑容积率，或者是强调合理地提高建筑密度，如：开发高容积率低密度的高层建筑群体；开发高密度低层建筑群体等，以期容纳更多的居民。

（2）节约道路用地

道路是城市用地的大户，根据《城市道路交通规划设计规范》（GB 50220—1995）规定，要求一般城市的道路用地面积占城市建设用地面积的8%~15%，对规划人口在200万以上的大城市，则宜为15%~20%。按规划城市人口计算，人均占有道路用地面积宜为7~15m²。可知，道路占地极为可观。合理地缩短交通路线，显然成为节省城市道路用地的一大关键。

（3）建设功能混合区域

建设功能混合区域是总体规划中合理安排交通的重要措施之一。1933年，国际建协的"雅典宪章"提出的城市功能分区的内容——居住、工作、游息和交通，城市的布局根据这种基本分类进行不同的土地使用安排，对当时以制造业为中心的工业城市产生了积极影响，使城市的布局秩序化；但时至今日，随着经济的全球化、信息化，产业结构有了很大调整，城市功能发生了巨大变化，环境治理使都市工业的产业区，特别是高新产业区与居住区具有了兼容性；信息产业已成为主导产业，使不同部门、不同性质的商务活动办公空间趋同，从而为多功能建筑的混合应用以及混合功能地区开发创造了有利条件。城市中的混合功能区缩短了人们出行的交通距离，节省了交通用地，减少了人们在工作地和居住地之间穿梭往返花费的大量时间。

功能混合区域的建设概念，近年拓展到建筑综合体或城市综合体与公共交通站点的整体综合立体开发，为节约土地、全面改善交通、提高城市运转效率以及城市的发展，开辟了新途径。

城市水资源（water resources of city）

1. 问题

水资源分布的地区性和时间性差异，加上人口的流动性和爆发性增长，供水不足与水资源的浪费，使人类与水的矛盾十分突出，水资源短缺的问题正在日益严重地威胁着人类。全世界 60% 的地区面临供水不足，40 多个国家都在闹"水荒"，甚至为了水资源而爆发国际争端与战争。缺水与水资源紧张的现象已从中东沙漠国家、北非大陆扩展到欧洲及拉丁美洲。世界粮食组织对 2000 年全球用水量预测结果表明，随着人口增加，世界人均占有水量相对减少 24%，同时，许多地区缺水问题将更加突出，而污水排放量也相应增加，反过来加剧可用水的污染和供水不足。

我国是一个水资源人均占有量较少，分布不均的国家，按年降水量计，全国年降水量约相当于全球降水量的 5%；全国水资源总量居世界第 6 位。但由于我国人口众多，按人口和耕地平均计算的年径流量都不高。我国人均水资源量只相当于世界人均水资源占有量的 1/4。随着人口不断增加和社会经济的进一步发展，对水资源产生巨大压力。而且城市化的快速发展，城市人口的增加，耗水量也随之剧增，水资源短缺问题日益严重。目前，突出表现在以下两个方面：一是我国的西北干旱地区和一些高原地区，缺水情况将日趋严重；二是排入江、河、湖、海的污染物将进一步增加，并使污染呈恶化趋势，这会进一步增加水短缺的效应及降低水资源的安全使用。

城市水资源是指一切可以被城市利用的、具有足够数量和质量的、并能供给城市居民生活和工农业生产用水的水源，包括当地的天然淡水资源、外来引水资源和可再生的、使用过的水和经处理的污水。这种城市水资源是城市赖以生存和发展的重要物质基础，是城市社会生产和人民生活正常、稳定运行的前提条件，是发挥城市多功能作用，促使城市聚集经济效益得以实现的客观保障，是衡量城市吸引力和辐射力，评价城市投资环境的基本要素之一。据有关专家分析和预测，水资源短缺将是 21 世纪困扰世界城市发展的最大难题。目前，世界上有 43 个国家和地区缺水，城市水资源短缺已成为一个全球性的问题。在我国，随着城市人口的增长、经济的发展和人民生活水平的提高，城市用水需求量不断增长，水的供需矛盾越来越突出，城市缺水问题尤为突出。水资源短缺已经成为制约我国经济建设和城市发展的重要因素。据统计，城市日供水能力仅够保证高峰时供水量的 65%~70%，主要城市也仅够保证 80%。城市因缺水及用水需求增长过快，导致地下水严重超采，造成许多城市地下水位持续下降，出现了大面积的地面下沉甚至塌陷开裂现象。与其相伴随的经济、社会及环境问题亦接踵而来，直接影响到城市的安全和社会生活的安定。

2. 城市节水

改革开放以来，我国工业与人口加速向沿海沿江沿交通干线的大中城市集中，一段时间内，工业用水高达城市生活用水的三倍，工业与城市用水总量急剧增加。直到20世纪晚期，地下水的过量抽取导致了地面沉降和沿海城市地下海水倒灌。城市缺水，人均占有淡水资源仅排在世界第121位。从2010年的资料看，全国669座城市中有400多座供水不足，110多座严重缺水。因此，水资源的节约与开发已是当务之急，迫在眉睫。实现节水防污型社会是推进绿色建筑和城乡生态建设的一个重要前提。

（1）在节水方面，区别对待用水水质，各种用途的水质要求并非所有的场合都需优质水，只要能满足一定的标准即可。人们在城市生活、商业、工业以及其他用水的比例中，生活只占40%，工业、商业及公共场所并不需要大量的饮用水，而室内住宅所需用水包括盥洗、洗涤、洗衣服、洗碗筷等在内，饮食仅占5%。因此，需有限制地使用优质水并研制或推广节水器具与设备。在建筑设计与城市规划设计中，尽量避免或少上耗水量大的工程项目。

（2）加速开发利用非传统水资源，尽快启动并逐步推广中水回用和再生水技术。需研究低成本、高安全性、区域级、规模化的中水回用技术系统，确保健康安全、无污染；关于绿化用水、洗车用水、景观用水、道路冲洗、消防用水等非饮用水应尽量采用再生水；研究与推广雨水回渗、收集与利用系统；绿化灌溉采用喷灌、微灌、渗灌、低压管灌等高效节水灌溉方式。

（3）积极补充和涵养地下水，我国过去的城市规划与建设，不注重节水防污，兴建的大量房屋和道路，扩大了不透水的地面，改变了降水、蒸散、渗透和地表径流；水渠和下水管道的修建，又缩短了汇流时间，增大了径流曲线的峰值；不但使大量地面不透水化，也使城市丧失许多积水的湿地坤塘，使得地下水源未能得到及时足够的补充和涵养，平时严重缺水，一旦下大雨，又排水不畅，动辄发生洪涝灾害。应当注意恢复与改善建筑基地的保水性能，让地面尽可能地保持透水功能。对于道路、地面停车场、广场等人工构筑地面，应尽量采用透水铺地设计，还可采用景观贮留渗透水池、渗井、绿地等增加渗透量，使建筑与社区保有贮留雨水的能力，以吸收部分洪水量，并补充地下水量。

城市能耗与节能（energy consumption and energy saving in city）

1. 城市工业

工业生产能耗居城市运行能耗的首位，是城市节能的重要环节。须积极推行废弃物多层次综合再生利用的工业发展模式，合理、充分、节约利用资源；须推行清洁生产，在清洁的能源利用中，除清洁利用常规能源外，还要尽可能地利用可再生能源、新能源的开发以及各种节能技术的开发；尤为重要的是须改善能源结构，因地制宜地开发水电、地热、风能、海洋能、核电以及充分利用太阳能。

2. 城市建筑

建筑是城市的细胞，而建筑业又是一个典型立足于大量消耗能源（含资源）的产业。有资料表明，全球整体建筑业约用掉世界资源和能源的 40%~50%。即人类耗能总量约一半是来自于建筑的建造和使用过程，它们包括建筑物所占用的土地及空间，建筑材料的生产、加工、运输，建筑物的建造，维持建筑功能必需的资源与能源，建筑废弃物的处理以及建筑物的拆除。

通常所说的广义建筑能耗，即指：建筑运行能耗、建筑材料能耗与建筑间接能耗（主要包括各种建筑设备、建筑机械的制造能耗、建材运输能耗，以及建筑消耗能源的生产、加工、运输或输送）这三大部分。对于绝大多数使用中的城市建筑来说，其最现实的节能问题就是建筑运行能耗。

美国目前每年消耗的能源约为全球总能源消耗的 1/4，其中约 1/3 用于建筑运行，亦即约消耗全球总能耗的 1/12。而中国目前消耗的能源约为全球总能耗的 1/8，其中建筑运行能耗约占总能耗的 20%，因此中国建筑能耗为全球的 1/40，所占比例最大。建筑运行能耗主要包括建筑中的采暖、空调、通风、照明、供水、热水、炊具、家电、电梯等。在降低城市建筑能耗方面，除强调建筑的被动节能技术，如：关注建筑的方位、表皮以及围护结构热工性能等外，主要涉及运行阶段的减少常规能源利用和加强可再生能源（如：太阳能、风能、地源热能等）利用的问题与科技措施。

3. 城市交通

有关资料表明，全球近 1/4 的原生能源消耗在交通上，其负面作用令人震惊。

我国"十一五"期间，全国交通能耗累计为 13.5 亿吨标准煤，与 2005 年相比，2010 年交通能耗增长了 75%。可以预见，交通能耗正在朝高能耗方向发展。在城市建设中，人们为了节能正在从不同方面探讨减少城市交通量的措施，如：开发城市混合功能区，建设公共建筑综合体或城市建筑综合体；在交通方式选择上，重点完善公共交通体系，强化公交体系与自行车、步行体系的链接，以减少小汽车的使用等，从而降低交通能耗。

4. 城市消费

从节能的角度实行绿色消费，消费无污染的产品，不消费破坏环境的产品，节约能源、保护环境、减少垃圾，生活中尽量使用节能设施，节约用电，出行时尽量利用公共交通工具、自行车或者步行。

城市大气污染及治理（urban atmosphere pollution and control）

1. 城市大气污染

从自然科学角度来看，空气和大气是同义词，两者没有实质性差别。但在环境科学中，当研究大气污染规律及对空气质量进行评价时，为了便于说明问题，有时两个名词是分别使用的。一般，对于室内或特指某个地方（如车间、会议室和厂区等）供人和动植物生存的气体，习惯上称作空气。在大气物理学、大气气象学、自然地理学以及环境科学研究中，常常是以大区域或全球性的气流为研究对象，则常用大气一词。

大气是多种气体的混合物，其组成包括个三部分：（1）干洁空气：即干燥清洁的空气。主要的常定成分为氮、氧、氢、氖、氩、氟和氙等，其中，氮、氧和氩约占空气总容积的99.96%。此外还有少量其他可变成分，如二氧化碳、甲烷、氮化物、硫氧化物、臭氧等，它们在大气中的含量随时间和地点的变化而变。（2）水汽：大气中的水汽含量随着时间、地域、气象条件的不同而变化很大，在干旱地区可低到0.02%，而在温湿地带可高达6%。（3）悬浮微粒：悬浮微粒是大气中的杂质成分，主要来源于自然过程，如岩石的风化、火山爆发、海啸等，其含量、种类和化学成分随时间和地点而变化。大气的自然组成，称为大气的本底。若大气中某个组成的含量超过标准含量（水分含量变化除外），或出现自然大气中不存在的物质时，即可认为它们是大气污染物。

大气污染是指由于人类活动，如工业生产、城市人口增加、人们的生活及运输等，以及由于自然过程，如森林火灾、火山爆发、海啸、地震等，引起多种有害气体和悬浮微粒进入大气，累积呈现出足够的浓度，并驻留一定的时间，超过了环境所能允许的极限，使大气质量恶化，从而对生态环境、对人类的健康及生存造成直接或间接危害的现象。

大气污染物同能源结构、工业结构有密切关系，如：燃煤的主要污染物是烟尘和二氧化硫；燃油的主要污染物是二氧化硫和氮氧化物；汽车排气的主要污染物是一氧化碳、氮氧化物和碳氢化合物等。从人类活动看，有三类大气污染源：（1）工业企业污染源：工业企业是大气污染的重要来源，常说的"工业三废"中的废气主要包括燃料燃烧排放的污染物、生产中的排气和排放的各类矿物和金属粉尘。（2）交通运输污染源：现代化交通运输工具如汽车、飞机、火车、船舶等，也是造成大气污染的主要来源。各类交通工具所排放尾气中含有的一氧化碳、氮氧化物、碳氢化合物、铅等污染物，在上述几种交通工具中，汽车排气占主导地位。目前，世界上约有 2 亿多辆汽车，每年排出的一氧化碳约 2 亿吨，铅 40 万吨。（3）家庭炉灶与取暖设备排放源：家庭日常生活的炉灶及炊事油烟以及局部和区域性的取暖设备，由于居住密集、燃煤质量又差、数量多且燃烧不完全、排放高度低，危害性不容忽视。大气污染物分为两种，直接从各种排放源进入大气中的污染物质叫作一次污染物，典型的有颗粒物、二氧化硫、硫化氢、一氧化碳、碳氢化合物、氮氧化物等；进入大气的一次污染物在大气中互相作用，或与大气中正常组分发生化学反应而生成的新污染物质叫作二次污染物，最常见的有光化学烟雾和硫酸烟雾等。

大气污染物还可根据其物理状态和化学组成分为颗粒物、气态污染物：（1）颗粒物指所有包含在大气中的分散的，直径约在 $0.00021\mu m$ 至 $500\mu m$ 之间的液态或固态物质。其中，粒径大于 $75\mu m$ 的颗粒物称为尘粒，易于沉降到地面；粒径小于 $75\mu m$，悬浮于大气中的颗粒物称为粉尘，多来自固体物料的输送、粉碎、分级、研磨、装卸等机械过程；粒径大于 $10\mu m$ 能在短时间内沉降到地面的颗粒物，称为降尘；粒径小于 $10\mu m$ 能长期在大气中漂浮的，则称为飘尘。粒径在 $2.5\mu m$ 以下的细颗粒物，不易被阻挡。颗粒物的直径越小，进入人体呼吸道的部位越深。$10\mu m$ 直径的颗粒物通常沉积在上呼吸道，$5\mu m$ 直径的可进入呼吸道的深部，$2\mu m$ 以下的可 100% 深入到细支气管和肺泡；干扰肺部的气体交换，主要对呼吸系统和心学管系统造成伤害。漂浮于大气中小于 $1\mu m$ 的颗粒物称为烟尘，是在燃料的燃烧、高温熔融和化学反应等过程中所形成的颗粒物。悬浮于大气中的小液体粒子总称雾尘，如水雾、酸雾、碱雾、油雾等都属于雾尘。此外，煤在燃烧过程中未被完全燃烧的粉尘称为煤尘。（2）气态污染物：已知的大气污染物物质有 100 多种，其中既有一次污染物，也有二次污染物。它们分别是：含硫化合物、碳的氧化物、含氮氧化物、碳氢化合物、氟氯烃化合物、卤化物等。

近年来，随着现代化生产高度发展，大规模地使用煤和石油等矿物燃料及其他化学燃料，给环境大气造成了很大程度的污染，使大气质量急剧恶化。影响全世界的"酸雨"、"温室效应"、"臭氧层破坏"等现象均是由于大气污染造成的。20 世纪初发生过的严重"公害事件"，有四起就是由于大气污染引起的。

资料表明，全世界 10 亿多城市人口健康受到空气污染的威胁。我国每年因细颗粒物（参见空气环境中的 $PM_{2.5}$）污染引发病变致死 5 万多人，全国 600 多个城市中一半以上缺水，都市人的身体正日益变得脆弱，很多人开始感觉到城市生活的不适。北京市环保局的调查证明，城市中人为活动造成的污染物排放是北京市区空气严重污染的基本原因。城市机动车数量迅速增长，使一些大、中城市出现严重的机动车尾气污染。北京、广州、上海、兰州等城市则出现了不同程度的光化学烟雾污染。

根据日本的调查，由于大气污染造成的经济损失，札幌市 1965 年为 16 亿日元左右，大阪市 1966 年约 120 亿日元。每个家庭损失不少于 14060 日元；川崎市 1967 年损失约 17 亿日元，每个家庭损失约 6941 日元，普通小商店损失为 8642 日元。我国现有城市中大气中等污染的有 22 个，严重污染的 18 个。以降尘为例，国家规定标准为每月每平方千米 6~8 吨，而据几个主要城市工业区测定，分别达到 100 多吨、500 多吨，有的甚至高达 1000 多吨，超过排放标准 10 倍到 100 多倍。大气污染影响人体健康的恶性事件，最有名的有缪斯河谷事件、多诺拉事件、帕莎利卡事件、伦敦事件、博帕事件，以及由汽车废气产生的洛杉矶光化学污染事件等。

2. 城市大气污染治理

（1）综合治理

排放源、大气、接受者是构成大气污染的三个环节。因此，控制大气污染也得从以下三个方面着手：第一，对排放源进行控制，以减少进入大气中的污染物的量；第二，直接对大气进行控制，如采用大动力设备改变空气的流向和转速；第三，对接受者进行防护，如使用防尘，防毒面罩等。但三者之中，第一种才是既可行又最实际，是阻止或减少污染物进入大气的最佳途径。控制大气污染应以合理利用资源为重点，以预防为主、防治结合、标本兼治为原则。需要全面规划、合理布局，加强环境管理，加强局部污染治理，保障必要的环境保护投资，绿化造林。

（2）局部污染治理

1）改善能源结构，推行清洁生产，用清洁的能源和原材料，减少排放废物对人类和环境的危害。我国以煤为主的能源结构，能耗大、浪费多、污染严重，所以，大力节能的同时必须积极开发清洁能源，因地制宜地开发水电、地热、风能、海洋能、核电及充分利用太阳能等。2）对燃料进行预处理，如燃料脱硫、煤的气化和液化。3）进行技术生产工艺改革，综合利用废气，力争把某一生产过程中产生的废气作为另一生产中的原料加以利用，变废为宝，减少污染的排放，选择有利于扩散的排放方式。4）采用集中供热和联片供暖，比分散供热可节约 30.5% ~ 35% 的燃煤，且便于采取除尘和脱硫措施。5）减少机动车辆的废气污染。

（3）烟尘治理

由于燃料及其他物质燃烧或以电能为热源加热等过程产生的烟尘，以及对固体物料破碎、筛分和输送等机械过程所产生的粉尘，都是以固态或液态的粒子存在于气体中，从废气中除去或收集这些固态或液态粒子的设备，称为除尘（集尘）装置，有时也叫除尘（集尘）器。典型装置如：1）重力除尘装置：使含尘气体中的尘粒借助重力作用沉降，并将其分离捕集的装置；2）惯性力除尘装置：利用粉尘与气体在运动中的惯性力的不同，使其从气流中分离出来的装置；3）离心力除尘装置：使尘粒在随气流旋转中获得离心力，使其从气流中分离出来的装置；4）贮水式除尘装置：使微小的尘粒随气体吹入贮水装置内，碰撞并黏附于液滴、液膜或气泡上，而达到除尘目的的装置；5）过滤除尘装置：使含尘气体通过滤料，将尘粒分离捕集，使气体深入净化的装置；6）电除尘装置：利用高压直流电源产生的静电力作用实现固体液体粒子与气流分离的装置。

（4）气体污染物治理

1）二氧化硫治理：从排烟中去除 SO_2，简称"排烟脱硫"。目前常用的方法：一是抛弃法，方法简单，费用低廉；二是回收法，成本高，但对环境保护有利。

2）氮氧化物治理：去除废气中的氮氧化物的方法，主要有吸收法、非选择性催化还原法和选择性催化还原法等。

3）氟化物的治理：随着炼铝工业、磷肥工业、硅酸盐工业及氟化学工业的发展，氟化物的污染越来越严重，氟化物易溶于水和碱性水溶液中，去除气体中的氟化物一般多采用湿法。但是湿法工艺较为复杂，又出现了用干法从烟气中回收氟化物的新工艺。

4）车辆排气治理：机动车辆排放出的空气污染物比例相当高（30% ～ 60%），往往严重影响空气质量，恶化大气环境质量，如：酸雨、光化学烟雾、硫酸烟雾等均与汽车尾气中含有的大量污染物有关。减少车辆排放的主要措施是技术控制和行政管理。其中技术上的措施是提高油料的燃烧效率、采用新的发动机和安装防污设备等。

城市低碳排放（low carbon urban emission）

碳对生物和生态系统的重要性仅次于水。生态系统中碳循环的基本运动是从大气中的 CO_2 开始。通过绿色植物光合作用把碳从大气中取出，进入碳水化合物的分子中，随食物链移动，经各级消费者呼吸和分解者的最终分解返回大气。但近几十年，由于矿物燃料用量的增加以及能大量吸收 CO_2 的森林遭到破坏，使大气中的 CO_2 浓度激增，破坏了自然生态系统碳循环的平衡，引发"全球气候变暖"，形成了严重的全球"温室效应"环境问题。城市生态系统向大气排放 CO_2 及 CO 的渠道主要有三：

1. 工业生产——工业生产中，工矿企业的燃料燃烧，各种工业窑炉以及各种民用炉灶、取暖锅炉的燃料燃烧等，均向大气排放出大量污染物，包括 CO_2、CO、SO_2、氮氧化物和有机化合物等。

2. 交通运输——各种机动车辆、飞机、轮船等交通运输工具主要以燃油为主，因此排放到大气中的主要污染物是碳氢化合物、CO、CO_2、氮氧化物、含铅污染物、苯并芘等。

3. 建筑——研究资料显示，建筑对全球的污染所占比例极大，约为：占空气污染的 24%；占温室效应的 50%；占水源污染的 40%；占固体污染的 20%。其中，建筑在二氧化碳排放总量中，几乎占到了 50%，这一比例远远高于运输和工业领域。自从 2009 年哥本哈根会议召开以来，低碳已成为建筑界的主流趋势。由于当代建筑行业对矿物燃料的依赖性，使之成为了全球范围内碳排放量最大的行业。而大量的 CO_2 等温室气体随着矿物燃料的燃烧被释放到大气中，成为一系列环境问题中的关键因素。我国是能源消耗大国，能源利用率低，能源结构落后，建筑能耗产生的温室气体约占排放总量的 25%。北方城市煤烟型污染指数是世界卫生组织推荐值上限的 2~5 倍，二氧化碳排放总量列世界第二，仅次于美国。而中国的经济总量仅为美国的 1/8 左右。

CO_2 本是无色、无毒气体，一般不列为环境污染物。但由于大气中 CO_2 浓度不断上升，会引起地球气候的变暖（温室效应），因而受到人们的高度关注。

研究预测，气温的少许改变就可能会带来全球性的灾难。如全球平均气温降低 2℃以上，就会形成一个新的冰川时期；上升 2℃以上，将融尽地球上现有的冰川，使海平面上升，大片土地被淹没。所以，保持大气圈的能量平衡是一个涉及全球安危的环境问题。

20 世纪 50 年代以来，由于工业的高度发展，资源开发规模不断扩大，世界各国燃烧矿物燃料的数量急剧增加，进入大气中的二氧化碳随之激增，引起了全球性的气候异常。一方面是人类利用环境和资源创造了高度的物质文明，另一方面同样因为环境和资源的危机威胁着人类的进步和发展。环境问题不仅是局部污染的问题，而且是涉及全球污染的扩散，导致物种的减少、生态的破坏，人类生活环境的恶化等。这样的背景下，"低碳"（低碳排放）的呼声全球日益高涨，从工农业生产到城乡建设，从交通运输到人们的生活、居住与消费，如何才能不消耗常规能源，转为依靠太阳能或其他可再生能源，少消耗资源以及如何从生产、建设与活动的全寿命周期中去有效降低碳的排放量、减轻环境污染，走"低碳"之路，都是迫切需要全球众多国家行动起来、共同努力解决的问题。

热岛效应（urban heat island effect）

城市热岛效应是指城市气温高于郊区的现象，是城市气候的一个显著特点。只要人口超过两三千人，且有一定的建筑物密度，就有可能产生热岛效应。早在 18 世纪初，学者（Howard）就发现伦敦市内外气温存在差异。此后，在各国学者研究过的不同规模城市中，无论其处在何种地理纬度和地质条件，都发现市内的气温高于郊区。热岛效应对城市规划布局、经济发展及人群健康等方面的影响日益显著。

热岛效应通常用城区与郊区间的气温差平均值来表示。在某个时段内，平均气温差的最大值称之为热岛强度。热岛强度随城市的人口、面积、性质不同而异。一年中不同季节和一天中不同时间，热岛效应也不尽相同，一般说来，在晴朗无风、夜间或冬季静风无云时，热岛强度最大。它可以使市区温度比郊区高 5~8℃，城市热岛效应对最低温度的影响比较明显，尤其是在晴朗之夜、微风、近地层逆温较强时。一天当中，则以日落至半夜最为明显。一般大城市年平均气温比郊区高 0.5~1℃，冬季平均最低气温约高 1~2℃，城市中心区气温通常比郊区高出 2~3℃，最大可相差 5℃以上。如果风速加大，城郊之间温度差就会减小甚至消失，导致热岛效应消失的风速称为临界风速。不同城市的规模和功能不同，临界风速也不一样，一般说来，当风速超过 5~6m/s 就可能导致热岛效应消失。

城市热岛效应形成的主要原因：

1. 城市下垫面（urban underlying surface）

现代城市的城区下垫面与郊区的土壤、植被截然不同。城区建筑密集、高楼林立，这些建筑物高低错落，不但增加下垫面粗糙度，而且还大大增加了吸热面积，使地表热量不容易散失，太阳光线被更多吸收。

2. "人为热"（heat due to human activities）的产生

城区人口密集，工业生产、家庭生活及交通运输等人类活动消耗大量化石燃料，所排放的大量热量直接增暖城市大气。

3. 大气污染

城市大气污染会造成城区上空经常存在很浓的烟雾、飘尘等污染物，这些污染物往往会形成雾障。地表辐射热及人为热源放出的大量热量，被雾障阻挡在近地面层，从而造成地区上空气温上升，形成城市热岛。

国内、外大量的观测事实证明，天气稳定、气压梯度小的大气形势有利于城市热岛效应的形成。

热岛效应将使得许多大城市的"暖气"增加，这似乎是令人欣慰的。但到了夏天，使空调度日数增加，而夏天 1 度日冷气开放的能耗要比冬季 1 度日取暖的能耗高，这对于缓解能源紧缺的压力来说是不利的。从长远的可持续发展战略来看，对城市建设的能源消耗也不利。

夏天，当热浪袭来，热岛效应使人们因酷热难忍而大开空调。空调制冷向室外排出的热量，更增强了热岛效应的负作用。密闭的建筑物内通风不畅又将引起损害人体健康的多种疾病。据美国15个城市统计，每年因高温使身体衰竭致死的人数随城市热岛效应增强而上升到数千人。

热岛效应还会导致产生热岛环流。在市中心气流复合上升并在上空向四周辐射，而在近地面层，空气则由郊区向市区复合，形成乡村风，补偿低压区上升运动的质量损失。这种环流可将城市上空扩散出去的大气污染物又从近地面带回市区，造成重复污染。当天气系统主导的本底风速极小时，热岛环流表现得更为明显。

城市水体污染及治理（urban water pollution and recovery）

1. 城市水体污染

水体是对地球的地面水与地下水的总称。地面水指河水、湖水、海洋水等。在环境科学中，水体是指地球上的水包括水中的悬浮物、溶解物质、底泥和水生生物等完整的生态系统，水只是水体中液体状的部分。在环境污染研究中，区分"水"与"水体"的概念十分重要。例如，重金属污染物易于从水中转移到底泥中，水中重金属的含量一般并不高，若着眼于水，似乎未受污染，但从水体看，则可能已受到了较严重的污染，一旦降雨，河流水位上涨，底泥随水的紊动而被冲起，水中的重金属含量骤增，水质污染显现。

城市主要的水体污染物可分为十一类：（1）需氧有机物质：指碳水化合物、蛋白质、油脂、氨基酸、脂肪酸、脂类等有机物质。这类物质在被水体中微生物分解过程中，要消耗水中的溶解氧，故被称为需氧有机物质。（2）植物营养物：主要是指氮、磷、钾、硫及其化合物。由于水体接纳了含有大量能刺激植物生物生长的氮、磷的生活废水以及某些工业废水和农田排水而使藻类大量繁殖，成为水体中的优势种群，从而使水体中溶解氧的浓度，上层处于过饱和状态，中层处于缺氧状态，底层则处于厌氧状态，这对鱼类生长极为不利。（3）重金属：环境工程中研究的重金属主要指汞、铬、铅以及非金属砷等对生物毒性显著的重元素，通常将这几种重元素称为"五毒物质"。（4）农药：农药对人体健康影响很大。它主要是通过食物进入人体，在脂肪和肝脏中积累，从而影响正常的生理活动。危害人体的神经系统、影响肝脏、诱发突变及慢性中毒、有致癌作用。另外，农药对害虫的天敌和其他益虫、益鸟也有杀伤作用。（5）石油类：水体油污染主要是炼油和石油化学工业排放的含油废水、运油车船和意外事件的溢油及清洗废水，石油污染给环境带来严重的后果，这不仅是因为石油的各种成分都有一定的毒性，还因为它具有破坏生物的正常生活环境、造成生物机能障碍的物理作用。（6）酚类：水中酚类主要来源是炼焦、钢铁、有机合成、化工、煤气、染料、制药、造纸、印染以及防腐剂制造等工业排出的废水。目前酚类是水体第一位超标污染物，所以人们对酚类污染物很重视。酚类属于高毒类，为细胞原浆毒物。长期饮用被酚污染的水源，可引起头昏、出疹、搔痒、贫血及各种神经系统症状，甚至中毒。（7）氰化物：氰化物在工业中应用广泛，但由于它剧毒，因而其污染问题引起人们充分的重视。（8）热污染：热污染是指人类活动产生的一种过剩能量排入水体，使水体升温而影响水体生态系统结构的变化，造成水质恶化的一种污染。（9）酸碱及一般无机盐类：酸碱污染不仅能改变水体的 pH 值，而且可大大增加水中的一般无机盐类和水的硬度。（10）放射性物质：经水和食物进入人体后，能在一定部位积累，增加对人体的放射型辐照，可引起遗传变异或癌症。（11）病原微生物和致癌物：水体中病原微生物主要来自生活污水和医院废水，制革、屠宰、洗毛等工业废水，以及牧畜污水。水中致癌物质来源很广，危害水生生物。

　　水体污染是指外来物质进入水体的数量达到了破坏水体原有用途的程度。在城市生态系统中，人类活动所排放的各类污水将各种污染介质带入水体，从而造成水体的污染。而这些污水、废水多由人工建造的管道收集后集中排放，因此常造成点状污染，称之为点源污染。而在城郊周围的农田，进行农业生产、农村灌溉形成的径流，无组织排放废水及其乡镇企业污水分散排放，形成了面源污染。水污染的来源很多，城市工业废液和居民生活废水是最重要的水污染源。工业用水较多的造纸、纺织、化学等影响最大；而生活用水因城市生活的改善使家庭耗水量大大增加，每天每人约达 300 升，大部分为浴室、洗涤、冲洗厕所、冲洗汽车用水等。资料表明，我国污水、废水排放量每天约为 $1 \times 10^8 m^3$，其中城市生活废水约占 40%，工业废水占 60%。据 44 个城市的地下水质调查，其中有 41 个城市受到污染。2000 年，全国多数城市地下水受到一定程度的点源污染或面源污染，局部地区地下水部分水质指标超标，主要有矿化度、总硬度、硝酸盐、亚硝酸盐、氨氮、铁、锰、氯化物、硫酸盐、氟化物、pH 值等。在污染程度上，北方城市重于南方城市，尤以华北地区污染较突出。

　　城市生活污水、工业废水、城郊农村的废水及地面径流中氮、磷营养物质和有毒的农药，构成了水体危机与安全危机。水体污染直接影响饮用水源的水质，当饮用水源受到有机物污染时，原有的水处理厂不能保证饮用水的安全，将导致如腹水、腹泻、肠道线虫、肝炎、胃癌、肝癌等很多疾病的产生。用污水进行农田灌溉，使含有毒有害物质的污水污染了农田土壤，造成作物枯萎、死亡、减产，或者虽然没有造成减产，但使生产出的粮食、蔬菜会含有毒有害的农药、有机物，最终危及人类的安全。水污染对人体健康危害的典型例子，是 1956 年在日本熊本县发生的一种神经错乱的怪病，称为"水俣病"。水体的污染造成的水质恶化，会使水体营养化，造成水中溶解氧缺乏，影响鱼类和其他水生生物的生存。对整个区域有生态环境的影响更是十分严峻。污染水不仅对人体健康有害，而且腐蚀管道，破坏城市内部娱乐用水域。还有些有机污染物，这种未经处理、含有大量细菌和需氧污染物的生活污水，成为流经世界上一些大城市河流变黑发臭的主要原因之一。

2. 城市水体污染治理

（1）综合防治

综合防治是综合运用各种方法防治水体污染的措施。它是人工处理与自然净化、无害化处理与综合利用、工业循环用水与区域循环用水、无废水生产工艺等措施的综合运用。

1）实行城市工业废水排放的总量控制：城市工业废水排放的控制，应依据水环境或区域环境目标的要求，预先推算出达到该环境目标所允许的污染物最大排放量，然后通过优化计算将允许排放的污染物指标分配到各个区域，并根据区域中各个工厂不同的地理位置、技术水平和承受能力协调分别治理污染物的责任。

2）完善城市下水道管网，兴建污水处理厂：工业发达国家把普及和完善城市地下水道、大量兴建污水处理厂和普及二级污水处理作为控制水污染的重要措施。国外下水道普及率大约在50%以上。美国、欧洲高达75%以上；瑞典、法国平均每0.5万人就有一座污水处理厂；德国、英国每0.7万至0.9万人就有一座。我国城市的下水道普及率低，因此在兴建污水处理厂之前必须完善城市下水管网。

3）充分利用江河、湖泊和海洋的自净能力：沿江河、湖泊和海洋的城市利用自然水体的自净能力，是最为经济的防治水污染的良策。保持水生生态系统结构完整和生态系统不被破坏是至关重要的。

4）综合利用城市的污水资源：目前，美、英、德、日等发达国家已开始使用处理后的城市污水，开辟"中水道"，作为城市稳定的二次水源。使用城市处理后的污水，不仅可以减少城市新鲜水的取用量，缓和水资源的供求矛盾，也直接减少了城市污水量，可以有效防治城市污染环境。

污水灌溉也是合理利用城市污水的重要方式之一。一方面利用了城市污水资源，另一方面还扩大了肥源，净化了城市面上的污水。污水灌溉区应分布在缺少上覆保护土层的地下水较丰富的地区的城市。但不合理的污水灌溉会造成地下水污染。

（2）城市水体污染治理技术

污水处理的目的就是以某种方法将废水中的污染物分离出来，或者将其分解转化为无害稳定物质，从而使污水得到净化。一般要达到防止毒害和病菌的传染；避免有异臭和恶感的可见物，以满足不同用途的要求。污水处理方法的选择取决于废水中污染物的性质、组成、状态及对水质的要求。一般废水的处理方法大致可分为物理法、化学法及生物法三大类。物理法是利用物理作用处理、分离和回收废水中的污染物；化学法是利用化学反应或物理化学作用处理回收可溶性废物或胶状物质；生物法是利用微生物的生化作用处理废水中的有机污染物。

城市污水成分的 99.9% 是水，固体物质仅占 0.03% ~ 0.06% 左右。城市污水的生化需氧量（BOD_5）一般在 75 ~ 300 毫克 / 升。根据对污水的不同净化要求，污水处理的步骤可划分为预处理及一级、二级和三级处理。

1）预处理：目的是保护污水处理厂的后续处理设备，包括格栅处理、沉砂池处理和调节池处理等。

2）一级处理：可由筛滤、重力沉淀和浮选等方法串联组成，以除去污水中大部分粒径在 100μm 以上的大颗粒物质。污水经过一级处理后，一般达不到排放标准。

3）二级处理：主要目的是去除以及处理出水中的生化需氧量（BOD_5）并进一步去除悬浮固体物质。该法是利用微生物处理污水的一种经济有效的污水处理方法。它通过污水处理构筑物中微生物的作用，把污水中可生化的有机物分解为无机物，以达到净化目的。经过处理后的水，一般可以达到农灌标准和污水排放标准。

4）三级处理：目的是在二级处理的基础上作进一步的深度处理以去除污水中的植物营养物质（N、P）从而控制或防治受纳水体富营养化问题，或使处理出水回用以达到节约水资源的目的。三级处理能够去除 99% 的 BOD_5、磷、悬浮团体和细菌以及 95% 的含氮物质，出水相当干净，无色无味，与高品质的饮用水相近。

城市垃圾污染及治理（urban trash pollution and recovery）

1. 城市垃圾污染

固体废弃物是指在人类生产和生活活动过程中产生的、对生产者而言不具有使用价值而被废弃的固态或半固态物质，它主要包括工业废物、农业废物、工矿废物和城市垃圾等四类。通常将各类生产活动中产生的固体废物称之为"废渣"，将生活活动中产生的固体废物称之为"垃圾"。

城市垃圾包括炉渣、粉煤灰、生活垃圾中的纸类、塑料、食品等，以及建筑固体废弃物，如灰土、砖瓦等。据估计，世界每年大约有 100×10^8 吨垃圾。其中美国约（4~5）× 10^8 吨，日本约 3×10^8 吨。我国约 6000 多万吨，并且以每年 10% 的速度递增。

目前，工业发达国家的工业固体废弃物正以每年 2% ~4% 的速率增长，其主要产生源是冶金、煤炭和火力发电三大部门，其次是化工、石油和原子能等工业部门。我国垃圾无害处理率低，1987 年全国仅有城市垃圾粪便处理厂 23 座，处理能力为每年 27×10^4 吨，处理率仅有 1.69%。另外尚有 15% 的垃圾不能及时清运，清运到郊外又污染了农村。

在人类社会的任何生产和生活活动过程中，使用或生产者对原料、商品或消费品大多仅利用其中某些有效成分，而对于使用或生产者而言不再具有使用价值并成为固体废物的大多数仍含有其他生产行业有用或需要的成分。因此，固体废物是一个相对的概念，是对其产生者而言的，它往往是"放错地点的原料"。对于固体废物中有用的成分加以利用，不仅可提高社会经济效益，减少资源的浪费，而且可减少废物处置、处理的数量，有效地防止对环境的污染和危害。进行有效的管理、减少产生量、充分利用资源成分并合理及时地处置和处理，是控制固体废弃物污染的主要途径。

城市固体废弃物的危害有四，（1）侵占土地资源：固体废弃物的大量积累和不适当地处置，势必侵占大量土地，与工农业生产争地，从而减少可利用的土地资源。如美国在 20 世纪 80 年代就因此而被占用土地 200×10^4 公顷，苏联为 100×10^4 公顷，英国为 60×10^4 公顷。目前，我国固体废弃物的产量已达 6.5×10^8 吨，累计堆积量已达 66.4×10^8 吨，占地 5.5 万多公顷。这对人口众多、人均可耕地面积仅为 0.08~0.1 公顷的我国而言，如不加控制，将对我国的可持续发展构成十分严重的威胁。（2）污染土壤环境：城市堆积如山的废弃物，不仅占用土地，而且还含各种有毒物质和各种腐蚀性酸，长期无法降解的有机材料及重金属，都会对土壤造成污染。土壤是微生物库，是许多细菌和真菌聚居的场所。这些微生物与周围环境构成一个生态系统，是自然界碳、氮循环的重要组成部分。固体废弃物尤其是有害物的随意堆积，由于风化、淋溶和地表径流等因素的作用，废弃物中的有毒有害物质将渗入土壤而影响甚至杀死土壤中的有益微生物，破坏土壤的分解能力，使土地板结、肥力下降，甚至导致土地荒芜，或通过有毒有害物在植物体内的积累，通过食物链而影响人体健康。（3）污染水体：由于降雨、淋溶等作用，随意堆放的固体废弃物中的有毒有害物质将随淋溶或渗滤液进入地表或地下水而产生严重的水体污染事故。固体废弃物向河道、海洋的倾倒，不仅污染水体，危害水生生物的生存和水资源的利用，而且将缩减河水面积。如我国由于向水体投弃废弃物，使 20 世纪 80 年代的江湖面积比 50 年代减少了 130 多万公顷。（4）污染大气、影响环境卫生：固体废弃物露裸堆置，可通过微生物和环境条件的作用，释放出有害气体，尾矿、粉煤灰、干污泥及粉尘等随风飘散，都会影响大气和环境卫生。固体废弃物的焚烧往往是主要的大气污染源之一，如在塑料废物的焚烧中，会释放出有毒的 Cl_2、HCl 气体和大量的粉尘，如不加控制，则将危害大气环境和人体健康。此外，固体废物，尤其是城市垃圾的堆置，也为蚊、蝇和寄生虫的孳生提供了有利的场所，并由此而成为导致传染疾病的潜在威胁。

2. 城市垃圾治理（urban trash control）

（1）综合防治

随着工业发展引起世界性人口迅速集中，城市规模不断扩大，和过去相比现代城市垃圾呈现出明显的不同特点。其一是排出的数量剧增。这是因为生产高度发展，居民生活水平迅速提高，商品消费量增加，垃圾排量也就相应上升。其二是成分发生变化。这是由于家庭燃料、日常食品结构，工业消费品的种类与数量变化，反映在垃圾的成分中炉渣大为减少，而各类纸张、有机成分、包装塑料、玻璃品等大为增加。其三是消纳场地由农村转向城郊。

根据我国国情，我国制定出近期以"无害化"、"减量化"、"资源化"作为控制固体废物污染的技术政策，并确定今后较长一段时间内应以"无害化"为主，由"无害化"向"资源化"过渡，而"无害化"和"减量化"又应以"资源化"为条件。

固体废物"无害化"处理的基本任务是将固体废物通过工程处理，达到不损害人体健康，不污染周围的自然环境。比如：垃圾的焚烧、卫生填埋、堆肥，粪便的厌氧发酵，有害废物的热处理和解毒处理等。

固体废物"减量化"处理的基本任务是通过适宜的手段，减少和减小固体废物的数量和容积。这一任务的实现，需从两个方面着手，一是对固体废物进行处理利用，二是减少固体废物的产生，推行清洁生产。例如，将城市生活垃圾采用焚烧法处理后，体积可减小80%～90%，余烬则便于运输和处置。

固体废物"资源化"的基本任务是采取工艺措施从固体废物中回收有用的物质和能源。固体废物"资源化"是固体废物的主要归宿。相对于自然资源来说，固体废物属于"二次资源"或"再生资源"范畴，虽然它一般不再具有原使用价值，但是通过回收、加工等途径可以获得新的使用价值。例如，具有高位发热量的煤矸石，可以通过燃烧回收热能或转换电能，也可以用来代土节煤生产内燃砖。

（2）固体废弃物处理技术

所谓垃圾处理，就是通过收运、分选、破碎、压缩、焚烧、储存等操作过程对垃圾进行物理、生物和物化、生化的处理，使之稳定、无害、减量，并改变其性状、外观和形态，以便回收利用达到资源化或作最后填埋处置。垃圾的处理和利用，在很大程度上取决于垃圾的成分和性质，同时还与技术条件和经济因素有关。而控制固体废物对环境污染和对人体健康危害的主要途径是实行对固体废物的资源化、无害化和减量化处理。

1）资源化处理技术（reuse and recycle treatment）：固体废弃物的资源化处理是指对固体废弃物的再循环利用，回收能源和资源的过程。对工业固体废弃物的回收，必须根据具体的行业生产特点而定，还应注意技术可行、产品的竞争力及能获得经济效益等因素。我国工业固体废物的综合利用率逐年上升，但仍低于国际先进水平，有待于进一步开发。

2）无害化处理技术（innocuous treatment）：固体废弃物的无害化处置是指经过适当的处理或处置，使固体废物或其中的有害成分无法危害环境，或转化为对环境无害的物质。常用的方法有以下几种：

土地填埋——它是将固体废物铺成具有一定厚度的薄层加以压实并用土壤覆盖的处置方法。按处理对象及技术要求上的差异，土地填埋主要分为卫生填埋与安全填埋两类，前者适用于生活垃圾的处置，后者适用于工业固体废物，特别是有害废物的处置。（参见固体废弃物污染）

焚烧法——它是固体废物无害化处置的又一重要方法，即将固体废物高温分解和深度氧化的综合处理过程。焚烧法的优点在于能迅速地、大幅度地减少可燃废物的体积，彻底消除有害细菌和病毒，破坏毒性有机物，并能回收燃烧产生的热能。它的缺点是容易造成二次污染，投资和运行费用较高。（参见固体废弃物污染）

堆肥法——这是固体废物（垃圾）处置的一种生物学方法，它是依靠自然界广泛分布的细菌、防线菌、真菌等微生物，人为地促进可使生物分解的有机物向腐殖质转化的微生物学过程。其产物称为堆肥。堆肥可用于农业，能够改善土壤的物理、化学和生物性质，使土壤环境保持适用于农作物生长的良好状态，还可以增进化学肥料的肥效。从发展趋势看，土地填埋的场所一般难以保证，焚烧成本又太高，而且二次污染严重，因此，堆肥法得到了人们广泛的重视。

3）减量化处理技术（reduction treatment）：

固体废弃物的减量化技术又称最小量化技术，它是指在工业生产过程中，通过产品改换、工艺改革或循环利用等途径，使固体废物的产生量最小。由于城市垃圾的产生量难以控制，因此减量化主要是针对工业生产中产生的废物而言。

城市交通问题及规划（urban traffic problem and planning）

1. 城市交通问题

城市交通是城市生物的血脉，城市交通的安排是一项牵连甚广、高度复杂、涉及城市总体规划的城市环境问题。在城市化过程中，人口膨胀、汽车数量飙升（我国的乘用车销售量从 2005 年不足 400 万辆飙升至 2010 年的 1300 多万辆，共约增长 2 倍多），除首先引发交通拥堵，严重影响城市的运转效率外，还形成如下几方面的问题：

（1）土地资源——道路占地与停车占地

城市道路系统是城市总体规划的内容之一，主要指城市范围内由不同功能、等级、区位的道路及不同形式的交叉口和停车场设施等以一定的方式组成的有机整体。

根据《城市道路交通规划设计规范》（GB 50220—1995）规定：一般城市的道路用地面积应占城市建设用地面积的 8%~15%，对规划人口在 200 万以上的大城市，宜为 15%~20%。规划城市人口人均占有道路用地面积宜为 7~15m²。其中：道路用地面积宜为 6.0~13.5m²/人，广场面积宜为 0.2~0.5m²/人，公共停车场面积宜为 0.8~1.0m²/人。此外，道路网密度按大城市计算其快速路为 0.4~0.5km/km²、主干路为 0.8~1.2km/km²、次干路为 1.2~1.4km/km² 以及支路为 3~4km/km²。随着城市人口的增加和城市扩张，道路占地与停车占地是一个十分惊人的数字。

（2）汽车能耗

相关数据显示，当今世界近 1/4 的原生能源都消耗在交通上；仅小汽车一项其能耗就达 3.0 兆焦/人·公里。数据表明，私人小汽车消费，每百公里能耗是公交车的 10 倍以上，同自行车相比自行车的能耗约为 0.3 兆焦/人·公里，而小汽车则为 3.0 兆焦/人·公里。

（3）空气污染

车辆尾气排放直接污染空气，众所周知的洛杉矶光化学烟雾在很大程度上是由于机动车的排放物造成的。在发达国家从机动车辆排放出的空气污染物比例相当高（30%~60%），往往严重影响空气质量，造成大气环境质量恶化，酸雨、光化学烟雾、硫酸烟雾均与汽车尾气中含有的大量污染物有关。

交通运输污染源，现代化交通运输工具如汽车、飞机、火车、船舶等，是造成大气污染的主要来源。在上述几种交通工具中，汽车排气占主导地位。汽车排气的主要污染物是一氧化碳、氮氧化物和碳氢化合物等。据 10 年前的统计，世界上约有 2 亿多辆汽车，每年排出的一氧化碳有 2 亿吨，铅 40 万吨。当汽车燃烧不完全时每排放废气 2.50×10^8 吨时，其中含 23.3%CO，当汽车高温燃烧时每排放废气 0.53×10^8 吨时，其中含 5%NO_2。

（4）噪声污染

噪声是指妨碍人们休息、工作和交谈，以及损害人体健康的声音。它影响居民的生活与工作环境，影响健康。当噪声成为城市环境中的普遍问题时，就构成了噪声污染。城市环境噪声源主要来自交通运输、工业生产、建筑施工和社会活动。交通噪声主要来自各种机动车辆，它是各种环境噪声中最严重的一种。国外调查表明，80%~90% 的噪声来自汽车。对上海市区进行的调查测试表明，交通噪声占 35%，住宅区占 26%，工厂占 17%，其他占 22%。据测试，重型车辆的噪声约在 89~92dB，轻型车辆噪声约在 82~85dB。随着城市交通车辆的增加，城市交通噪声也将越来越严重。

2. 城市交通总体规划（overall planning for urban traffic）

城市作为一个生态系统，要维持市内工业生产和市内人民的生活，就要不断地从外部输入能量和物质；同时，又要向外部输出产品和排泄废物，这就构成了城市生态系统的能流和物流。连续的能流、物流、信息流、货币流及人口流将城市的生产与生活、资源与环境、时间与空间、结构与功能，以人为中心地串联了起来。城市的能流和物流一般包括五个环节：开采→制造→运输→使用→废弃，每一个环节上都可能产生废物。每天输入城市的能量，包括电力、石油、煤、天然气、粮食、肉、蛋、鱼类、蔬菜和水果，输入的物质包括工业生产需要的各种原材料和人们生活、工作的日用品等。能量在城市的生产和生活中转移、消耗、变成热量而散失。从城市向外输出的物质，有各类工业产品、工业产生的废物以及居民生活的垃圾和粪便。一个城市只有在能流和物流取得平衡的情况下，才能保证全部系统的稳定性。然而，上述城市的能流、物流与人流的输入或输出，全部都需要依靠交通运输才能完成，交通对城市的运作就起着极为关键的作用。交通运输的问题，实质上也就是能流或物流的起讫点是否布局合理的问题，交通线的合理安排首先取决于城市各部门之间的合理区位布局。所以，要想解决交通问题必须首先从城市的总体规划这一源头做起。只有提供合理的城市区域功能布局，创造合理、便捷的城市交通，并以城市公交（参见同名条目）优先，才能从根本上减少交通体系中能源的消耗。这在城市合理设置的功能混合区（mixed function area）或建设城市综合体（urban functional synthesis）等方面，都已经是十分有效的实践，大大缩短了出行距离。

1933 年，国际建协的"雅典宪章"提出城市功能分区的内容，认为城市活动划分为居住、工作、游憩和交通四大活动，城市的布局根据这种基本分类进行不同土地使用安排。"功能城市"的思想因此影响了世界各工业化城市的发展。这种"功能主义"的规划思想对当时以制造业为中心的工业城市产生了积极影响，城市的布局逐步秩序化。但是今天，随着经济的全球化、信息化，产业结构有了大的调整，第三产业尤其是信息产业已成为或正在成为城市的主导产业，纽约三产的比例已达 80%，北京也超过了 60%。这种背景下，城市的功能形态也随之发生了改变。由于不同职业来自同样的第三产业，由于办公自动化后办公空间的趋同，使得不同部门、不同性质的商务、生产活动可以使用同样的办公建筑，甚至厂房、公寓、旅店也可作为办公单元。与之同时，由于环境治理的成效，某些都市工业的污染已逐渐解决，使居住区与某些产业区特别是高新产业区具备了兼容性。为建立混合功能区创造了条件。而混合功能区的建立，大大缩短了人们出行的交通距离，节省了在交通上消耗的大量能源，减少了人们在工作地和居住地间往返穿梭花费的大量时间，有利于节约时间成本这一问题的解决。

城市的功能混合区也可以进一步结合区域的不同特点发展为形式各异的城市综合体；它们是由城市中多种单一功能的建筑被有机组合在一起并互为依存的庞大建筑或建筑组群。就其功能而言主要有以下几个方面：

（1）商务功能：以写字楼建筑为代表，通常也是"城市综合体"建筑组群中具有控制性体量的建筑；

（2）客居功能：大多是以酒店和公寓的方式出现在"城市综合体"之中，这是一种"客居"的居住模式；

（3）购物功能：在"城市综合体"中常设有大型购物中心，大型品牌超市或各类精品店；

（4）餐饮功能：高品质酒店本身应配套有餐厅，此外大型购物中心或商场，也常配有快餐店、各类小吃店；

（5）休闲娱乐功能：不同的地域和国家随着城市生活的发展以及不同地域文化特点，"城市综合体"建筑中休闲娱乐的功能与规模变化较大；

（6）会展设施：作为城市商务活动中心，一般设有供举行商务会议和商务展览、展示的场所。

城市公交优先（public transit priority）

1. 公交优先模式是大势所趋

20世纪前叶，西方小汽车工业的迅猛发展，增加了个人出行的自由，但其膨胀发展后却带来了环境污染、不可再生能源的巨大消耗等后果，破坏了生态环境。到70年代，石油危机促使西方以大力发展公交来改善居民对小汽车的依赖，这就出现了跟城市交通紧密结合的住区交通组织方式问题。从城市各类交通模式的能源消耗数据来看：自行车为0.3（兆焦/人·公里，下同）、轻轨为1.4、地铁为1.9、公共汽车为2.1、小汽车为3.0，可见公交优先，配合步行与自行车并举，已是城市节能大势所趋。城市交通与土地开发的整合发展模式已受到广泛推崇，其基本思路就是将公交车站尤其是城市轨道交通的站点地区建成具有相对高密度、适合步行、自行车及公交使用的城市节点。

（1）TOD 模式（"Transit Oriented Development" pattern）

在美国，拥有发达的高速公路网，人们向往郊区优美的自然环境，出现了居住区沿高速公路不断向郊外蔓延趋势。这种趋势建立在小汽车交通的基础上，产生了许多新问题：上下班时间长、浪费能源，而且由于大力发展小汽车工业致使公交相对萎缩，一些住区与城市公交没有很好地衔接，导致老人和儿童出行不便等。近年来在我国的一些城市，也出现了大型郊区住区开发热潮。这些住区在投入使用后不久，有关出行难的问题便浮出水面。

20 世纪 90 年代，面对低密度郊区化的过度蔓延，美国建筑师卡尔索普（Calthorpe）提出了"以公共交通为导向的开发"的社区模式，简称为 TOD 模式：它是指半径长度为步行距离，由商店、住宅与办公组成的混合社区，其服务设施围绕公交车站设置，形成社区中心，步行系统由中心通往社区各处，公交支持社区内人们的出行，以降低居民对小汽车的依赖性。该模式从城市规划的宏观角度，对居住区的规模、布局与交通方式进行了探讨，明确提出了以步行和公交为主要交通方式的居住区发展模式。

"新城市主义"理论就是在这个年代，由西方学者针对第二次世界大战后"郊区蔓延"的现象提出的，它表现出建立以步行和公共交通为主要交通方式的设计倾向。这种设计思想在 Dpz 夫妇以建立传统邻里社区为指导的城市设计和卡尔索普为代表的以公交站点为设计基础的城市设计中均有所体现。而卡尔索普在其著作《下一代美国大城市地区：生态、社区和美国之梦》一书中，明确提出了这种新的城市发展模式——公共交通导向的发展单元（TOD）。TOD 是半径长度为步行距离的多用途混合用地，以公共交通线为依托，以公交车站为门户，公共广场及商业服务设施围绕公交车站布置，形成社区中心，周围布置居住区或其他建筑，密度由中心向外围逐渐降低。方便舒适的步行系统由中心通往社区各处，临近社区中心设停车场，方便驾车人使用中心的设施，或换乘公交。"新城市主义"所包含的已不仅仅是一种规划设计思想，更结合了土地利用政策的手段解决交通问题。其核心在于通过高密度开发和土地综合利用，降低对小汽车的依赖性，并鼓励公共交通的使用，通过解决城市交通的整体问题来彻底解决居住区的小汽车交通问题。这一理论提供了解决居住区交通问题的又一思路。TOD 交通模式在土地开发方面的主要特征有：1）土地的混合利用：增强区域活力有助于轨道资源利用的多元性等。从单纯的交通枢纽转变成为人们生活设施的一部分。2）增强地区活力：TOD 发展模式的目标之一就是通过提高建设强度来提高土地使用效率，遏制用地蔓延。同时在一定程度上，地区居住和就业密度可为交通线路提供必要的客流量，支持 TOD 地区内零售、商业以及其他活动所需的消费市场，增强地区活力。3）开放的步行系统：TOD 街区的界定主要取决于步行出行的距离，通常使用 5~10min 的步行距离，大约为以公交站点为圆心、半径 400m

左右的范围。开放的步行系统一方面有利于站点区域大量人流的迅速疏散，也有利于站点区域步行空间舒适性和安全。4）高质量的公交服务。

（2）无小汽车交通住区

近年来，欧洲国家开始转向后小汽车时代：步行、自行车与公共交通的结合成为理想的交通方式。密度越高的地区，步行距离越短，不必要的小汽车交通越少，公交的使用效率也越高。目前，一些欧洲国家提倡发展高密度、短距离、多功能混合的城市空间以及与之相应的快捷舒适的公交系统，不再采用将居住、工作相隔离的功能分区的做法，以减少因分离而带来的钟摆式交通，并且出现了无小汽车交通的居住区。比如，德国拉文斯堡城的"多梅那山坡"住区，内部没有汽车交通，机动车都停放在住区外部，住宅离停车库的距离比到公交车站的距离还远。住区边上即是工商业区，给居民就近购物和就业带来了方便。由于没有机动车，居民可以轻松享用住区的休闲区域，专为孩子们设置的儿童游戏场所也得到了令家长们感到最为放心地使用。

以上无论是 TOD 模式还是无小汽车交通的住区，方便的公交系统都是实现的前提。

2. 因城而异的公交方案

（1）突出地下隧道的范例

波士顿中央干道/隧道工程（Boston's Central Artery / Tunnel Project，简称 CA / T）是美国历史上迄今为止投资最多、花费时间最长的更新改造项目，也是世界闻名的城市改造工程。自 1982 年项目启动至 2008 年，该工程已经完成 99%，投入逾 160 亿美元。

长期以来，波士顿有着世界级的交通问题，并且已经严重影响了城市的正常生活。1959 年建成的一条贯穿城市中心区域的高架 6 车道高速中央干道，适宜容量为每天 7.5 万辆机动车，而今却不得不承担每天 20 万辆的容量，使其成为美国最拥挤的交通干道。该干道每天基本都有 10 个小时以上的拥堵时间，事故发生率是美国平均水平的 4 倍，因汽油浪费、尾气污染等造成的损失近亿美元，而且导致了波士顿北部及滨水区与城市中心区的隔离，限制了波士顿市内部文化的交流和城市经济的协调发展。20 世纪 70 年代，开始考虑要取代 6 车道高架中央干道。直到 80 年代，CA/T 才作为一个项目正式启动，到 1991 年工程正式破土动工。在被拆除的高架中央干道空地上建成一条贯穿南部码头区和北区尽头的绿色廊道，共有 30 英亩（约 12 公顷）。

更新改造后，城市生态环境得到改善，CA / T 工程在波士顿市中心种植有超过 2400 棵树木和 7000 株灌木，将吸纳整个波士顿市区空气中近 12% 的 CO；同时，也创造出 260 多英亩空地，以及 40 多公顷的公园，这进一步改善了邻近街道市民的生活质量。更为重要的是现今交通主干道建于城市的地下空间，提高了波士顿空气质量，降低了城市的交通噪声，中央高架干道拆除后腾出的 27 英亩土地，作为城市公共空间布置公园、步行街、博物馆等。新的中央隧道每天的容量为 25 万辆机动车，在 CA／T 竣工后，拥堵时间缩短到早晚高峰时间的 2 ~ 3 个小时。

用地下隧道代替高架路，可以节约地面空间，减少道路对城市的阻隔。

（2）整合建筑综合体与城市交通空间的范例

香港地少人多，是世界上人口密度最高的城市之一。在用地如此紧张的城市环境下，香港政府及当地设计师已形成一种共识，即对土地的混合利用和立体开发，是城市发展及有效利用土地资源的良好方式之一。香港又一城购物中心就是建筑综合体与城市交通空间整合的一个范例。它位于九龙又一村高级住宅区心脏地带，是全区唯一的大型购物中心及写字楼。又一城的主体是 7 层的购物中心，另外还包括 4 层的写字楼和 3 层的停车库，商业面积达 14 万平方米。

又一城的主要设计概念即是将交通枢纽与娱乐购物融合为一体，因而使其具有极高的可达性。在 7 层的购物中心里，从 MTR LEVEL（地下三层）至 UG 层（地上二层）共五个层面分别与地铁站、火车站、城市隧道、城市干道、公交车站和的士站等交通设施连接，因而又一城成为多种交通工具的交汇点与转换站，其室内空间成为人们穿越与转换交通工具的场所。丰富的地形高差使人车立体分流及立体转换成为可能。九广铁路、地铁、公共汽车（约有 20 条公交线路）、计程车全部可以在室内进行换乘。乘搭地铁的人们在 MTR LEVEL 进入购物中心，乘自动扶梯至 LG2 及 LG1 层均可前往九广铁路九龙塘站，前往 G 层的人流则可换乘计程车或公共汽车。又一城中部的梯形中庭是人流交汇的重要节点，一端连接着通往香港城市大学的隧道和城市干道，一端紧密联系着计程车站与公交车站，营造了极为宽敞舒适的换乘场所。梯形中庭一直深入至地下车库，方便了开车前来的顾客直接进入购物中心。商业设施与交通枢纽穿插结合，非常和谐地交融在一起，为该地区的居民提供了一处既丰富生活又十分便利的多功能场所。

（3）有条件地开发步行街的范例

今天，世界上的许多城市都有步行街，步行街已经成为城市空间品质的一个标准，是复兴城市中心区的良策。现代步行街以商业街为主，但欧洲的许多城市也有将历史保护区作为步行街区规划设计的。德国慕尼黑的步行区就是商业街与历史保护区的结合，以市政厅所在的玛利亚广场为中心，向周围地区辐射。西班牙巴塞罗那市将中世纪形成的历史街区开发为一大片步行街区，形成了丰富多彩的城市空间。意大利的威尼斯历史悠久，整个城市分布在 100 多个海岛上，由 350 多座桥梁连接，形成了天然的步行城区。

现代城市交通的发展，使城市成为多层次的城市，形成了空中步行街和地下步行街。空中步行街如香港的中环，连续2公里长的空中步行道将中环与金钟地区连在一起。美国的明尼阿波利斯于1967年建造的尼可莱大道，通过一些连接市中心商店的行人天桥，也创造了一种步行系统。日本大阪和加拿大蒙特利尔，在20世纪60年代，结合地铁车站的开发，将整个城市中心区建成一座地下城，也是这方面成功的实例。

在北美，由于气候条件，发展了室内购物中心，也是一种步行街的类型。20世纪80年代，北美的城市更新计划的特点就是，室内外空间、公共与私有空间相结合，以及容许部分车辆通行的步行街区。各个城市结合自己的特点开发步行街区，室内购物街在欧洲也有所发展。斯图加特，在1974年至1978年，建造了卡尔威室内步行街（Calwer-Passage），这是世界上最早的现代室内步行街。目前，在北美、欧洲，都有许多这类的室内步行街。也有的步行街表现为室内外空间的交融和穿插，例如日本横滨的步行街和澳大利亚黄金海岸的步行街。另外，澳大利亚悉尼的达令港、美国的波士顿和巴尔的摩结合港区改造，开发为滨水步行带，旧金山的渔人码头在港口功能的转换中设计建造了十分良好的休憩空间，表现了各自的特色。

城市绿地（urban vegetation）

1. 植被（vegetation）

植被是覆盖地面的植物及其群落之泛称。"城市植被"则是泛指城市表面覆盖着的植物，是包括城市里的公园、校园、广场、道路、苗圃、寺庙、医院、企事业单位、农田以及空闲地等场所拥有的森林、灌木丛、绿篱、花坛、草地、树木、农作物等所有植物的总称。

2. 城市绿地生态功能（eco-use of urban vegetation）

城市绿地系统作为城市自然生产力主体，通过土地资源的营养和承载力、太阳能和植物的光合作用、动植物、真菌和细菌的食物链，实现城市自然物流和能流循环以及供氧吸碳、滞尘吸污、调温调湿、杀菌、减噪、固土保水、净化水体、回充地下水、降解废弃物、治理病虫害等生态功能。与此同时，城市绿地还可满足城市战备、防震、抗灾等需求，与建筑配合形成城市景观、美化环境，为城市居民提供休息、健身场所，还可因地制宜选择花果树木生产农林产品，发挥经济功能。这里仅概要叙述绿化的自然生态功能如下：

（1）维持碳氧平衡

绿色植物特有的叶绿素在太阳光的照射下，进行光合作用，吸收二氧化碳，放出氧气。虽然植物也有呼吸作用，但光合作用吸收的二氧化碳比呼吸作用排出的二氧化碳多20倍，因此，总量上是吸收二氧化碳，放出氧气。在这一点上，植物生长与人类活动（包括生产活动）有着相互依存的关系，是同一循环中的两个相反过程。有关资料表明，每公顷阔叶林在生长季每天可吸收1000kg二氧化碳，放出750kg氧气，可供1000人呼吸所需。生长良好的草坪，每公顷每小时可吸收二氧化碳15kg，而每人每小时呼出的二氧化碳约为38g，所以可以推算出每个城市居民需要25m²草坪或10m²的树林面积以维持碳氧平衡。因而，有些专家提出城市居民每人需要30～40m²的绿地，才能保持大气中的碳氧平衡。

植物可以说是天然的绿色氧气工厂，大气中氧气的大部分来自陆地上的植物。据统计，每年地球上全部植物所吸收的二氧化碳为93.6×10^9吨，通常1公顷阔叶林每天可以吸收1吨二氧化碳，放出0.73吨氧气，只要10m²的森林，就可以把一个人一昼夜呼出的二氧化碳吸收掉。生长茂盛的草坪，在光合作用过程中，每平方米每小时可吸收1.5g二氧化碳。按每人每小时呼出的二氧化碳约38g计算，只要有50m²的草坪就可以把一个人一昼夜呼出的二氧化碳吸收掉。可见，一般城市如果每人平均有10m²树林或10m²草坪，就可以保持空气中二氧化碳和氧气的平衡，使空气新鲜。

在空气中，二氧化碳的含量通常是稳定在0.03%左右。在城市中，由于工厂集中、人口密集，产生的二氧化碳比较多，其含量有时可以达0.05%～0.07%，局部地区甚至高达0.2%。当二氧化碳含量达到0.05%时，人们呼吸就感到不适；到0.2%时，就头昏耳鸣、心悸、血压升高；到1%以上，则可能危及生命。令人担忧的是整个大气圈的二氧化碳含量有不断增加的趋势。同样，空气中氧气含量的降低也会危及人的健康和生命。而植物，只有绿色植物可以吸收二氧化碳，放出氧气，保持大气中的二氧化碳和氧气的平衡。

据测定，一天1g干叶吸收20mg的CO_2，则干叶为10吨/公顷的森林一天从大气中可吸收二氧化碳200kg。而1公顷阔叶林在生长季节一天竟可以消耗1吨CO_2。因此，世界上的森林及良好的草地是CO_2的主要吸收者。

由于人类的活动，大量使用化石能源及对森林植被的破坏，使全球的CO_2浓度有逐年上升的趋势，CO_2是造成"温室效应"的主要温室气体。因此，人类应尽量减少对化石能源的使用，下大力气恢复森林植被，以维持大气中O_2和CO_2的平衡。

（2）调节气候，促进污染物扩散

城市植被的小气候效应极为明显，能够调节温度和湿度，在炎热的热带、亚热带地区以及在人口密集的城市和工厂，其调节作用更大。一般来讲，在炎热的气候中，它能降低环境温度 1 ~ 3℃，绿化区气温明显低于未绿化区，并可阻挡 60% 甚至 88% ~ 94%的太阳辐射到地表，只有 6% ~ 12% 的太阳辐射可以透过树冠的间隙到达植被下方，减少有效辐射约 32%；树木和其他植被能够利用自身蒸腾作用将水蒸气散到大气中去，由于耗费热能，叶面温度与周围的气温均有所降低，有效地降低了城市的能耗。城市植被可以增加空气湿度 3% ~ 12%，最大可达 33%；当风大时，植物可使风速降低，避免灰尘扬起；而在静风时，由于造成局地的温湿度差而促进空气对流，有利于污染空气的扩散，使闷热和污染的空气及时得到更换。

（3）降低污染气体浓度及含菌量

植物本身是大气污染的受害者，但是由于植物对污染物质具有吸收、转移、转变和富集的能力。因此，当大气中的污染物质对植物的影响未达到伤害阈值时，植物就会对被污染的大气具有一定的净化作用，从而保护和改善环境。

1）吸收 SO_2——SO_2 在污染气体中，数量多，分布广、危害大。当大气中 SO_2 浓度达到 400 毫克 / 升时，可使人迅速死亡。植物在正常情况下，叶中含硫量在 0.1% ~ 0.3%（干质量）左右。植物叶面积大，所以对 SO_2 有较强的吸收能力。经江苏植物研究所测定，污染区绿化树木吸收 SO_2 的能力，一般都比对照区植物含硫量高。据研究，1 公顷柳杉每年可吸收二氧化硫 720kg。在乔木树种中，落叶树吸收硫的能力最强，常绿阔叶树次之，而针叶树较差。如落叶松在一年内吸收 SO_2 的量相当于针叶松的四倍。

2）吸收 HF——植物对大气氟污染有明显的减毒作用。测定宽 80 ~ 100m 林带前后大气氟浓度的变化可明显地看到这一效应。正常植物的叶片含氟量在 25 毫克 / 升（干质量）以下。在氟污染区，由于植物吸收 HF 而使其氟含量高出几倍甚至几十倍，如菜豆、菠菜、万寿菊等在叶中含氟 200 ~ 500 毫克 / 升时均不受害。植物吸收、积累污染物质的能力很强，有的植物能将氟化物富集 20 万倍，具有潜在的生态影响。因此，在具有氟污染的工厂，企业区域不宜栽种食用植物及粮食作物，而应多种非食用的绿化及花草。

3）吸收氯气及其他——植物对氯气也有一定的吸收和积累能力。在有氯气污染的地区生长的植物，叶中含氯量往往可比非污染区的高出数十倍。江苏植物研究所对某电化厂氯污染区植物体内含污量进行测定，看到离污染源不同距离的植物体内的含氯量表现出明显的递减关系。

此外，植物对氨、一氧化碳以及汞、铅、锌、镉等重金属气体也有一定的吸收能力。如每千克夹竹桃干叶能吸收汞（蒸气）96mg（对照植物内含汞量为零），每千克桃树叶能吸收铅 320.8mg 和镉 6.44mg。有些植物对不同气体的抗性一致，例如对 SO_2 抗性强的植物，对氯气、氟化氢、臭氧、氮氧化物等气体的抗性也比较强。但也有植物对不同气体具有不同抗性。

4）杀菌——空气中散布着各种细菌，其中不少对人体有害。绿化树林可以减少各种细菌在空中的数量。其原因，一是减少了空气中的灰尘因而减少了细菌；再者，植物本身具有杀菌作用。早已发现许多植物如洋葱、大蒜等能分泌一种杀菌素，其他如桦木、新疆圆柏、银白杨、柠檬、地榆根等均有杀死微生物的作用。

（4）吸滞灰尘

粉尘和煤尘是大气污染的重要指标之一，据统计，地球上每年降尘量达 10^6 ～ 3.7×10^6 吨。许多工业城市每年每平方公里降尘量平均为 500 吨左右，某些工业十分集中的城市甚至高达 1000 吨以上。植物，特别是树木，对灰尘、粉尘有明显的滞留、吸附和过滤作用，因其能降低风速，使空气中挟带的较大颗粒物沉降下来，以及可造成局地的温差而引起空气对流，使漂过林带的污染空气得到过滤和扩散。据测定，无树的城镇，日降尘量超过 $850mg/m^2$，而有树木的地区，则低于 $100mg/m^2$。

（5）减弱噪声

植物，特别是林带对防治噪声有一定作用。据南京测定，树冠宽 12m 的行道悬铃木，可减噪 2~5db（约减 1/4）；36m 宽的松柏、雪松林带，可减噪 10 ～ 15db（约减 1/2 ～ 3/4）。江苏省植物研究所对林带结构与减噪效果进行了研究后认为，林带宽度"市内 6 ～ 15m，市郊以 15 ～ 30m 为最好；林带高度宜 10m 以上；林带尽量靠近声源为佳；林带结构以乔、灌、草结合的紧密林带效果最好；阔叶树比针叶树的效果要好；高绿篱的减噪效果最佳；在城市用地较为紧张的情况下，如果设计合理，即使是 6m 宽的林带，也能起到较好防噪作用。"经日本人研究，公路两旁各留 15m 的林带，乔灌木搭配，可降低噪声一半，在城市公园中，成片树木可把噪声降低到 26 ～ 43dB，达到正常状态。

城市绿地系统（urban vegetation system）

1. 城市绿地系统组成

城市绿地系统组成因国家不同而各有差异。但总的来说，基本内容一致，包括城市中所有园林植物种植地块和以园林种植为主占据的用地（通常称为"园林绿地"）。而作为一个系统，城市绿地系统组成应全面包括城市范围内对改善城市生态环境和生活具有直接影响的所有绿地，如城市公园、花园、道路交通附属绿地、居住区环境绿地、各类企业单位附属绿地、园林圃地、经济林、防护林等各种林地以及城市郊区风景名胜区游览绿地等。但城市绿地系统组成又因地区和城市的不同而异，且不一定各种绿地类型齐备。

有的城市以风景名胜公园为主（如承德、杭州），有的道路绿地突出（如长春市），有的以环城、滨水的带状公园为特色（西安、合肥）。深圳市绿地系统规划根据自身的特点，增设了一种"旅游绿地"，区别于为居民服务的公园，这是一个创新。

绿化植物种类的配置也需因地制宜，注意常绿树与落叶树相结合；速生树与慢生树相结合；骨干树种和其他树种相结合；乔、灌、草、藤相结合，增加单位土地面积上的叶面积指数，提高净化效率；在有条件的地区，兴建屋顶花园。

2. 充分利用城市三类绿地空间（three types of urban vegetation）

在制定绿地系统规划时，以绿地的服务半径为基本规划尺度，将服务半径的中心规划为城市公园绿地，成为城市绿地系统的重要节点。但往往由于城市公园具有面积大、服务半径大的特点，而容易使那些成线性分布的带状绿地、街道绿地以及由建筑、道路等围合的零散空间在规划与建设中得不到相应的重视。其实，这些被忽略的绿地空间倒恰恰更为贴近人们的日常生活和工作。所谓城市三类绿地空间正是指：（1）城市线性绿地空间；（2）城市绿地边界空间；（3）非设计空间——城市绿地体系的延伸。我们需要充分认识其对于市民日常生活的重要性。

我国现行的城市园林绿地系统无论从规划到建设，都较多地关注其生态属性，主要以绿地率、绿化覆盖率、人均绿地面积作为其量化评价的参数指标。但作为日常生活的一部分，人们要在绿地中生活、活动，城市绿地的社会角色却常常被忽视。作为改善城市环境的手段和多种户外活动的载体，充满人文关怀、方便使用、与现代户外活动方式紧密联系着的三类绿地，对于居民、社会和城市就有着越来越重要的意义，它关乎创造宜居城市，改善人居环境这一社会发展趋势。

（1）城市线性绿地空间

市民如果只需步行 3 ~ 5 分钟就能从家或工作单位到达附近的街道绿地、小游园，那么多数人都会选择在其中游乐。与公园和广场相比，人们更喜欢街道，还因为在街道上能获得更多机会与他人及环境进行交流。"街头巷尾"显然也可看出线性空间在市民生活中的意义。城市河道两侧的绿地和城市湖泊的岸线也是城市景观中最吸引人的场所。而网络化的城市线性绿地空间则真正代表了令人舒适使用的公园绿地空间：人们在其中漫步或小憩，享受场地提供的安全而舒适的设施，充满交往的氛围和带来的相互交流的乐趣。这样一个既方便到达又有宜人的空间自然而然成为市民日常生活的需求。

近年来，城市绿地建设的重点开始转向线性绿地空间。如北京市阜成门绿地改造、皇城根遗址公园、菖蒲河公园，上海市延中绿地，成都的府南河绿地改造等，它们都是由毗邻喧闹城市干道的线性绿地空间改造成的公园绿地。这些地方共同的特点是：繁茂的植被、清澈的水面、精致的景观，使附近的居民和行人能够在喧闹中得到清静体验。这些毗邻城市干道的线性绿地空间已经有机地融入城市网络。

（2）城市绿地边界空间

城市绿地边界空间主要指绿地与周边环境的交界区域，即两种媒介的结合处，如与周边道路结合的绿地边界，与建筑结合的绿地边界等。树林、海滩和空地的边缘，是人们最爱停留的地带，而开敞的平原或海滩，只有在它们边界区域都被占据的时候，人们才会逗留。

纵观我国的公园发展，大多是四面有围墙围合的。随着现代经济的、社会发展进步和城市化进程加快，绿地也越来越强调与城市整体环境的融合，绿地的概念也再不是城市中的一块孤立的绿地，而是有机整合的城市绿地空间体系。由此，在现代城市绿地建设中，就要特别强调边界空间的意义，要认真对待边缘，创造出受欢迎的边界空间，为人们体验空间环境提供最好的机会。

（3）非设计空间——城市绿地体系的延伸

非设计空间（Non-design Space），通常是指没有经过设计的，没有行为限制的（在法律允许范围内），并且没有明确功能界定的空间。非设计空间多为废弃池、待开发用地等，它们似乎一直游离在设计师的视线之外。与传统的城市公园中经过设计的空间相比，非设计空间的优势在于人们可以主动而不是被动去接受。

有关研究表明，非设计空间是在城市中成长的青少年自由玩耍的重要场所，在这里他们可以成为空间的主人，有更多的主动性。非设计空间常常可以满足人们在"设计的"空间中所不能满足的需要，是城市绿地体系的延伸。

3. 构建城市绿地空间网络

城市绿地系统规划中，综合性公园一直是传统意义上城市绿地空间的代表，是城市绿地空间体系的重要节点。它被称为城市的"绿肺"，发挥着重要的生态功能。但是在传统的服务半径理论中，一般把城市综合性公园定位在 2 ~ 5km 的服务半径。这就意味着除了周边 500m 以内的居民外，其他居民就要选择汽车或是乘车来到公园，不是很方便，同时这也很难体现服务的公平性原则。因此在当今的城市规划中，更需要把视角转移到如何更为详尽地研究和提供最为贴近市民生活的城市绿地空间网络。从人的活动维度来看，家庭—邻里—社区—城市—郊野，这些都是行为中的重要节点，通过绿道把这些点连接起来，包括街道、公园、广场等各类绿地单元的有机组合，才会形成整合的城市绿地空间网络。城市绿地空间网络应与市民生活建立更为紧密的联系，就像市政基础设施一样真正融入市民的日常生活之中。

绿地空间网络应该设计成为一系列能使人们放松、休闲、享受的户外场所，同时也是能够开展一系列户外社会活动的集散地。当城市绿地空间与周边生活或工作的市民建立起直接关系时，其功能才会达到最佳效果。

城市绿地空间在创造可持续发展的宜居城市中扮演着越来越重要的角色。对城市线性绿地空间、绿地边界空间和非设计空间等城市三类绿地空间的关注，就是对人性空间的关注。通过构建绿地空间网络，提升城市形象，改善人居环境，实现生态、经济和社会效益的最大化，这才是城市绿地发展的最终目的。

4. 城市绿地系统指标（target for urban vegetation system）

城市绿地指标是反映城市绿化建设质量和数量的量化方式。目前，在城市绿地系统规划编制和国家园林城市评定考核中主要控制的三大绿地指标为：人均公园绿地面积、城市绿地率和城市绿化覆盖率。其中，人均公园绿地面积（平方米/人）= 城市公园绿地面积 ÷ 城市人口数量。这里所指的城市公园包括各类公园以及街旁绿地。

当今城市化发展迅速。城市化在给人类带来充分的物质享受、便利的生活和高效的信息的同时，也带来了许多诸如环境污染、交通拥挤、住房紧张，供水不足、建筑密度过大等城市问题。不断扩展的道路、建筑物等混凝土构筑物、垃圾、废气、废水、噪声、有机污染物、无机污染物、光污染、热污染、城市公害病等正在争夺我们的生存空间，象征生命的绿色空间正在受到拥挤而离我们越来越远。截至 1998 年底，我国城市建成区的平均绿化覆盖率只有 26.6%，城市人均公园绿地面积为 $6.52m^2$，由于过多的缺少绿色，以至于某些南方城市出现了"五岛效应"即"热岛效应"、"雨岛效应"、"干岛效应"、"闷岛效应"、"混浊岛效应"。

20 世纪 70 年代后期，联合国生物圈生态与环境保护组织提出，城市的最佳居住环境标准是每人拥有 $60m^2$ 的公园绿地。据 2006 年资料，例如：波兰华沙，人均绿地面积达 $22.7m^2$；澳大利亚的堪培拉，人均绿地 $70.5m^2$。其他如瑞典斯德哥尔摩为 $80.3m^2$、华盛顿 $45.7m^2$、巴黎 $20.8m^2$、伦敦 $30.4m^2$。但都远未达到联合国生物圈生态与环境组织关于最佳居住环境人均公园绿地的标准。我国由于种种原因，城市绿地面积还很少。近年一些发达国家对城市绿化环境建设提出了更高的要求。如美国根据改善城市小气候，促进气流交换的理论于 1988 年提出了"地球解放"计划，要求将城市树木覆盖率由原来的 30% 提高到 60%。此计划已得到若干国家响应。2006 年城市绿化覆盖率（%）=（城市内全部绿化种植垂直投影面积 ÷ 城市的用地面积）× 100%，达到或超过 30% ~ 40% 的城市在世界上已较普遍。我国面对的形势十分严峻。为了减轻大气污染，保障人体健康，迅速规划和种植防污染绿化植物对我国城市来说，是当务之急。

计算和规划一个城市的绿化面积，不仅要考虑城市人口数量及人口密度，还要考虑城市工厂、企业及人们生活所用的生物能源总量以及排放的 CO_2 总量来全面进行计算和规划。

"绿色理想"城市探索（Exploration of urban "green ideal"）

近一个多世纪来，随着工业的发展，人口的集聚，城市不断增加，人工环境不断扩大和自然环境的衰退，带来了一系列城市弊病，引起了一些有识之士的担忧。越来越多的人认识到，人类要想有更高的物质生活和社会生活，永远也离不开自然的抚育。人们希望在令人窒息的城市中寻得"自然的窗口"，在人工沙漠中建立起"人工的绿洲"。为了这一目的，人们一直在探求解决城市的有关问题，提出了各种规划理论、学说和建设模式，进行了不懈的努力，试图在城市建设中能够实现他们的"绿色理想"。这里简要回顾一些有关国家的政策以及有代表性的思想、规划与实践。按照历史进程，可以大体梳理如下项目：1. 城市公园运动包括纽约中央公园、芝加哥公园系统、波士顿公园系统；2. 19 世纪英国近代城市公园与公地系统；3. 巴黎城市改建与公园；4. 霍华德和"田园城市"的构思；5. 工业城市和带状城市；6. 邻里单位理论与居住区规划；7. "雷德伯恩体系与绿带城"；8. "有机疏散"理论；9. 区域规划理论；10. 大伦敦规划与英国新城建设；11. 二战前夕的雅典宪章等。（分别参见相关条目）。

城市公园运动（The City Park Movement）

19 世纪初，工业发达的欧洲已产生了各种问题。现代技术给城市发展带来巨变的同时也极大破坏了自然资源。而当时在新兴的美国，已有一批仁人志士呼吁避免重蹈工业化所产生的污染及城乡对立等问题的覆辙，并且在思考如何保护大自然和充分利用土地资源等问题，美国地理学家马歇（G.P.March）认为，人类利用自然的同时可能会摧毁土壤、水、植物和动物之间相互依赖的关系网。这是关于人对自然影响的第一个真正的理论概括，他的理论在美洲大陆得到响应，美国的很多城市展开了保护自然，建设城市绿地的运动。1841~1850 年，美国近代第一位造园家，唐宁（A.J.Downing）提出保护自然、接近自然的风景园林理论，呼吁建立城市"开放空间"（公共绿地）。他认为，国家公园、城市绿地及自然保护不是奢侈，而是人类生存和生活的必需。Lewis Munford 则认为，在区域范围内保持一个绿化环境，对城市文化极其重要，一旦这个环境被损坏、掠夺、消灭，那么城市也随之衰退，因为城市与环境是共存亡的。

1. 纽约中央公园（Central Park New York）

1851 年美国的唐宁积极倡导，纽约市开始规划第一个公园——纽约中央公园。1858 年，美国风景建筑师奥姆斯特德（F.L.Olmsted）主持的纽约中央公园设计方案通过，即在纽约市中心规定了一块 3.4 平方公里的土地开辟公园。该公园突破了美国城市方格网限制，注重保留原有优美的自然景色，用树木和草坪组成了多种自由变化的空间，创造性地表达了尊重自然，保护自然的理念，并引入了人车分离、立体交叉的道路处理手法，有效解决了公园内由于有市内交通要道穿越而造成不便的问题。纽约中央公园的建设成就，受到了高度的赞扬。人们普遍认为，该公园不仅在人工环境中建立了一块绿洲，并且改善了城市的经济、社会和美学价值，提高了城市土地利用的税金收入，十分成功，随即纷纷效仿，在全美掀起了一场保护自然、城市公园建设高潮的"城市公园运动"（an urban parks movement）。

纽约中央公园的成功建成，促进了美国景观建筑学会与景观建筑师的诞生。1870 年，奥姆斯特德（Frederick Law Olmsted）写了《公园与城市扩建》一书，提出城市要有足够的呼吸空间，要为后人考虑，城市要不断更新和为全体居民服务。他已经认识到美国城市规划及城市发展的弊端，希望通过城市公园运动来解决城市个性、特色和环境危机问题。这些思想对美国及欧洲近代城市公共绿地的规划、建设活动，产生了很大影响，对世界城市绿地规划有重要贡献。此后，奥姆斯特德等人又陆续设计了旧金山、布法罗、底特律、芝加哥、波士顿、蒙特利尔等城市的主要公园。

2. 芝加哥公园系统（park system of Chicago）

美国的公园系统（park system）指公园绿地（包括公园以外的开放绿地）和公园路（parkway）所组成的系统。通过公园绿地与公园路的系统连接，达到保护城市生态系统，诱导城市开发向良性发展，增强城市的舒适性的目的。

1869 年，芝加哥州议会通过了《公园法》，同意建造西、南、北 3 个公园区。1871 年芝加哥市一场大火使整个城市陷于废墟，在灾后重建的芝加哥城市规划中，芝加哥公园系统被分成 3 个区进行，南区、西区得以实施，管理主体分散而且协调不够，没能形成真正意义上的城市公园系统。但是，以绿地开敞空间分隔建筑密度过高的市区，通过系统性的开放空间布局形成秩序化的城市结构、诱导城市向良性方向发展、提高城市抵抗自然灾害的能力的规划手法与思想，极大地丰富了公园绿地的功能，成为后来防灾型绿地系统规划的先驱。这一规划手法和思想促进了日本第一个系统性绿地规划的产生。

3. 波士顿公园系统（park system of Boston）——"翡翠项链"

奥姆斯特德在 1878 年波士顿城市公园系统的规划中，提出将公园的选址和建设与水系保护相联系，形成了一个以自然水体保护为核心，以河流、泥滩、荒草地所限定的自然空间为界定依据，利用 60~450m 宽的带状绿化将湿地、综合公园、植物园、公共绿地、公园路等多种功能的绿地相连接起来的网络系统。1895 年基本建成，它开创了城市生态公园规划与建设的先河。各类公园绿地的设计充分考虑绿地特性、功能分离的规划思想与手法，使波士顿公园系统成为美国历史上第一个比较完整的城市绿地系统。功能分离的规划思想与手法从本质上改变了格子状城市结构与景观，被后人称为"翡翠项链"。此后，1900 年的华盛顿城市规划、1903 年的西雅图城市规划，都尊重城市自然地形、地貌，以城市中河谷、台地、山脊为依托的模式。

19 世纪英国近代城市公园与公地系统（Gardening in the 19th Century England and Urban Commons）

19 世纪前，由于民主思想的发展，英国已经出现了若干面向市民开放的公园，如海德公园（Hyde Park）、肯新敦公园（Kansington Garden）、绿色公园（Green Park）等。到 19 世纪，原来供上流社会活动的林苑也向市民阶层开放，形成绿色空地，与已经开放的公园一起成为英国城市早期开放空间系统的雏形。

19 世纪随着工业快速发展，人口增多、环境恶化已成为城市主要问题，面对工业革命带来的环境问题、社会问题，人们逐渐认识到城市发展不仅要适应大工业生产，而且要解决相应产生的新问题，从而对城市建设提出了新要求。在旧城改造和新城建设或规划理论中都进行了探索，表现出人们对城市与自然融合、恢复良好生态环境的强烈愿望，一定程度上体现了生态思路。1833 年英国议会颁布系列法案，开始准许动用税收建设城市公园和其他城市基础设施，首次提出通过公园绿地建设来改善城市环境。这为英国城市公园规划与建设带来了新视点，并影响了其他国家，导致了新一轮建造城市公园广场的热潮。如 1838 年开放的摄政公园（Regent park），使人们认识到公园与居住区联合开发不仅可以提高环境质量与居住品质，还能取得经济效益。1843 年英国利物浦市率先建造了第一个公众可免费使用的伯肯海德公园（Birkenhead park），它于 1847 年开放，标志着第一个城市公园的诞生。该公园采用了人车分离的道路设计手法，这对来英国参观的美国景观设计师——奥姆斯特德启发很大。

19 世纪英国的城市公园，是城市化与工业化浪潮的必然结果。这些公园的开发主体、方法和功能与欧洲传统的园林有很大不同。主要表现在以下几个方面：1. 开发主体由皇室转变为各个自治体；相对于传统园林，城市公园向社会大众开放，具有真正意义上的公共性。2. 城市公园是顺应社会上改善环境卫生的要求而建造的，具有生态、休闲娱乐、创造良好居住和工作环境的功能，并缓和了社会矛盾。3. 公园内交通量增加，采用了人车分离手法，成为后来城市规划设计普遍采用的手法。

19 世纪英国城市公园的发展，为公园绿地系统的形成奠定了基础。与此同时，公地（commons）保护运动与开放空间法（open space）的制定对绿地系统的形成也具有特别重要的意义。当时世界上并没有"绿地"这个概念。19 世纪末 20 世纪初，英国出现了开放空间（open space）一词。1906 年通过施行的《开放空间法》首次以法律的形式确定了开放空间的概念和特点。开放空间法从法律上确定了开放空间的内容、财政来源和管理主体。开放空间的概念后来传入日本，促成了日本"绿地"概念的形成。

巴黎城市改建与公园（urban reconstruction of Paris and gardening）

拿破仑第三执政时期（1853~1870）的巴黎改建目的是解决工业化所带来的混乱状态、改善居住环境、疏导城市交通、美化首都等。改建工程由塞纳区行政长官奥斯曼（Haussmann）主持，这次改建十分重视绿化建设，修建了大面积公园，香榭丽舍大道把西郊的布洛尼林苑（Bios De Boulogne）与东郊的文赛纳林苑（Bios De Vincennes）引入城市，沟通了中心区与自然之间的联系。同时还建设了两种新的绿地：塞纳河滨河绿地和宽阔的林荫大道。这些绿化相互串联构成了巴黎新的绿化系统，另外还完善了大规模的地下排水管道系统。奥斯曼主要的工作是：重整巴黎城市街道系统、进一步完善中心城区改造、重视绿化建设、新建城市基础设施。巴黎改造改变了巴黎原来作为封建城市的结构，为近代城市的形成奠定了基础，与我国和日本很多历史城市一样，巴黎的近代城市公园绿地产生于封建传统城市结构的改变过程中。

霍华德"田园城市"的构思("The Garden City"——Ebenezer Howard's Concept)

英国人霍华德(Ebenezer Howard)是 20 世纪城市规划史上最具影响的历史性人物。1898 由英国社会活动家霍华德(Ebnezer Howard)发表了其著作《明天：通往真正改革的和平之路》。提出了田园城市的模式，其基本构思立足于建设城乡相融、环境优美的"田园城市"，"把城市生活的一切优点同乡村的美丽和一切福利结合在一起"，阐述了绿色包围和分割城市观点，成为西方国家城市规划普遍遵循的原则。

在霍华德设想的田园城市里，规划用宽阔的农田地带环抱城市，把每个城市的人口限制在 3 万人左右。他认为，城乡结合首先是城市本身为农业土地所包围，农田的面积比城市大 5 倍。霍华德确定田园城市的直径不超过 2 公里。在这种条件下，全部外围绿化带步行可达，便于老人和小孩进行日常散步。他在城市平面示意图上规划了很大面积的公共绿地，用作中心公园的土地面积多达 60 公顷。除外围森林公园带以外，城市里也充满了花木茂密的绿地。市区有宽阔的林荫环道、住宅庭园、菜园和沿放射形街道布置的林间小径等。霍华德规划每个城市居民的公共绿地面积要超过 35 平方米。

在霍华德的倡导下，1904 年在离伦敦 35 英里（约 56 公里）的莱奇沃斯(Letchworth)建设了第一个田园城市；1919 年在离伦敦很近的韦林(Welwyn)又建设了第二个田园城市。霍华德有关"田园城市"的理论和实践，给 20 世纪全球的城市规划与建设，翻开了崭新的一页。

霍华德的追随者雷蒙·恩温(Raymond Unwin, 1863~1940)在 1912 年的《拥挤无益》和 1922 年的《卫星城镇的建设》(*The Building of Satellite*)中提出并发展卫星城的概念。他在 20 世纪 20 年代参与大伦敦规划期间，将这种理论运用于大伦敦的规划实践，提出采用"绿带"加"卫星城镇"的办法控制中心城的扩展、疏散人口和就业岗位。

工业城市和带状城市(the industrial city and the linear city)

如果说空想社会主义与田园城市理论是看到了工业革命所带来的问题并试图解决这些问题的话，那么嘎涅(Tony Garnier)的工业城市和马塔(Arturo Soria Y Mata, 1844~1920)的带状城市则是洞察到了工业革命对城市形态所带来的巨大影响，而提出的顺应工业革命形势变革城市形态的设计思想。

1. 工业城市（the industrial city）——近现代产业对城市形态的影响

法国青年建筑师嘎涅（Tony Garnier）于 1899 年至 1901 年间设计、1917 年发表的"工业城市"规划方案，成为解决旧有城市结构与新生产方式之间矛盾、顺应时代发展的代表性作品。工业城市方案中所涉及的功能分区、便捷交通、绿化隔离等成为后来现代城市规划中重要原则，时至今日依然发挥着作用。

2. 带状城市（the linear city）——近现代交通工具对城市形态的影响

产业功能的出现导致了城市功能分区与城市组成形态的变化，而铁路运输工具以及后来汽车的普及为旅客与货物在城市内部各地区之间，甚至是城市之间的快速移动提供了可能。1882 年西班牙工程师索里亚·伊·马塔（Arturo Soria Y Mata，1844~1920）发表了有关带状城市的设想，其学说的一个主要思想是："回到自然中去"。这种用绿地夹着城市建筑用地并随之不断延伸的城市，有学者认为：应当称之为第一代花园城市。

邻里单位理论（the theory of Neighborhood Unit）. 居住区规划（residential area planning）

在英美新型城市建设的过程中，有关居住单位的规划思想也得到了发展。霍华德给出的田园城市图解中已经存在着城市分区（Wards）思想的雏形。1929 年美国建筑师佩利（Clarence Arthur Perry）在编制纽约区域规划方案时，明确提出邻里单位的概念，并于同年出版《邻里单位》（*The Neighborhood Unit in Regional Survey of New York and Its Environs*）。

佩利邻里单位概念的产生与当时美国城市发展的动向密切相关。其中，由小奥姆斯特德（Frederick Law Olmsted Jr.）设计，位于纽约市郊的森林山庄（Forest Hill，1906~1911）直接成为邻里单位理论所依据的原型。

"雷德伯恩体系"（"Radburn system"）. 绿带城（green belt city）

在美国社区运动影响下，由佩利的工作伙伴建筑师斯泰因（Clarence Stein）和规划师莱特（Henry Wright）按照"邻里单位"理论模式，于 1929 年在美国新泽西州规划的雷德伯恩（Radburn,1928~1933）新城，1933 年开始建设，诠释了汽车交通时代的邻里单位思想，成为第一个将邻里单位与人车分行思想结合在一起，并付诸实施的实例。这种规划布局模式被称为"雷德伯恩体系"（Radburn system）。斯泰因又把它运用在 20 世纪 30 年代美国的其他新城建设，如森纳赛田园城（Sunnyside Garden City）以及位于马里兰、俄亥俄、威斯康星和新泽西的 4 个绿带城。邻里单位的规划思想首先被英美的规划师所接受并被运用于新城的建设中。第二次世界大战后更是被各国的城市规划所广泛采纳。

"有机疏散" 理论（theory of "organic decentralization"）

1918 年，芬兰建筑师 E. 沙里宁（Eliel. Saarinen）按照有机疏散原则作了大赫尔辛基规划方案。1942 年，沙里宁在《城市：它的生长、衰退和将来》一书中，针对城市圈过分集中所产生的弊病，提出了 "有机疏散" 理论，"有机疏散" 理论在二战之后对欧美各国建设新城，改造旧城，大城市向城郊疏散扩展的过程，产生了重要影响。沙里宁的 "有机疏散" 理论所追求的是现代城市社区两个最基本的目标—— "交往的效率或生活的安宁"。

沙里宁认为：城市结构要符合人类聚居的天性，便于人们过共同的社会生活，又不脱离自然，是人们居住在兼具城乡优点的环境中。城市作为一个生物，是和生命生物的内部秩序一致的，不能听其自然地凝聚成一个大块，而要把城市的人口和工作岗位分散到可供合理发展的，离开城市中心的地域上去。不仅重工业，轻工业也要疏散出去，腾出的大面积工业用地用来开辟绿地，对于城市生活中的 "日常活动" 的区域可作为集中的布置，不经常的 "偶然活动" 场所则作分散的布置。

区域规划理论（theory of regional planning）

1930 年美国著名学者刘易斯·芒福德（Lewis Mumford）提出了区域整体发展理论。1933 年的《雅典宪章》，即承认城市及周围区域之间存在着基本的统一性。这在后来的《马丘比丘宪章》中也得到了重申。刘易斯·芒福德认为，"区域是一个整体，城市是它其中的一部分。真正成功的城市规划必须是区域规划"。他的区域整体论主张 "大中小城市的结合，城市与农村的结合，人工环境与自然环境的结合，城市及乡村和其所依赖的区域是不应该分开的"。他非常重视区域绿色空间，"在区域范围内保持一个绿化环境，这对城市文化来说是极其重要的，一旦这个环境被破坏、掠夺、消灭，那么城市也将随之而衰退，因为这两者的关系是共存共荣的"。美国当代景观设计师 J.O. 西蒙兹说："区域规划师最重要的任务可能就是构建和协助形成一个广阔的，相互联系的且永久的开放空间保留地，并以此作为可持续发展的框架。"

大伦敦规划（Greater London Plan）

1940 年《皇家委员会关于工业人口分布的报告》（*Report on the Royal Commission On the Distribution of the Industrial Population*，1940 简称《巴罗报告》）的结论、工作方法以及按照其建议所开展的后续工作直接影响到包括大伦敦规划在内的英国战后城市规划编制与规划体系的建立，在英国城市规划史上占有重要的地位。作为皇家委员会成员之一的艾伯克隆比（Patrick Abercrombie, 1880~1957）于 1942~1944 年主持编制了大伦敦规划，并于 1945 年由政府正式发表（规划面积 6731km²，人口 1250 万人）。该规划的基本观点是：在英国全国人口增长不大，伦敦地区半径 48km 范围内人口规模保持基本稳定的前提下，在当时伦敦建成区之外设置一条宽约 5 英里（约 8 公里）的"绿带"，用来阻止城市用地的进一步无序扩张。大伦敦规划按照由内向外的顺序规划了 4 个圈层，即：内圈、近郊区圈、绿带圈、外圈；形成一个独立的理想城市。规划编制过程中采用了盖迪斯所倡导的"调查—分析—制定解决方案"的科学城市规划方法。大伦敦规划开创了在较大范围内考虑城市发展问题的思维方式与工作方法，并将生产力布局和区域经济发展问题与城市空间规划紧密结合，成为现代城市规划中里程碑式的规划案例。但是，大伦敦规划所采取的抑制大城市发展的思想集中体现了自霍华德以来的"城市分散主义"传统，但对大城市在新兴产业条件下（如第三产业的发展）的优势估计不足，甚至对巴罗报告中明显过时并带有倾向性的结论全盘接纳。其带有主观决策性质的规划目标与土地私有制下的城市开发机制，两者之间也存在根本性矛盾。因此，大伦敦规划在后来实施过程中出现了种种问题，例如外围新城的建设非但没有疏解中心城区的人口，反而吸引了伦敦地区以外的人口；伴随第三产业的远距离通勤现象的出现，导致新城的"卧城"化以及中心城交通压力增大等都成为被指责的焦点。

都市农业（urban agriculture）

1. 概况

世界非营利组织 CAST（The Council on Agriculture, Science and Technology）（始创于 1972 年）曾将都市农业定义为："都市农业是在城市内部进行的农业活动。与传统农业相同，其内容包括农业的生产、加工、销售、分配和消费。由于都市农业地处城市，其作用不仅包括提供农作物，而且包括为城市社会提供休闲娱乐场所、创造经济价值及就业机会、生态效益以及有当地特色的城市景观。"它是一种在城市范围内进行的，直接服务于城市需求的特殊的农业活动。

学界一般认为都市农业起源于 20 世纪初德国的市民农园。1935 年和 1959 年，日本学者青鹿四郎和美国农业经济与城市环境学者欧文·霍克相继从地理学的角度提出了"都市农业"这一说法。其后，美国农业经济学家约翰斯顿·布鲁斯、经济学家艾伦·尼斯等，均在不同时期提到了"都市农业生产方式"、"都市农业的模式"等概念。20 世纪 80 年代，随日本、新加坡、韩国的城市化进程，都开始了对都市农业的研究，并于 20 世纪 90 年代由日本传入中国。1992 年联合国开发署都市农业扶持小组（Urban Agriculture Support Group）成立。1994 年，美国生物学家 Navy Jack Todd 和 John Todd 在《从生态城市到生命机器》（From Eco City to Living Machine）中曾畅想将废弃的公交车站改建成水产养殖的空间，既利用了废弃空间，又能生产食物。这个思路——农业与城市中心区结合的理念逐渐引起了广泛关注。1996 年 3 月联合国成立了全球都市农业部（Global Facility for Urban Agriculture），广泛开展都市农业的研究与推广工作。时至今日，都市农业在许多国家备受关注，逐渐成为解决未来资源匮乏和食物短缺的重要途径，以及未来城市的发展方向。

农业与城市的可持续发展是城市化面临的难题之一。城市扩张和土地供给量不足，使传统农业模式面临极大挑战，处于"零耕地"状态的城市中心区很可能是我们未来解决农业供给的关键空间。都市农业理念拓展了农业开发模式，逐渐在城市近郊形成粮食与蔬菜等必需品的供给站。

对都市农业的思索虽源于节地，但其作用远远超越了节地。并且都市农业的节地优势一定要同住区、住宅的生态循环相结合，充分利用垃圾和排泄物，建立城市农业生态经济循环系统和微系统，提供足够的措施保证资源可持续利用，保持良好的生态环境，实现社会经济的可持续发展。

都市农业的发展应该是立体的，要有层次地规划，在保护城市生态环境的同时产生经济效益。开拓城市、住区和住宅的农业、经济作物种植面积，同时改变工作观念和生活方式，提供城市农业工人就业岗位。

都市农业是都市经济发展到了较高水平时，随着农村与城市、农业与非农业的进一步的融合，为适应都市城乡一体化的建设需要，在整个城市内形成的农业生产运行体系。它集农业生产和生态建设于一体，承载着生物技术、工程技术和信息技术，是市场化、集约化、科技化、信息化、产业化和人文化的新型农业。在城市中应用都市农业，是把建设都市绿地公园和发展农业生产结合起来，为解决耕地保护政策与发展城市用地需求之间的矛盾提供了一个新的思路。

2. 城市农业类型

　　城市农业类型大体上可以分为三种：（1）城市农业活动；（2）农业生态建筑；（3）城市农业生态循环技术应用。城市农业活动，始于在城市扩张中保留下来的农田。随着城市的发展，人们开始有意识地在城市中开展农业活动，农业生态建筑指在城市中心建立"城市—农业—人"的资源循环系统，实现居民、农业、自然资源永续发展，对解决城市中心区人口密度高、环境污染严重、粮食供应紧张、物价涨幅过快等资源和社会问题具有重要现实意义；城市农业生态循环技术应用是影响建筑空间组合的重要因素，也是支撑都市农业系统的核心技术。可再生能源利用、污水循环处理、固体垃圾再利用等生态循环技术和无土栽培、滴水灌溉、水产混合养殖等农业技术共同组成完善的"农业生态建筑"技术体系，这一组合也是对现有农业生态技术的高效组合。三种类型的详细内容分别参见相关条目。

3. 中国的都市农业

　　人多地少是我国的基本国情，人均耕地面积已由 2004 年的 1.41 亩进一步减少到 2005 年的 1.4 亩，仅为世界平均水平的 40%，18 亿亩耕地红线频频告急。随城市的不断扩张，城市周边的农田将日益减少，如何保持基本农田，探讨适合我国国情的城市节地策略乃当务之急。国外都市农业（urban farming/urban agriculture）的理念和经验可为我国城市节地提供新思路。

　　从我国现实的国情来看，在我国城市发展中推行都市农业，所能起到的作用包括：第一，在城市化进程中节约耕地；第二，减少目前部分大城市的草坪绿化投入；第三，创造有地方特色的城市景观；第四，解决部分失地农民及失业市民的就业问题；第五，用城市的先进设施促进农业科技进步。其中，减少和补偿城市建设造成的耕地占用是都市农业实施的主要议题。

　　将农业引入城市的关键之一在于转变观念，建立城市绿化新概念。目前，我国的城市绿化的弊端在于普遍注重绿化的生态、美化功能而忽略了绿化的经济效益。

　　都市农业应引入"生态经济"思想，建立集生态、节约、经济、景观于一体的绿化新概念。都市农业作为城市绿化在为城市景观和生态环境做出贡献的同时具有明显的经济优势。到 2010 年，北京的城市绿地面积达到 27630.0 公顷，其中公共绿地 4066.4 公顷。这些公共绿地的总造价按 150 万元 / 公顷计算，北京市在公共绿地上的总投入为 61 亿元，如果北京市应用都市农业进行城市景观建设，将公共绿地的植物替换成小麦、油菜等当地农作物，北京市不仅将节省 60 多亿元的公共绿地投资，还将有可观的经济收益。目前我国要求住区绿化率不得小于 30%，如果我们转变观念，将小麦果树等农作物用于住区绿化，则全国的住区建设都将节省 30% 的耕地占用。

都市农业活动（urban agricultural operation）

都市农业活动始于在城市扩张中保留下来的农田。随着城市的发展，人们开始有意识地在城市中开展农业活动，包括较大范围的集中式农业公园、建筑周边农作物种植，以及处在研发阶段的"垂直种植"几种类型。

1. 较大规模的景观式农园（large scale urban farmland）

较大规模的景观式农园指在政府的支持下，形成的具有一定规模的都市农业种植，即较大的集中型农园。这种农园在日本较为多见，形式主要有两种：一是市民农园，大部分出租给市民业余耕种，包括综合性的农园和一些特色农园，如老人农园、学童农园等；二是由专人管理的农业公园，由于政府为了在城市中保护耕地采取了一些较为有效的土地税制制度，在市区保留了一些点状分布（$50hm^2$ 以下）或片状分布（$50hm^2$ 以上）的耕地，形成了规模不等的各式农园。它们具有生产、生态、休闲体验等多种功能，作物以蔬、果为主，80% 使用了现代园艺栽培技术，蔬菜及花卉生产商品率在 90% 以上。荷兰、新加坡以及非洲某些国家也与日本类似，尽管起因不同，规模不等，技术水平也有较大差距，但有异曲同工之妙。

2. 小范围插花式种植（small-scale urban farming）

小范围插花式种植指范围较小的，在建筑周边、屋顶、阳台的农作物种植。美国纽约布鲁克林区人们在自家花园、后院里从事农业活动，还有一部分农业用地来源于社区公园。收获季节里，社区公益组织开辟一块用地作为农业市场进行农产品交易。由底特律一家非营利性组织"城市耕作"（Urban Farming）的创始人塔扎·赛弗尔（Taja Sevelle）向建筑师罗宾·奥斯勒（Robin Osler）提出用土豆、胡椒和洋葱代替非食用性的植物在绿色屋顶和墙面上种植，于是 2008 年夏天，洛杉矶的 4 个地点修建了农作物的垂直花园，这些花园将能够为经济贫困的社区提供充足的免费健康食品。在日本电信电话公司推出的绿色红薯计划中，都市农民在屋顶上种植红薯，不仅能帮助东京降温，还能在秋季有不菲的收获。

农业生态建筑（agricultural eco-building）

　　"农业生态建筑"概念最初由美国哥伦比亚大学 Dickson Desponmmier 教授提出。他认为，在城市中心建立"城市—农业—人"的资源循环系统，实现居民、农业、自然资源永续发展，对解决城市中心区人口密度高、环境污染严重、粮食供应紧张、物价涨幅过快等资源和社会问题具有重要现实意义。城市中心区"农业生态建筑"更强调建筑本身与城市内部资源的生态循环关系。经多年实践，以大城市为背景的建筑农场设计和实践主要包括：1. 屋顶农园（rooftop garden）与阳台种植；2. 生长墙（living wall or growing wall）；3. 室内种植（indoor garden）；4. 垂直综合温室（vertically integrated garden）；5. 农业住屋（agro housing）；6. 垂直农场（vertical farm）六种方式。其中前三种方式应用广泛，也是目前普及性较高的城市农业种植方式，而后三种均具有独立的农业循环体系，且各具特点。根据"农业生态建筑"的种植位置和技术特点，又可以将六种方式概括为三大类型：嵌入式农业建筑、农居混合式建筑和垂直农场。简述如下：

1. 嵌入式农业建筑（mosaic agriculture building）

　　屋顶农园、生长墙、室内种植和垂直综合温室都是在建筑局部空间应用农业种植的建筑方式，属"嵌入式农业建筑"：

　　（1）屋顶农园与阳台种植

　　屋顶农园及阳台种植是立体都市农业的主要表现形式。

　　屋顶农园是较为成熟的蔬菜种植方式，通常直接在屋顶保温层上覆土便可种植，还可将蔬菜种植在填满土壤的箱子里。屋顶种植浅须根植物是极佳选择，屋顶种植的优点在于改善建筑环境景观，降低热岛效应，调节气候，不仅吸收利用雨水、净化空气，还能吸引鸟类和昆虫；降低环境噪音，减少环境污染，屋顶土层还会提高建筑物的保温隔热热工性能，提高建筑屋顶的蓄水功能，保护防水层以及提高建筑工程构造的寿命。

　　阳台种植则与屋顶种植有一定的区别，阳台种植应以小株的农作物为主。我国目前已经有各种专门用于阳台种植的盆架。阳台也可形成温室，栽培蔬菜或鲜花，创造可观的经济效益。国外的阳台种植将温室阳台与室内制热系统相结合，阳台内外均采用空心砖，安装风扇促进空气被动流通，冬季可将温室热量导入室内，节约能源。

　　（2）生长墙

　　生长墙是采用由种植农作物的水泥盒子构成墙体的方法，可应用在实际建筑中，或建在院落围墙里。盒子采用沙子代替土壤，肥料放在沙子上层直接给植物提供营养。其优势在于节省种植空间、移动灵活。

（3）室内种植

室内种植是利用建筑中闲置空间进行农作物种植的技术，无土栽培和有土种植均可。如在住宅阳台上，以垂直方式种植植物。同时，将净化处理后的中水直接从顶部向下灌溉，实现水资源高效利用；农作物应时节而种，既能提高空气质量，又塑造良好景观。

（4）垂直综合温室（简写为 VIG）

垂直综合温室是在建筑双层表皮（double skin facade）空间中结合无土栽培技术种植农作物的一体化技术。

2. 农居混合式建筑（mixed farm house）

农居混合式建筑亦称"农业住屋"，是种植温室与公寓住宅结合的建筑形式，它融合城市和农村的生活，创造出高层公寓内垂直温室空间。"农业住屋"源于 2007 年第二届国际可持续住宅建筑设计竞赛中以色列建筑师 Knafo Klimor 的方案。该方案中，多层温室用来种植农作物，公寓上下嵌入公共空间。大量可持续建筑技术也是农业住屋的主要特点，主要包括自然植物遮阳、自然空气循环、中水循环灌溉、滴水灌溉、雨水收集灌溉、太阳能和地热能源收集等。

国外的研究与实践证明，都市农业不仅可为市民提供新鲜的食品蔬果，创造经济价值，补偿农业种植用地，还可以循环利用生活污水、排泄废物，形成良好的城市生态环境与景观，提供休闲娱乐场所，实现城市和社区的可持续发展。

3. 垂直种植（vertical farming）

垂直种植是一种种植水果、蔬菜及谷物，又可养殖鱼类，禽类以及猪等家畜的特殊的摩天楼式农场。这样的室内农场利用垃圾、废料生产能源和肥料，对污水进行自我净化并循化利用。多伦多的一位建筑师格尔顿·格里夫（Gordon Graff）设计的多伦多市中心的剧院区方案共 58 层，能够为数万人提供食物。

"垂直农场"或"摩天农场"最早由美国哥伦比亚大学教授 Dickson Despommier 提出，共 30 层。设计方案为一个街区大小，表皮均为玻璃幕墙，以最大限度地吸收阳光。他极力倡导在纽约发展垂直种植，认为 160 个这样的摩天楼农场能使整个纽约自给自足。内部采用无土栽培技术和电子设备监控，能源全部应用太阳能等清洁可再生能源。农场内部管网与周边建筑相连接，充分利用中水进行农业灌溉它具有完备的农业生态循环体系和技术措施。其内部主要由无土栽培农作物楼层、养殖牲畜楼层、水产养殖楼层、楼顶太阳能和风能收集系统、底层地热能和沼气收集系统等组成，通过废物循环和农业灌溉系统构成完整"农业生态建筑"系统。

在美国拉斯维加斯建成的 30 层垂直农场是世界第一座大型农业生态建筑。该项目可以种植近 100 多种不同种类的农作物，养殖鱼类和家禽，每年食物产量可供养 7.2 万人。外观是一个圆形大温室，环形平面设计增加空间运用效率和室内的自然采光。农场采用无土栽培，用过滤净化后的城市废水为植物提供生长所需水分；且所有水分皆可循环回收，每年大约收集 6000 万加仑的净化水，相当于 1000 个标准游泳池的水量。为精确合理地使用建筑空间，垂直农场采用阶梯式种植方式，以农作物生长高度和体积差异分层。农场运作所需能源，主要来自于顶楼的太阳能板和风车，同时混合堆肥产生的沼气也作为辅助能源。如果这个摩天大楼全年不间断种植、收割，其产量将是同等规模普通农场的300 多倍。不但能够解决城中心人口食品问题，还可提供氧气和清洁水源，不产生固体或液体垃圾，以"低影响"姿态矗立在城市居民身边。近些年间，有关垂直农场的概念性设计层出不穷。

综合上述，"农业生态建筑"优势主要体现在五个方面：（1）可直接向城市居民提供产量稳定、安全的蔬菜和肉类食品，避免害虫、化肥和恶劣气候的影响；（2）"零距离"运输，节省能源，降低食物成本，避免食物积压产生浪费；（3）循环利用城市废水和生活垃圾，提供土壤养分和建筑能源，维持农场设施运转；（4）充分利用城市废弃或闲置空间，降低农场运营成本；（5）提供更多工作机会。

"农业生态建筑"在我国农村耕作中有不少类似技术已在实践，例如：沼气利用、水稻水产混合养殖、屋顶种菜等，因此，比较容易在许多地区直接推广，无须各种实验性的投入，切实可行；同时，利用城市废弃闲置空间，开发"农业生态建筑"，不仅可以弥补因城市建设侵占的农田，还能够再利用城市的废弃资源、修复城市原有的生态环境、改变城市景观、创造农业经济效益和大量的就业机会，是未来城市和居民可持续发展的一种选择。

城市农业生态循环技术（urban agricultural eco-cycling tech）

生态循环技术是支撑都市农业系统的核心技术。可再生能源利用、污水循环处理、固体垃圾再利用等生态循环技术和无土栽培、滴水灌溉、水产混合养殖等农业技术共同组成完善的农业生态技术体系，也是对现有农业生态技术的高效组合。

在都市农业形成的生态循环系统中，利用雨水回收（屋顶＋地表水）及经过滤的中水进行农业灌溉。城市日常生活废物经净化反应，除部分进入沼气池产生能源外，经过滤的中水添加营养成分，生成无土栽培农作物生长所必需的营养水，固体废物则经过城市中进一步反应生成固体肥料。此时，城市中的雨水、垃圾已经转化成为都市农业的原始投入。农业产出可供居民餐饮，作为农副产品的加工原料以及工业原料，也可以作为观赏型动植物出售。部分的农业废料还可以作为能源原料，或进入混合堆肥系统继续为农作物制造肥料。在这个体系中，各个部分相互关联。农业通过新陈代谢对人类活动产生的废弃物和污染物予以接纳，降解，吸收，并以新的形式重新返回自然界。

1. 农业生态建筑的全循环系统

环境、"农业生态建筑"、城市与居民，三者形成自然资源、农业、城市垃圾与污水之间的生态循环链。太阳能和风能作为主要能源，为建筑控制系统、农业灌溉系统、废物处理系统等提供充足动力；城市日常生活废物通过生物净化反应堆后，生活污水转变为充满有机营养的液体，可结合收集的雨水一起灌溉建筑中的各类农作物，也可以供给水产混合养殖充足的养分，有机固体垃圾经过沉淀和分解产生沼气，燃烧后可增加建筑能源，在此过程生成的微生物和蠕虫等，既可作为鱼类食物，又可作为新的生物能促进垃圾分解，而农作物收割后产生的植物废物，大部分能作为农场牲畜的食物，剩余的可燃烧物作为能源储备或为混合堆肥系统提供原料；从农业建筑中收获的农作物和水产品，运送到居民市场、餐馆、商店和超市等农产品配给单元，同时再收集食物垃圾，便又可在"农业生态建筑"内重新进行循环利用。这样一个以太阳能、风能和生物能推动的农业生态循环体就形成了。

2. 生物循环处理技术（Living Machine）

Living Machine 是 John Todd 博士于 1970 年发明的特殊生态循环技术，是通过浮游生物、鱼类和软体动物等对腐质成分进行分解，净化污水和有机垃圾的生物净化反应堆。它是由一系列桶状容器组成的工程流线，包括多个次级生物净化系统，如：厌氧反应堆、缺氧反应堆、有氧反应堆和生态流化床等，能够处理多种类型的生活污物。城市居民对粮食和自然资源的消耗量日益庞大，Living Machine 可将人们每日产生的垃圾废物转化成为具有农业用途的水源和肥料，让这种生态技术在都市农场运作中得到完美应用。它与化学或机器处理方法不同，完全不会对自然环境产生负面影响，是"农业生态建筑"重要的核心净化技术。

3. 城市垃圾循环再利用技术

城市垃圾来自于居民日常消费，主要包括生活污水和有机固体垃圾。生活污水（Black Water）的处理方法包括厌氧和有氧两个部分，均需处理水中的难以过滤的复合污物，在分解反应的同时也可获得沼气，利用燃烧获取能量。有机固体垃圾主要指餐饮厨余，一般通过厌氧反应堆进行分解处理。分解后的产物由作为潜在肥料的食物垃圾和甲烷、CO_2 等气体组成。厌氧处理主要有两个目的：首先，它可以有效分解和回收垃圾中的营养物质，转化为农场内农业生产和水产生产需要的废料和食物；其次，反应堆中可产生大量的沼气，这是优秀垂直农场的能量机制的重要标志；这个过程还能消除病原微生物，提供热量和光合作用的 CO_2，调整营养液的 pH 值。

4. 无土栽培灌溉系统和水产混合养殖技术

无土栽培（hydroponics）原意是用水工作的意思，现代无土栽培是植物生长最环保的方法，与建筑农场中灌溉系统结合形成农作物培育系统。它是一种改善粮食安全的策略，可避免微生物病原体、虫害对植物生长的影响，无需植物除草剂或杀虫剂，还能够让农作物与蒸腾水充分接触，提高农产品质量和产量。但这个过程中水的 pH 值必需根据植物特性保持在一定范围内才能成功。用循环中水养殖水产品的技术已得到广泛认可。在放养鱼苗前，循环中水通常储存在池塘里 2~3 周，直到颜色变成绿色为止，这表示池内已含丰富的浮游生物作为鱼的食物。此外，生长在混合堆肥和农场蔬菜中的蠕虫也可作为鱼类食物。

城市景观（urban landscape）

由景观生态学的观点来看，城市不仅有其静态的空间结钩及外观形态，而且还有其动态功能和生态过程：

1. 自然生态系统或农村生态系统中能量流动主要集中在系统内各生物物种之间进行，反映在生物的新陈代谢过程中，能量在各营养级中的流动都遵循着"生态金字塔"规律。但城市以第二产业、第三产业为主，植物生产不占主导地位。在人工调控下，城市生态系统中的绿色植被所生产的粮食、蔬菜、水果和其他各类绿色植物产品不足以供应城市居民之需。城市生态系统中生命系统主体是人类，而非各种植物、动物或微生物，次级生产者或消费者都是人；消费者与生产者的比例失调，消费者生物量总是超过初级生产者的生物量，各营养级间的能流：植物→动物→人类反映出下小上大的"倒金字塔"规律。居民需要的食物主要来自城市以外的如农业基地、畜牧基地以及渔业基地等，再通过商业系统供应居民。特别是在城市物质循环中，居民产生数量巨大的废物，同样难以靠城市本身分解、还原，必须依靠人工推动力去输出解决。

2. 城市生态系统拥有自然生态系统所没有的工业生产或矿业开发以及相应的水电资

源及风能利用等设施。就工业、矿业而言，工业生产是一般城市都具备的基本组成部分，矿业等则视城市类型而定。城市首先应是一个生产集聚区；能够利用城市内外系统提供的物质和能量等资源，生产出产品供城市内外的人类服务，其供应范围随城市的发展越来越大，从邻近城市、区域发展到全国乃至世界各地。其物流、能流的负荷巨大。

3. 城市要维持工业生产和居民生活，就需要不断地从外部输入能量和物质，输出产品和生产、生活所发生的废物；从而突显了斑块之间的运作功能与过程。对于简单的居民点而言，至少要满足居住、衣食、劳动、炊事、交通、排污以及相应设施与建设之需。就工业生产而言，其能量与物质之需远远大于居民生活，需要维持城市生态系统的生产、消费和分解还原的全过程。它们涉及各项资源、能源、产品、货物、资金、人口、污物等在城区、系统、部门之间的工业生产、商业经营与交通运作。庞大而复杂的经济与社会系统以及千万倍于已往的信息流构成了城市的特有景观形态。

4. 早年提出生态学这门学科时，很多人存有"城市是个超级生物（superorganism）"的想法，但我们必须承认这只不过是个比拟。

生物界的能流是以食物形式传递的生物能，被下一级生物吸收后用以维持生命以及进行各种生命活动，包括为再下一级生物制造食物。既然是"以食物形式传递的"能流，实际上也就相当于物流。从这个意义上说，生物界的能源物质流动相当于能量的流动。

但城市的能流和物流就与生物界的全然不同，就工业城市而论，输入的原料可能来自它国，而产品也可能远销海外，全城能耗要远大于居民的生活需要。为满足人类不断增长的生产与生活需求，造就了高度人工化的城市生态系统，创造了城市这一引入斑块。城市内的布局与交通密切关联着城市的生产功能与区划以及居民生活。兼顾生产与生活需求的同时，规划还须关注历史上同当地自然条件相适应的能流与物流路线，尽可能地减少对原有自然生态的破坏、对资源的过度消耗以及对环境的污染，实现环境友好的城市景观规划。

城市景观生态规划（urban landscape eco-planning）

景观生态规划与设计（LANDEP and LANDED）的中心任务是创造一个可持续发展的整体的区域生态系统，其研究内容可归纳为四个方面：1. 景观生态学基础研究：包括景观的生态分类、结构与动态分析、功能分化等，目的是从结构、功能、动态等方面，研究其景观生态过程；2. 景观生态评价：包括经济社会评价与自然评价两个方面，即评价景观的现在利用状况的适宜性，以及评价已确定的将来用途的适宜性；3. 景观生态规划与设计：根据景观生态评价的结果，探讨景观的最佳利用结构；4. 景观管理：一方面是负责景观生态规划与设计成果的实施，另一方面及时反馈实施过程中所出现的问题给规划与设计人员，不断进行修改，使之完善。

城市景观生态规划主要是在宏观和中观两个层次上进行。前者主要就是城市土地利用的规划，根据景观生态学的原理，对城市内部的土地利用类型与布局进行规划和评估；后者是对城市内某一种或几种景观类型进行规划。

1. 宏观尺度上的城市景观生态规划——土地利用

土地利用规划（land use planning）是景观生态学重要的实践领域。多种行业，如城市建设、农、林、牧、水、矿、交通等都存在土地利用规划问题。景观生态学的结构与功能、生态整体性与空间异质性、景观多样性与稳定性以及景观变化等理论为各行业的规划设计提供了依据。土地利用规划目的在于建立区域景观生态系统优化利用的空间结构和模式，协调人与自然的关系，合理解决由土地利用所带来的一系列环境问题。景观生态规划是通过分析景观特性以及对其判释、综合和评价，提出景观最优利用方案。既保护环境，又发展生产，合理处理生产与生态、资源开发与保护、经济发展与环境质量以及开发速度、规模、容量、承载力等的辩证关系。如在我国温带亚湿润地区，常发生农林争地、农牧争地的矛盾，按景观生态设计的思想，建设林草田复合生态系统，可使林、草、田的生态功能得以充分发挥且互相促进，不但可使沙地得到治理，而且又能从沙地上获取一定的经济效益。根据景观生态学原理和方法，城市景观的生态建设应合理地规划景观空间结构，使各种景观要素的数量及其空间分布合理，将自然引入城市，使信息流、物质流与能量流畅通，使景观不仅符合生态学原理，适于人聚居而且具有一定美学价值。对于干扰比较强烈的地段景观如矿区的恢复重建也应按照景观生态学的原理，采取人为的工程措施重建生态系统，改造原有的景观结构。改善或恢复受损失生态系统的功能，使重建地与周围环境逐步建立起相协调的生态关系，提高景观生态系统的总体生产力和稳定性。景观生态学的理论和方法更注重人为活动干扰对景观结构和过程影响的研究。在生态旅游的开发和管理过程中，导入景观生态的思想和方法，是保证生态旅游区可持续发展的一种有效途径。景观生态学不仅适用于生态旅游的空间处理，而且与生态旅游特别强调的生态内涵相一致，在生态旅游的旅游区开发设计和管理、旅游区容量、旅游区景观结构的动态变化分析等方面得到应用。如依据景观生态整体性和空间异质性进行生态旅游区的功能分区，合理利用，优化旅游资源配置；遵循异质性、多样性、边缘效应、尺度性等原则，通过对景观结构和功能单元的生态化设计与管理，保证结构上的合理和功能上的协调，从而实现生态旅游的良性循环。

景观生态学思想源自于土地利用规划，而生态学的发展又反过来为土地利用规划提供了新的理论基础和一系列方法、工具与资料。例如在土地利用规划设计的过程中可以利用景观生态学的结构分析和空间模型等方法评估和预测规划设计方案可能带来的生态学后果，同时结合遥感、地理信息系统等技术，使土地利用方案更具科学性和可行性。

景观生态学为其他领域如国土整治、环境治理、农业生态建设等提供了理论支持。总之，随着景观生态学理论和方法的完善提高，景观生态学的应用范围越来越广阔，发挥的作用必将越来越大。

2. 中观尺度上的城市景观生态规划

从中观尺度（属景观生态学尺度）上看，城市景观实际上是由工业区、居住区、商业区、文化区、公园、道路和河流等不同要素构成。城市景观的基质：是由人工建造的建筑物和街区所构成，不同功能、性质和外貌的建筑物与地段成为城市的主题背景，交通网络贯穿其间。城市景观的斑块：主要是指城市中的各个不同的功能分区，并为道路、河流、绿带等廊道所分割，相互之间呈连续或岛状镶嵌分布，与城市中的山林、湿地、农田等各种自然残留斑块，以及废弃地、硬质铺面广场等人工斑块，共同构成城市中的异质斑块，其中城市绿地当属最具有异质性特征的斑块。城市景观的廊道：主要是指城市中具有一定宽度，连接不同功能部分的各种线形元素，如城市道路、河流、高压线走廊、防洪渠等。特别是指大量以交通为目的的公路、街道、铁路等，相互之间构成了巨大的网络；不仅有平面的，还有立体的。此外，沿道路或河流廊道，常分布有植被廊道，成为城市动物运动迁移的重要载体，且在城市的自然保护与品位提升上具有重要意义。中观尺度上的城市景观生态规划就是要根据景观生态学原理和方法，合理地规划廊道、斑块、基底等景观要素的数量及其空间分布，有利于信息流、物质流与能量流的畅通，有利于改善城市景观结构和功能，提高城市环境质量，优化人类聚居条件，促进城市景观的持续发展。

由于城市景观具有两种生态系统（自然生态系统和人类生态系统）的属性，因此，相应的规划主要集中在三个方面进行：（1）环境敏感区的保护；（2）生态绿地空间规划；（3）城市外貌与建筑景观规划。其中环境敏感区，是对人类具有特殊价值或具有潜在自然灾害的地区，这些地区往往因人类不当的开发活动而极易导致环境负效果，属脆弱地区。依据资源特性与功能差异，环境敏感区又可分为：生态敏感区、文化敏感区、资源生产敏感区和自然灾害敏感区。生态敏感区包括城市中的海滩、滨水地区、河流水系、山丘、山峰、特殊或稀有植物群落、部分野生动物栖息地等。文化景观敏感区指城市景观中具有特殊或重要历史、文化价值的地区，如文物古迹、革命遗址等。资源生产敏感区有城市水源涵养区、新鲜空气补充区、土壤维护区、野生动物繁殖区。自然灾害敏感区包括城市可能发生洪患的滨水区、地质不稳定区、空气严重污染区等。由于环境敏感区涉及城市景观维持的稳定性问题，因此往往必须首先考虑。

城市的环境质量改善，除了依靠对污染的防治和控制外，还要重视发挥自然景观对污染物的承载作用，特别是天然和人工水体，自然或人工植被、广阔的农业用地和空旷的景观地段，都可作为景观生态稳定带的骨架。将自然组分重新引入城市是当今城市景观生态学研究的中心。

景观生态规划模式同 McHarg（1969）的设计结合自然模式（Design with nature）相比，又发生了一次质的飞跃。设计结合自然模式摒弃了追求人工的秩序（Orderliness）和功能分区（Zoning）的传统规划模式，强调各项土地利用的生态适应性（Suitability & Fitness）和体现自然资源的固有价值；而景观生态规划模式则强调景观空间结构（Structure）对过程（Process）的控制和影响。

景观都市主义（Landscape Urbanism）

20 世纪下半叶到 21 世纪初，主要发达国家进入了后工业时代，产业结构的调整、全球化和信息技术的迅猛发展，深刻地改变了人们的生活，也改变着建筑与城市的形态。人员、物品、信息的聚集和流动使得城市形态变得愈加庞大、混杂和多变，城市的边缘形态也随之日益模糊。有研究者指出，当代大都市表现了不同以往的特征，如：多变的流动性、等级消失、无中心化、既分散又集中、间断而混杂的功能分区、水平延展等等；一切日益呈现出一种网状的、动态的蔓延。对于当代城市现象的这些新的特征，传统的城市设计思想面临着许多困境。无论是现代主义的功能分区和整体控制思想，还是后现代主义从历史和古典城市空间中搜寻借鉴，都显得力不从心，难以应对当代城市形态面临的挑战。面对城市的客观发展态势和现行城市设计的意识走向，人们进行着深入反思，亟需寻找一种建立在生态规划原理之上，综合而统筹的新的解决途径。景观都市主义正是在这样的环境危机背景下应运而生。

作为目前国际新兴的重要学科领域，景观都市主义是时代变迁的要求，也是建筑与城市学科发生转向的产物，更是建筑学的自我革新。它源自 20 世纪下半叶对城市的批判与反思，可追溯至 CIAM 十次小组的观念、国际情境主义（Situationalist）的实践、超级工作室（Superstudio）的连续纪念碑等。另外，全球领域的环境运动、景观学科的生态化趋势、艺术领域的大地艺术等也都为它提供了多重资源。

　　20 世纪 90 年代晚期，加拿大学者查尔斯·沃德海姆（Charles Waldheim）首先将
"landscape" 和 "urbanism" 这两个曾经不相关的词语合并在一起，创造了 "Landscape
Urbanism" 这一术语，用来描述一系列新出现的都市规划和设计领域的理论研究与实践作
品，其中自然系统和建造系统的互动成为决定城市形态的基础。这一术语及其相关理论
和实践很快发展为当代学界的一个引人注目的主题。"Urbanism" 既意指关于城市的地理、
经济、社会、政治、文化环境及其对于城市建成环境影响的综合研究，也意指对于城市
及其建筑的综合规划设计。所以，将 "Landscape Urbanism" 从一种理论观点的角度理解
为 "景观都市主义"，或是从一种实践活动的角度理解为 "景观都市设计"，甚至从一种
新的交叉学科的角度理解为 "景观都市学"，都是可以接受的。

　　基于生态理念的当代景观科学日渐被人们认为是改善城市环境现状与人居条件的有
力武器，景观科学和景观建筑学已从既往狭隘的 "风景" 环境走向城市环境；而景观营
造的目标也从仅仅创造一种视觉美的场景进一步发展到创造一种生态安全、宜居和可持
续发展的生存环境。尤其是当代城市面临着许多工业用地改造、废弃地再生、城市扩展
和边缘区开发、公共空间营造等类型的项目，建立多学科的综合团队、景观先行甚至是
以景观视角统领整个计划的策略越来越被证明是重要而有效的。

　　1982 年的巴黎拉维莱特公园竞赛在景观都市主义的形成中具有重要意义，获得并列
第一的屈米和库哈斯的方案第一次清晰地展现了城市与景观的另一种可能的关系。他们
用分层的、无等级的、灵活的策略提出了一种新的、开放的都市景观形式，以适应各种
城市活动。尤其是库哈斯的方案，试图将曼哈顿式的摩天楼平摊在都市中，创造另一种
维度的都市压缩景观，以之联系大型后工业场地上的城市基础设施和公共事件以及城市
未来，等等。这一策略引起了许多争论，但同时又真正开辟了景观都市主义之路。

　　虽然景观都市主义一词是 20 世纪 90 年代由查尔斯·瓦尔德海姆（C.Waldheim）在
美国景观建筑师詹姆斯·康纳（J.Corner）等人的研究基础上总结创造的，但随后由 M·莫
斯塔法维（M.Mostafavi）带领着英国 AA School 在更大范围掀起了波澜。目前，景观都市
主义重要的研究阵地多在世界知名高校以及研究型的设计事务所中，包括英国 AA School、
美国宾夕法尼亚大学、哈佛大学、哥伦比亚大学、瑞士苏黎世高工、荷兰代尔夫特大学、
贝尔拉格学校、西班牙马德里建筑学院、澳大利亚皇家墨尔本理工大学等。

　　从哈佛大学景观规划和城市规划专业的发展历史来看，城市规划课程在景观规划
课程开设 9 年后的 1909 年才出现，直到 1923 年城市规划才正式从景观规划专业中分离
出去，成为一门独立的学科。时隔一个多世纪，伴随着景观都市主义的出现，景观再次
被推到了城市规划设计的前沿，并被提升到世界观和方法论的高度。然而，景观都市主

义毕竟是个新领域，目前尚在形成过程中，只是一种发展中的理论形态，还不具备一个学科的特点，我国在这方面的研究也才刚刚开始。但可以看出，景观都市主义概念体现了一种跨学科的思考和合作关系，它不仅提供一种新的视角，也蕴涵着新的规划方法论。例如，深圳龙岗中心和廊坊万庄农业生态城就是在这种理论和方法指导下进行的不同尺度、不同密度的景观城市实践。因此，随着对景观都市主义理念研究与景观城市实践的逐步深入，必将对重新审视区域规划与城市规划、城市的空间结构与形态产生积极影响。

景观都市主义是一种跨学科、跨领域，以新的世界观（Worldviews）和方法论（Methodologies）来处理人地关系和城市建设的新型理论，通过跨专业的分工、协同与整合，来统筹解决城市发展过程中所遇到的问题，以景观为载体创造新的城市形态和空间。

"加厚的地面" 实践（"thickened ground" in practice）

在城市的演进中，景观都市主义期望能够突破传统城市规划的局限，将自然区域、开放空间和人工建造的实体整合为一个动态的、可持续的人工生态系统。"加厚的地面"就是景观都市主义的一个设计实例，把它作为城市多功能的载体介入了城市结构，从而使景观的内涵和外延在设计实践中得到了扩充和发展。

景观都市主义把大地上所有存在的物体（自然的或人造的）、空间及其状态的视觉总和阅读为延续蔓延着的地表景观。这里景观不仅仅是绿色的景物或自然空间，更是连续性的地表结构—— 一种"加厚的地面"。作为一种能行使功能的层叠式结构，"加厚的地面"能够"汇"、"编"穿越其间的动态事件与过程，并能最大限度地为它们提供联络、互动、交换、聚散、混合与相融的可能性，具体表现为两种整体景观形态：一是多维空间形态整合，二是多层面、立体化的城市空间体系。

1. 多维空间形态整合（shape integration of multi-dimensional space）

"首先，城市设计的重点应是按照连续的景观形态来设计，而不是（强调）孤立的建筑形式；其次，迫切需要将一些超大型的公共设施，如购物中心、停车场、办公园区转变成景观形态。"地形学派（Typologies）建筑师的代表，英国外国建筑师事务所（FOA）在 2007 年完成的 5.5 万平方米的土耳其伊斯坦布尔的 Meydan 商业中心，就是建筑与场域整体景观形态整合较为成功的一个案例。同时，又是对建筑理论及历史学家肯尼斯·弗兰普顿（Kenneth Frampton）上述观点的回应。

该项目从三维立体多层面的视角出发，由于充分强调利用地形地貌等城市自然形态，使建筑物的形体不再突出，取而代之的是一个与周边城市地表相联系的、延续的公共空间。游人不仅可以经中心广场便捷地去往地下停车场、地上商店甚至屋顶花园；同时，由于建筑屋顶多处与周边的街道相连，游人还可以通过屋顶走向城市的四面八方。Meydan 不再是传统意义上的商业广场，因为它提供游人的不仅是购物体验，而是一个充满活力的城市中转站（Exchange Hub）。这里"加厚的地面"所代表的是一个整合了购物、娱乐、休闲，甚至交通功能的多维系统复合叠加的景观场域，不仅节约了土地，更充分体现了"地方感"和"场所精神"。

2. 多层面、立体化的城市空间体系（multi-level and stereoscopic urban space system）

随着城市密度的增加与中心用地的短缺，多层面空间立体化必将成为未来主要发展方向，并将促成传统城市由水平式横向发展向立体化发展的转变：即地表、地上空间、地下空间的综合开发利用及多层面道路交通系统等。为此，"加厚的地面"所代表的整体景观形态整合模式为解决由于人口和功能的高度集聚而产生的交通问题及对公共空间的大量需求，提供了一种可行的解决方法。

库哈斯和他的 OMA 团队于 2004 年完成的巴黎市中心（Les Halles）集市改造工程竞赛，就是这方面颇有代表性的案例。正如冰山并非自上而下堆积形成，而是由水下的冰块拱出水面而形成的那样，库哈斯希望地下商业建筑也能够拱出地面。在地面上兴建花园，而它同时又为地下的商业中心服务，通过基础设施，如走道、出入口等将花园延伸到地下，这样就使得地面的花园和地下的商业区之间形成很好的联系。这个设计的整体思路就是景观介入城市的结构，从整体和系统的角度统筹安排各种功能设施，强调开发项目之间的有机联系和环境的协调性，把地上的与地下的、园林的与建筑的、历史的与现代的等各种层面上的元素叠加在一起，综合形成一个整体性的景观形态。

为保证"中国式密度"的发展模式，城市三维多层面空间立体化的景观形态同样是中国城市结构形态发展的大趋势。由英国 Groundlab 中标的 11.8km^2 深圳龙岗中心城市设计给我们开了一个好头：林龙岗大桥到龙岗广场，通过地下空间开发与河道规划相结合，向我们展示了一个包含公共活动、地下出入口以及 CBD 停车设施在内的交通系统和层叠式的城市公共领域，一个连续而完整的"加厚的地面"。

由此可见，景观作为一种能容纳和安排各种复杂城市活动的组织结构既是自然过程，又是人文过程的载体，并能为两者提供相互融入和交换的界面。

"景观基础设施"实践（"landscape infrastructure" in practice）

"景观基础设施"是景观都市主义的一个富有启发性的设计实践，人们一谈到基础设施，很容易想到的就是市政基础设施，即灰色基础设施（Grey Infrastructure），传统意义上它被定义为"由道路、桥梁、铁路以及其他确保工业化经济正常运作所必须的公共设施所组成的网络"。通常这些基础设施多为专项投资且数额巨大，其年投资额动辄以万亿元计。而人们仅仅考虑它们技术方面的要求，忽略了城市基础设施还应具有的社会、审美及生态方面的功能，这种单一效益的思维方式和操作方法严重影响了基础设施对城市生活的整体贡献。然而，在景观都市主义的体系中，基础设施不再是一个高性能平庸的城市机器，单一功能的城市基础设施的建设，如：公路、桥梁、下水道、水管线路、通讯电缆等这些"灰色基础设施"必须与生态廊道、绿色通道、河道网络，以及公园绿地等属于"绿色基础设施"领域协同整合、统筹建设，形成一种更有效、更经济和更具有持续性的优化状态——景观基础设施，能使钢筋混凝土的城市自由呼吸，形成一个有生命的有趣味的综合的人造生物系。

近些年来，欧美许多国家经过对城市重新审视后发现，基础设施是一种能够对城市建设产生积极影响，却未被充分开发的资源。除了市政功能以外它们还应该像传统的公园和广场一样具有公共空间的特征。我们需要改变当下以专项工程对待、满足于现代主义的简化原则，而应表达其更高层次的综合性和复杂性，更多元地接近当代社会和环境的多样化，从而用最少的用地取得最大的社会经济和生态系统服务效益。

"城市发展的战略框架"实践（"strategic framework for urban development" in practice）

景观都市主义用多功能的景观基础设施系统和网络当作城市形态生成、发展和演变的基本战略框架。库哈斯是运用此策略的第一位建筑师。1987年OMA团队在法国小镇Melun-Senart作品竞赛中，首次展示了城市发展策略由建筑向景观转移的过程。该项目颠覆了传统城市规划中物体与地面、建筑与开放空间的关系，设计师的注意力不再放在规划和安排建筑上，而放在布置"空"（非建设用地）地上。一个中国元素的介入成为设计的出发点：从平面上看，整个设计框架如同中国书法，框架（廊道）之间的"空"地被作为"岛屿"（斑块）。同时，这个框架不是设计师的凭空想象，而是对基地现状、动植物的栖息地、历史遗迹、生态廊道、现有基础设施以及新的规划项目的认真调查后得出的。

这种群岛模式确保了每个岛的自主与完整性，只要未来这个"空"的框架被维持和保留，人们就可以在岛上安排任何项目。因此，来自政治、文化、财政方面的不确定性对未来城市建设的压力将会被这个极具弹性的框架和其间的"空"地所缓解。

从这个案例不难看出，景观基础设施网络为城市形态的形成、发展和演变提供了一个有力的基底。这种可塑性的弹性体系取代了现代主义刚性的形式与结构，成为一种组织城市空间形态的更好途径。通过为今后土地使用预备景观基础设施的网络，可以用来满足未来城市发展多样的可能性和灵活性的要求。

巴黎拉·维莱特公园（Parc de la Villette in Paris）

在 20 世纪 80 年代的巴黎拉·维莱特公园（Parc de la Villette）竞赛项目中，获得设计前两名的方案——分别来自屈米和库哈斯——如今被认为是景观都市主义最早的实践。他们的设计方案抛弃了传统的公园设计手法，而采用了一种景观与城市语汇紧密交融的设计策略——一种"城市化的景观"或"景观化的城市"。屈米认为拉·维莱特虽然名为"公园"，其实是一种新类型的城市，是"巴黎最大的不连贯城区"。基于这样的认识，他控制了大尺度空间，让景观成为一种容纳和安排复杂的城市活动的载体。

屈米的方案最终获得头奖并付诸实施。他摒弃了传统的城市和园林设计中那些中心、轴线、等级等组织空间的手法，以一个"点—线—面"相叠加的系统覆盖整个场地，成为公园的基本架构。这一系统是无中心、无等级和蔓延的。"点"是按 120m 方格网排布的被称为"疯狂"（Folies）的红色构筑物。"线"是主要的交通系统，包括两条长廊、林荫道、中央环路和一条将 10 个主题花园联系起来的蜿蜒步道。"面"即是这 10 个小型的主题花园和其他场地、草坪及树丛。10 个主题小园包括镜园、恐怖童话园、风园、雾园、龙园、竹园等，分别由不同的风景师或艺术家设计。

屈米把这些风格迥异的主题园比喻成不同年龄、不同人群的游人在其中进行不同的活动。同时，公园中的几座公共建筑也都常年安排多样的公共活动。从而，一系列丰富多彩的"事件"在公园中上演，事件景观代替自然景观成为公园的真正内核。同时，拉·维莱特是开放的，与城市之间没有明显的隔断。从某种意义上说，"点—线—面"的系统正是一个基础设施网络，能够容纳多种城市事件、活动以及未来变化的可能性。在公园的使用当中，将经受不断地变化和调整。公园越是运作，越将处于一种不断修正的状态，计划的不确定性是问题的根本，这个方案允许任何转换、修正、置换或是替代的发生。方案构建了一个基础设施的水平场域，可以适应随着时间流逝而发生各种各样的都市行为：计划的和未计划的，设想过的和未设想到的。着眼点在于通过景观创造出城市生活和事件的舞台，貌似与场地文脉毫无关联的设计，事实上提供了更多的可能性。

鹿特丹剧场广场（Rotterdam Schouwburgplein）

鹿特丹的剧场广场（Schouwburgplein）是荷兰著名的 West8 事务所的作品，也是景观都市主义的一个重要实例，荷兰语中"Schouwburg"意为剧场。这个广场被四周的剧场、音乐厅、多功能表演厅和 Pathe 多荧幕电影院等演出场所所围绕。与拉·维莱特公园和其他一些景观都市主义的实践项目不同，剧场广场基本上是一个纯人工化的场所，$1.5hm^2$的广场下面是两层的车库，这意味着广场上不能种树。设计者将广场的地面抬高，保持了广场是一个平的、空旷的空间，不仅提供了一个欣赏城市天际线的地方，而且创造了一个"城市舞台"的形象。

设计没有赋予它特定的使用功能，但却提供了日常生活中必要的灵活使用因素，这种空间可以跟随时间变化而变化：人们在上面表演，孩子们在上面踢球，形形色色的人物穿行于广场，每一天、每一个季节广场的景观都不同。其中，最精彩的部分在于广场被设计为一个交互性公共空间，形成景观与人之间丰富的互动。广场上的木质铺装允许游客在上面雕刻名字和其他信息。广场上最引人注目的 4 座高度超过 35m 的水压式柱灯，高大的红色发光探照桅杆，像真的探照灯一样每两小时改变一次形状，人们只要投入钱币便可以随心所欲的操纵，以形成不同的高度、方向与位置，让广场每时每刻都呈现不同面貌；这种无定势的变化，增加了广场的趣味性，强化了人们的参与性与广场的变化。广场一侧 Pathe 多荧幕电影院的白色组合式荧幕上正放映着广场上人们的活动情景，透过隐藏式摄像机将广场上的活动变成了电影院节目的一部分。

多伦多公园（Downsview Park in Toronto）

在 1999 年加拿大多伦多 Downsview 公园的设计竞赛中，库哈斯的团队赢得了竞赛，得到了学界很高的赞誉。Downsview 公园所在的场地是一个废弃的空军基地，由于城市的扩张，它现在所处的位置已经是大多伦多市区的中心，周边交通发达。政府和市民希望通过这一场地的改造和复兴，激发城市新的活力。

库哈斯团队的方案名为"树城"（Tree City）。其最主要的特点是在方案中并没有提出具体的形式，而是提出一系列阶段性的策略指导公园的建设和形成。他们提出"牺牲与

拯救 + 公园生长 + 人造自然 + 千条小径 + 安排栽植 + 目标与发散 = 低密度的都市生活"。设计者放弃了一开始就进行全面建设,并以建造新建筑作为城市发展的原动力的做法,选择多伦多最具特色的资源——树木,通过持续不断地种植为城市发展创造财富,提升土地价值,控制前期投入和预算,使公园建设形成良性循环。

设计构想将分三个阶段来实现。第一阶段(2001 ～ 2005 年),对公园场地受污染的土壤进行整理和救治。这一阶段场地在视觉上改变不大,仅对场地进行最低的物理干预。第二阶段(2006 ～ 2010 年)增加人工干预,建设道路网络,并为场地安排一些活动。在清理过的场地上完善原先的种植并开始新的种植,库哈斯称之为"植物生长中心点"(Vegetal Epicenter)。将这些植栽延伸入临近的城市区域,从而在植被上形成公园以及周边环境的联系,使适应当地气候和土壤的物种在此定居、繁衍,并维持自身的发展。第三阶段(2011 ～ 2015 年)大约 25% 的场地将形成成熟的植物群落,设计者期望促使这些植物逐渐穿越场地而自由分布,而其余场地的用途则根据未来的发展和规划来决定。在这一阶段,前面省下的资金投入固定设施的建设,包括建设公园旁边的联合交通站以及公园其余的文化设施。

最终,设计者希望将通过种植系统和步行道路广泛地伸入临近区域,通过这种"绿色蔓延"(green sprawl),使公园连接起城市的其他的绿色空间,让 Downsview 地区完整地融入大多伦多地区的景观系统之中。

库哈斯的"树城"方案是策略性的而非形式主导的,设计者更加关注这一都市区域发展的过程而非结果。这是因为场地本身的未来发展就蕴含着不确定性。这种不确定性来自两方面,一方面是场地原有的自然生态系统已经严重退化,生态恢复是一个长期而复杂的过程,难于准确预测和控制;另一方面,场地正处在一个城市化发展中不断转变的区域,在大多伦多地区的发展过程中,当地的人口和环境都将发生很大的变化,使得这里未来的城市生活充满种种不可预测性。因而设计者认为,规划设计发展的过程,以及过程随时间的开放性,对于城市而言要比具体的形式更有意义。设计者试图让场址成为一种不是被"设计出来"的环境,而是随着时间发展,通过自然过程的演进和城市生活活动的逐步介入而逐渐形成的环境。

"树城"方案的设计者希望场地最终形成一种新的城市公园形态,公园与城市彼此交融,而不是像一般的公园设计那样在城市中分割出一块自然化的场地(典型的如纽约中央公园)。设计者希望"用树木代替建筑成为城市扩张的催化剂,通过自然植被的延伸在城市中创造密度",希望通过将公园的种植系统和道路系统向临近区域延伸,让公园融入周围的城市之中,与城市整体的绿化系统融合起来,随着种植和步行道的延伸,周边的邻里公园将建设起来，使公园超越 Downsview 的界限而进入更广阔的领域。设计者将公园看作一颗有生命的"种子"，将其"植入"城市之中生长，用植被代替建筑成为城市秩序的元素。如设计者所言："未来的公园不会成为城市中有围墙的花园——城市将成为公园"。

新城市主义（New Urbanism）

1. 新城市主义产生的历史背景——城市扩散与大规模郊区化（suburbanization）

从 20 世纪 20 年代以来，西方发达国家的大城市发生了一次又一次郊区化浪潮。第一次浪潮是人口的外迁，房地产开发商通过改善进出城市的交通设施，加速在地价相对便宜的郊区投资开发，使不断富裕起来的、拥有私人交通工具的富人首先逃离环境不断恶化的市中心；此后，又发生了第二次浪潮是工业的外迁；第三次浪潮是零售业的外迁；近年来，办公空间也在一些主要城市的郊区得到了强有力的发展，形成了城市郊区化的第四次浪潮。事实上，郊区化只是城市化进程中的一个阶段，即城市由高密度集中向离心低密度扩张的转变。20 世纪中后期，北美和欧洲一些发达国家，在大城市出现大规模的郊区化现象的同时，旧城中心区出现了"空心化"（hollowing out）。

在美国，大规模郊区化开发已经进行了大半个世纪，虽然受到广泛的批评，却一直没有行之有效的替代方式。20 世纪大规模的城市郊区化源于多方面的原因。首先是城市人口的剧增和城市作为工业中心导致生活品质的下降，房价的上涨也迫使许多中等收入者不得不迁往城市的周边。其次，小汽车的普及和通信工具的发展为这种迁移提供了技术的支持。特别是美国政府从 20 世纪 30 年代的罗斯福新政以来实行鼓励大规模区域性建设的政策，银行信贷政策也向郊区化发展倾斜。在房地产开发的引导下，中产阶级纷纷在郊区购地建房，享受田园生活。居住人口的迁移很快就带动大型商业设施的跟进，然后制造业和其他产业也逐渐向新的劳动力和顾客群的集中地迁移。

大规模城市扩散对 20 世纪美国的城市和区域发展产生了深远的影响。它在缓解以往困扰工业城市的一些如城市拥挤、污染与交通阻塞等问题的同时，却带来一系列新的问题。首先是城市的衰落，特别是在大城市，城市扩散使它们流失大量的人口和产业，中产阶级大量向郊区迁移，留下的大部分是低收入人群、无业人群与老龄人群，城市因此失去其财政税收的基础，无力支撑市政设施等开支。在郊区，遍地开花的低密度发展则消耗大量的土地资源，也使高速道路等市政配套更加昂贵。同时由于大多数郊区的功能趋于单一，从居住区到商业中心或企业园区往往只能通过高速公路联系，这使得交通堵塞的程度有增无减，并从城市扩散到了整个区域。城市扩散所形成的城镇结构往往呈树状伸展的形态。主要道路从高速路引出后,呈阶梯形分叉直至形成终端式道路(Culdesac),建筑物就在这些终端道路两侧松散地排列。这种郊区化结构所带来的明显问题是用地多,日常生活严重依赖汽车。

在上述背景下,"新城市主义大会"(Congress of New Urbanisn)在1993年10月宣告成立,它的宗旨是以一种新的组织方式,寻找并执行新的城市设计方法。在弗吉尼亚州的亚历山瑞市召开的第一次大会有170名代表参加:他们走到一起正是因为这样一个共识,即光靠规划设计或某一个单一环节的提升将无法改变现状,只有在包含政策、规划、设计乃至实施的整个体系上协同处理方能行之有效。

1996年的新城市主义第四次大会公布了由266名与会者签署的《新城市主义宪章》,并在1999年出版了同名的著作。这份宣言式的文本分成三个部分,涵盖了从区域(region)到住区、城区和发展轴(neighborhood, district and corridor),乃至街区、街道和建筑物(block, street and building)各个层面的议题,凸显了新城市主义主张系统性地而不是从某一方面改造城市发展模式的决心。宪章根据这三个部分总结了27条城市设计的原则,每条原则在书中各发展成一篇文章加以阐述。

新城市主义运动是十几年间逐步发展成熟并具有广泛影响的城市设计思潮,回归传统城市形态反对城市扩散是它的中心主张。这个设计理论流派起源于20世纪80年代中期的美国,与当时建筑后现代主义的高潮相对应。

2. 新城市主义的主张及启示

(1)回归传统的城镇形态

新城市主义提倡回归美国传统的城镇形态和塑造传统的城市空间,如典型的传统小城的空间结构,所有活动围绕着一个广场、法院、火车站或者主街展开。这种带有怀旧意味的新城市主义的出现是对美国二战以后几十年来的郊区化发展导致城市扩散(urban sprawl)所产生的种种问题的反思和批判,也可以说它是一个美国现象或是针对美国城市问题提出的解决方案。但新城市主义运动的理论和主张也具有普遍性,近年来在其他国家得到反响。对中国而言,近十年来高速的经济增长带动城市的不断更新和扩张,私人小汽车普及的苗头和城市用地减少的趋势推动房地产开发从城市向郊区蔓延。

(2)优先填充开发城市和现存郊区的空地、强调居住、服务与生产的混合式开发以及公共服务的步行可达性

在区域层面上,新城市主义强调将大都市区作为一个规划的整体来考虑,主张优先开发和填充城市与现存郊区的空地,新的开发应形成一定规模的城镇或社区并提供多元

化的交通体系。在市区和住区层面上，新城市主义主张中高密度的、多功能的和不同收入阶层的混合开发，强调公共空间和设施的服务及其步行可达性。在街区和建筑层面上，新城市主义关注公共服务的安全和舒适，以及要求建筑尊重地方性、历史、生态与气候，并有可识别性。他们所主张的整体混合开发理论具有普遍意义。

（3）使蔓延的郊区成为真正的邻里和多元文化区域

新城市主义"提倡在大都市的整体范围内改造和修建已有的城市和村镇，重新规划蔓延的郊区使之成为真正的邻里和多元文化的区域，保护自然环境，保护已有的文化遗产"；"邻近城市边缘的新开发区应组织成邻里和区域形式，和现存的城市结构保持一致。不邻近城市边缘的开发区应当组织成城镇形式，有自己的边界，规划中应考虑到工作和居住平衡的结构，而不是卧房式的郊区"；"可选择性的交通系统应当用来支持区域建设和规划。公共交通、步行和自行车系统应当最大限度地在区域扩展，从而减少对私人汽车的依赖"，"在公共交通的步行范围内应当有合理的住房密度和土地使用功能配置"；"建筑和景观的设计应当源于地方气候、地形、历史和建筑技术"；"自然取暖和冷却方法可以比机械系统更有效地利用资源"。他们的理论主张涉及的地域包括大都市、城市和城镇，邻里、城市特别片区和交通走廊以及街区、街道和房屋及环境。密切关注和认真研究这些理论和观点，对于我们研究大城市发展及其郊区化现象是大有裨益的。值得提出的是，若干年前我国也曾在大都市的边远郊区修建了不只一处大型的"睡城"，但认真汲取教训之后，经过近年的交通开发和多方改善，其情况有所好转。

（4）实施以公共交通为导向的区域城市开发

在城市设计实践方面，新城市主义提出了 TOD（Transit Oriented Development）体系，即集中在区域大型公交系统的主要节点上，以混合发展方式开发的中等或高密度的居住区，并配合以公共设施、工作场所、商业零售与服务。在 TOD 体系中，城市和周边地区在领域、空间形态，以及内部功能分配等各方面关系已超越传统的城市概念而形成了所谓的区域城市（regional cities）。区域城市则是城市和郊区经过发展逐渐融合成为有多个核心的网络。实际上，TOD 代表一种以公共交通为导向的区域城市开发模式，从区域规划的角度出发建立区域性的公共交通体系，引导城市和郊区沿大型公共交通的路线进行集约式发展，而对现存城区和郊区则进行多元化交通体系改造以减少对私人汽车的依赖。TOD 的实施能给都市的发展带来秩序，它鼓励在现有开发用地上的填充和重新利用，反对沿着高速公路随意开发，强调社区发展与公交系统的关联。

TOD 在城市发展策略上应鼓励开发项目尽量利用现有的公交系统，并以公交的节点作为重点发展的聚散中心，地块的开发要考虑到其在公交系统中的区位来决定项目的发展策略,在具体的设计上实现与公交系统更好的连接。TOD 的基本"核心"通常由商业中心、主要市政设施和公交节点组成,而步行的(walkable)环境是 TOD 的另一个关键,它要求创造适宜步行(pedestrian-friendly)的环境和尺度,而不是依赖汽车交通。但新城市主义却并不是简单地排斥汽车和其他现代需求,而是主张有效地安排汽车的使用,使它与步行、自行车,以及公共交通工具和谐共存。TOD 的设计原则在卡尔索普规划的西拉谷纳(Laguna West)居住区中得到体现。

TOD 的实施,无论是从节约资源与能源、减少污染、方便生活、自然友好等哪个方面来评价,都将是一条城市建设的"可持续发展"之路。

新城尝试（new city attempt）

1. 英、法、美的早期实践

在 20 世纪初,首先是英国,后来是美国,都提出过卫星城的概念。初期的卫星城谓之"新城",使靠近大城市,依附其中心城区,或扩建原有小城镇,或在近郊空地新建,规模较小,也不集中,甚至有无序蔓延的状况,尝试着分解大城市的压力。20 世纪 40 年代,英国兴起"新城运动",1945 ~ 1970 年英国共建设了 334 个新城,效果明显,伦敦 100 人以上的工厂约有 70% 移至新城;法国从 30 年代起重点研究巴黎的区域发展和空间规划,于 60 年代出台了新城政策,目前,巴黎地区的五座新城已具有相当规模。美国的郊区化主要是在第二次世界大战之后,从 20 世纪 50 年代开始有明显的进展。统计资料表明,战后美国大都市的人口增长速度总体上高于非大都市区;而在大都市区内,郊区人口的增长速度又远远高于中心城市人口的增长。郊区化的趋势是很明显的,从而造就了多中心的城市空间结构,形成了城市群（带）。20 世纪 80 年代后,美国提出"新都市主义"的理论,对 50 年代后郊区化的无序、快速、低密度地蔓延造成的问题进行反思,反对极度分散,关注新城的环境和生活质量,主张更新、重整城市空间和社会秩序,延续城市文明。他们有系统的理论、必要的组织及纲领性的章程,某些见解和主张与发展卫星城镇,建立城乡协调的大城市空间体系不无关联,而且是可取的。

2. 我国的卫星城建设

我国卫星城建设,某些大城市（主要是特大城市）从 20 世纪 50 年代开始就已有建设卫星城的构想,虽然提出的时间比较早,但基本上还处于策划和起步阶段,由于卫星城的提法一直缺乏规范而未正式列入城市体系序列和正式法规文件,更主要的是城市化进程多有曲折，致使卫星城的发展直到改革开放之前，成效并不明显。进入 20 世纪 90 年代以来，一些特大城市为适应改革开放的需要，结合产业结构调整，开发区和各种特殊功能区的建设，房地产开发和大规模住宅建设，城市总体规划和长远发展规划的修编等，卫星城的规划和建设又重新提上日程。

相关分析总结资料表明，需要解决的问题主要是：（1）完善规划，把卫星城建设纳入大城市城镇体系，合理确定卫星城的职能、规模和区位，形成特色；（2）与主城之间发展快速交通，在拉开与主城距离的同时，又保持紧密的联系，为就业、就学、就医等方面，提供快速、高效、安全、廉价的交通；（3）实施政策倾斜，在土地、住房、户籍、就业、社会保障、医疗、税费等方面，形成卫星城的比较优势，以吸引更多的人进入卫星城；（4）拓宽资金渠道，加强卫星城的配套设施和生态环境建设。

可持续发展的城市建设（sustainable urban construction）

1. 总体目标

城市是巨大的需求中心和消费中心，最关键的就是必须做到城市内部资源的再生，追求城市自维持、自修复、自组织、自发展，可持续的城乡建设必须是以可持续生产和可持续消费为基础。因此，可持续的城乡建设就需要从建设到使用、从居住到工作到交通、从原材料到加工制作到产品应用，全方位地、全过程地、全寿命周期地实施节地、节能、节材、节水及减排。实现经济效益、社会效益、环境效益的统一，促成城市社会—经济—自然的协调发展。

城市生态建设与区域生态建设是联系在一起的。不能脱离区域状态来考虑城市环境或城市建设，甚至将不发达地区作为发达地区的"垃圾站"或资源供应地，则是与可持续发展背道而驰。应追求城市与区域的协调发展。

可持续城市建设包括城市生态环境工程建设、城市郊区农村生态环境建设、城市自然保护区建设和生态景观保护、生态文明建设、生态城市管理机制建设、生态消费建设和生态技术创新等方面。

2. 相关措施

（1）发展紧凑与混合的城市住区

紧凑城市住区的概念往往与传统的城市模式相关联，一方面，密集与混合的传统住区模式造就了居住社区的独特氛围，成为当今城市住区可资借鉴的范本；更为重要的是，紧凑城市住区模式符合生态利益，可以更有效地利用能源，减少能源消耗与污染，避免城市无休止的扩散，并创造城市中心住区复兴的契机。在城市尺度上，紧凑住区主张减少汽车的使用与穿行频率，并倡导居住与办公更为密切的结合；在社区尺度上，紧凑住区主张加强社区内部的凝聚性。

（2）采用新旧共生的住区建筑

可持续城市住区同样关注住区的建筑形态，主张生态与新旧共生的形式，以减少污染和能源消耗，同时维持住区的历史传承、促进历史与当代的平衡与延续。从两方面的节能含义来理解：一方面是采用"被动"或"主动"的生态建筑处理技术，减少建筑自身的能耗；另一方面，采用新的技术与材料对旧建筑进行维护与再利用，以减少建筑建造过程的能源消耗。

（3）建设城市生态建筑与住宅

统计表明，建筑约消耗全球耕地的48%；而住宅建筑则约占城市总体建筑的2/3，因此住宅是城建中的重中之重。要从提高住宅套型的面积利用率，提高区域规划中建筑的容积率等方面去实现节地；在能源和水、气、声、光、热、环境以及绿化、废物处理、建筑材料等诸方面，城市建筑必须是追求节能、节材、节水、节地、提倡使用可再生材料、利用太阳能、风能、潮汐能等新能源的生态建筑。

（4）关注公共交通的核心作用

从规划上合理缩短交通路线，节省道路用地，强化公交体系与自行车、步行体系的链接，综合考虑节地、节能、减排；建议推行1/4英里（约402米）或5分钟步行距离的混合住区开发，在其中对于汽车、公共交通与步行给予同样的关注，所有住宅和商业设施提供停车点，利用轻轨系统或便捷的直达公交，形成住区之间的交通联系，意图创造更具选择性的环境模式。这在新城市主义的实践中得到较多地使用。

居住街区靠近工作、就业与商业设施，从而减少了汽车的日常使用。在都市尺度上，则依赖轻型轨道交通系统，联系起所有地区中心，建立快速捷运系统；公共汽车或有轨电车则更为有效地负责地区范围内的交通联系。

（5）强调住区内步行以及公共空间体系

在社区内部，则着力促进自行车和步行为主的居民日常行为，从而减少拥挤与污染，保证了安全与公共空间的活力。在传统的城市住区模式中，住区与公共空间的联系非常紧密。以奥斯曼的巴黎改造为例，四个重要的元素构成了住区模式的核心：路径、街区、地块与住宅，层次鲜明而又互为渗透的空间体系，保证了住区与公共空间的便捷联系。

（6）城市节能

人类耗能总量约一半是来自于建筑的建造和使用过程，其中建筑运行能耗占全球总能耗的比例，美国约为 1/12，中国约为 20%，比例极高，而全球另外近 1/4 的原生能源则消耗在交通上。城市建筑节能与城市交通节能意义重大。这就涉及从总体规划到局部方案，如何强调并实施减少交通量、完善公共交通体系、强调建筑的被动节能技术以及减少建筑运行阶段常规能源利用和加强可再生能源的利用等问题。

（7）城市水资源

水资源的开发与利用是推进绿色城乡生态建设的一个重要目标，需要研发高效节水的城乡取水、用水、耗水、排水技术与系统以及生态防洪设施。

（8）城市绿化工程建设

按可持续发展原则将城市园林绿化、街道景观、行道树与河岸绿化工程建设、城市山林绿化、城市农业、果林基地建设、城市花卉基地建设等这些绿化工程建设有机组合和分布，在生态意义上起到积极的作用；城市江河水体整治与生态恢复都是城市生态环境建设的重要内容。

（9）城市自然保护区建设和生态景观保护

建设各种类型的自然生态保护区，如温泉保护区、水库水源林保护区、野生动植物保护区、鸟类保护区、鱼类保护区、文物古迹保护区等。

（10）环境污染治理工程建设：是生态城市建设的基础，包括城市污水处理工程建设、城市废气治理工程建设（工业锅炉废气治理、工厂烟囱烟气治理、机动车尾气治理、饮食业油烟废气治理、燃气工程、清洁能源等），垃圾治理工程建设（垃圾分类收集、垃圾填埋场建设、垃圾焚烧发电厂建设等），噪声治理工程建设（加强道路系统建设和交通管理、调整空间布局、强化工业噪声防治、加强对施工工地和第三产业的噪声管理）等。

（11）城市郊区农村生态环境建设：森林资源保护和林业建设是重要的社会性、公益性事业，又是重要的基础产业，是改善生态环境和促进经济发展的重要行业，在建设中具有重要作用。生态农业是按自然生态规律和经济生态规律进行经营和管理的集约化农林体系，是现代化农业的新模式。因此，生态城市的郊区应大力推广生态农业的建设，进行农田、果木生态保护和水利建设，水土保持。大力推广无公害生产技术，如无公害生物农药、生物防治技术，建设无公害蔬菜生产基地、集约化养殖场，建立农业生态监测管理体系。

（12）生态文明建设以及生态城市管理机制建设与管理

它们都是可持续城乡建设的保障。

05 建筑

建筑（building）

汉语"建筑"是一个多义词。它既表示营造活动，又表示这种活动的成果——建筑物，也是某个时期、某种风格建筑物以及其所体现的技术和艺术的总称，如隋唐建筑、古希腊建筑、现代建筑。建筑在人类生态系统中具有极为重要的影响：

1. 人类生存所必需

人类的生存离不开"住"。自原始社会起，人类为了遮风雨、避禽兽，即进行了穴居以及后来"构木为巢"的建筑活动。随着农业的发展，人类开始定居，促使了以土石草木等天然材料建造简易房物，数千年发展演变至今。

生活中的衣、食、住、行，实际上无一不与建筑密切相关。从生产到生活，从物质到精神，建筑始终在人类社会中占有重要的地位。它是人类生存和发展所必需。正因建筑的需要量大而且面广，其建设所产生的经济、生态影响巨大。

2. 以自然条件为依托

建筑受自然条件的制约。人类一开始建筑活动，就尽可能地适应自然条件，并就近利用天然建筑材料。也因此形成了不同地区的建筑特色。如何利用当时当地自然条件的有利方面，避开不利方面，始终是建筑领域备受关注的重要问题。但在适应自然、利用自然的同时，毕竟是人类的生产和生活活动作用于环境，自会对环境产生种种影响，其中建筑活动的高能耗、高材耗以及高环境污染，正是需要人们直面的严重生态问题。

3. 以科学技术为支撑

建筑总是在建筑技术所能提供的可行条件下进行的。建筑实践不能超越当时技术上的可能性和技术经济的合理性。人类从农业社会进入工业社会，特别是自工业革命以后的200余年间，建筑科学同相关科学与技术的密切结合，促使建筑技术飞速发展。新结构、新材料、新设备的运用，使各种类型的高层建筑和大跨度建筑相继出现。现代科学的发展，建筑材料、施工机械、结构技术以及空气调节、人工照明、防水、防火等技术的进步，使建筑得以向高空、地下和海洋发展。它们为人类创造了尽可能优越的人工环境。但与之同时，自然与环境也正在遭到人类有意无意地破坏，使生态环境问题、资源问题日益突显并走向全球，直面人类的健康与生存。

4. 以人口和城市的数量为基础

（1）基于人口数量

持续增长的世界人口也许是当今最为严重的问题，20世纪后半叶，世界人口从1950年的25亿上升到1988年的59亿，增长翻了一番，这个史无前例的人口巨浪及其不断上升的消费，正把人类的索取推向超出地球的自然极限。根据联合国的预测，到2050年世界人口将达77～112亿，人口增加必然要开垦土地，兴建住宅，采伐森林，开辟水源。结果改变了自然生态系统的结构和功能，使其严重偏离有利的平衡状态。

（2）基于城市数量

城市是人类社会经济发展的产物。近几十年，社会经济迅速发展，各国工业以惊人速度增长，大量农村人口流入城市，城市数目不仅剧增，而且城市规模越来越大，功能也越加复杂。从城市规模看，1980年，全球50万人以上的城市已经发展到476个。2000年，人口规模超过500万的城市达到了28个，1000万人以上的城市发展到18个。由于世界人口不断向城市集中，城市人口占世界总人口的比率，从18世纪50年代以前的3%上升到1950年的29.2%，至1985年，再上升到41%。

由于城市人口的高度集中，工业的高度发达，建筑物的高度密集，当城市人口膨胀到一定程度，城市扩大到一定规模时，势必造成城市用地紧张，住房短缺，基础设施滞后，就需因此而大量的建造与建设，资源消耗自不必言，生态环境条件也会随之恶化。

我国是世界上每年新建建筑量最大的国家，每年约有26亿平方米新建建筑面积（其中城镇住宅建设量约占1/4左右）。如果继续目前的建筑能耗状况，每年将消耗4.1亿吨标煤，直接关乎数以千吨计的二氧化碳等温室气体的排放。

需要指出的是，在城市生态学与生态相关的诸多重点中，备受关注的重中之重则是构成城市生物的基础细胞——建筑物。据统计，全球范围内建筑消耗全球水资源的42%、材料的50%、耕地的48%。因此，从生态学以及城市生态学的角度，人们首先就会关注如何为了改善和保护生态环境与人类生存环境去进行建筑的节能与减排。而这又恰恰是一项必须面向建筑全寿命周期才能取得持续实效的系统工程。

建筑全寿命周期（the whole life cycle of a building）

全寿命周期指"产品从自然界获取资源、能源，经开采冶炼、加工制造等生产过程，又经储存、销售、使用直至报废处置的全过程，即产品从摇篮到坟墓，进行物质转化的整个生命周期"。全寿命周期这一概念的提出，源自商业上追究生产者或产品责任，即EPR——Extended Producer Responsibility[引申的生产者(环境效应)责任] 或者 Extend(ed)Product Responsibility[引申的产品（环境效应）责任]。就建筑而言，"建筑全寿命周期"就是指建筑从产生至消亡所经历的全过程，包括从材料与构件生产（含原材料的开采）、规划与设计、建造与运输、运行与维护直到拆除与处理（废弃、再循环和再利用等）的全循环过程。

进行建筑全寿命周期的评价是从可持续的角度出发，对建筑产品从原材料开采、运输、加工制造、建设规划、设计、施工、施工后运行、使用、维护及最终报废、拆除、再利用的全寿命周期过程中的功能性、经济性、环境性、生态性、文化性等进行评价、分析，评判它是否达到可持续的要求，从而选择最优的实施方案，目的是实现全寿命周期成本最优化、质量最佳化、效益最大化的可持续发展特性。其中涉及一项至关重要的课题，即面向全寿命周期的建筑节能与减排。

全寿命周期的建筑节能与减排是一项着眼于改善和保护生态环境和人类生存环境的系统工程；在策划实施及取得持续实效的长过程中，它需经历建筑的选址、规划、设计、施工、调试、运行与使用、维修以及寿命终了时的拆除等诸多阶段。而各个阶段又都涉及资源、能源的不同使用与排放，需要从全过程着眼，针对不同阶段的特点，采取不同的措施去实现节地、节能、节材、节水和减排。

全寿命周期的建筑节能、减排，又是一项多专业、跨学科的综合性整体工程。它需要以建筑学科为主导，会同其他相关学科的综合研究，借助于建筑领域内外多种专业技术的整合，才能实现。在实施中它涉及诸多材料、技术与产品，而它们又进一步涉及诸多专业及产业与学科，纵横交错，相互推动和制约。仅就建筑业内各子行业来说，除需建筑与结构的共生之外，还需要整合诸如：采暖、通风、空调、照明、给排水等水、电、暖各专业所需采取的技术措施，从而涉足更多边缘科技领域。

全寿命周期的建筑节能、减排，还是一项综合性整体经济工程；它涉及一次投资、运行费、维修费、改造费等眼前与长远利益、产品增值效益等诸多利益的权衡取舍；它是一项复杂的经济工程。

建筑耗能（energy consumption of building construction and operation）

　　建筑是城市的细胞，而建筑业又是个典型立足于大量消耗能源（含资源）的产业。有资料表明，全球整体建筑业约用掉世界资源和能源的 40%~50%。即人类耗能总量约一半是来自于建筑的建造和使用过程，它们包括建筑物所占用的土地及空间，建筑材料的生产、加工、运输，建筑物的建造，维持建筑功能必需的资源与能源，建筑废弃物的处理以及建筑物的拆除。

　　美国目前每年消耗的能源约为全球总的能源消耗的 1/4，其中约 1/3 用于建筑运行，亦即约消耗全球总能耗的 1/12。而中国目前消耗的能源约为全球总能耗的 1/8，其中建筑运行能耗约占总能耗的 20%，因此中国建筑能耗为全球的 1/40，所占比例极大。

　　目前，对建筑能耗状况的分析研究多集中在建筑运行能耗，即狭义建筑能耗方面，相关文献中所提到的建筑能耗通常也多指建筑运行能耗，而对包括建筑运行能耗，建筑施工、材料能耗与相关环节能耗的广义建筑能耗状况研究较少。从生命周期评价的观点，建筑能耗不仅包括建筑中各种用能设备的运行能耗，还应包括建筑材料生产过程的能耗，以及建筑施工、建筑设备与建筑机械制造等相关建筑活动过程的能耗，即广义建筑能耗。简言之，通常所说的广义建筑能耗，是指：建筑运行能耗（主要包括建筑中的采暖、空调、通风、照明、供水、热水、炊具、家电、电梯等），建筑施工能耗与材料能耗（主要包括建筑物建造过程中消耗的钢铁、有色金属、水泥等非金属建材和化工建材等材料生产过程的能耗）和建筑间接能耗（主要包括各种建筑设备、建筑机械的制造能耗、建材运输能耗，以及建筑消耗能源的生产、加工、运输或输送）这三大部分。对于绝大多数使用中的城市建筑来说，其最现实的节能问题就是建筑运行能耗。

　　我国广义建筑能耗总值（包括与建筑业相关的能耗如钢铁、水泥、玻璃等建材工业的能耗）与全国总能耗的比值平均约为 45.5%，呈线性相关关系，而且相关性"很好"。这说明了建筑能耗对全国能耗的"贡献率"很高、很稳定，建筑节能对减少我国能源消耗具有至关重要的意义。据估算，美国的建筑物和建筑设施约占国家财富的 70%，美国的建筑能耗占全国 39% 的能源和 74% 的电力，所以建筑设计、施工、运行的每一步均关系到有限资源的消耗和可持续利用。

　　在广义建筑能耗构成中，我国运行能耗占比例最大，约占全国总能耗的 20%，材料能耗和间接能耗分别为全国总能耗的 15% 和 10.5%，这三项能耗从 2001 年开始都出现了加速增长的趋势。据统计，欧洲用于维持建筑物运转所消耗的能量约占能耗总量的 38%。

在我国的建筑运行能耗构成中，采暖能耗所占比例最大，超过了 50%，采暖、空调、通风的能耗约占 2/3，北京、上海等大城市夏季空调的最大用电负荷均超过了当地最大用电负荷的 40%；在欧洲，维持建筑物运转所消耗的能量中 72% 被转换成了暖气，剩余的部分则消耗在热水和家用电器上。

在我国建筑材料能耗构成中，非金属建材和钢铁材料能耗所占的比例最大，分别达到 54% 和 39%。而在建筑间接能耗构成中，能源生产加工能耗所占比例最大，达到 71%。建筑施工能耗则占建筑总能耗的比例很小，不大于 2%，约为 1%。

目前，我国民用建筑在建材生产、建造和使用过程中，能耗已占全社会总能源消耗的 49.5% 左右。其中，建材生产能耗约占 20%，建造能耗约占 1.5%，使用能耗约占 28%。随着社会经济发展、城镇化的推进，第三产业比重的提高以及农村地区建筑的增长，建筑能耗总量及比重将持续增加。预计到 2020 年，仅建筑使用能耗比例将超过全社会终端总能耗的 1/3，加上民用建筑建材生产能耗和建造能耗将达到全社会终端能耗的 55% 左右，比现在还要高出 5 个百分点。

据测算，我国建筑在达到相同室内热舒适度的情况下，使用能耗高出同等气候条件发达国家平均水平的 2~3 倍，绝大多数采暖地区住宅外围护结构的热工性能比发达国家差许多，外墙的导热系数是他们的 3.5~4.5 倍，外窗为 2~3 倍，屋面为 3~6 倍，即使全部执行国家规定的 65% 的节能标准，使用能耗仍高出 50% 以上。

在降低城市建筑能耗方面，除强调建筑的被动节能技术，如：关注建筑的方位、表皮以及围护结构热工性能等外，主要涉及运行阶段的减少常规能源利用和加强可再生能源（如：太阳能、风能、地源热能等）利用的问题与科技措施。

建筑耗材（materials consumption of building construction and demolition）

建筑是典型的高耗能、高耗材和高污染的产业，是节能减排的重点领域。相关数据表明，建筑领域消耗了全球水资源的 50%（有为 42%），原材料的 50%，耕地的 48%。

作为耗材大户，我国建筑用钢超过全国钢产量的 40%，建筑用铝超过全国铝材产量的 35%，在我国金属矿产资源日渐匮乏的情况下，通过设计方案优化、合理选材，减少建材消耗和能耗，对减少我国的矿产资源消耗具有重要意义。

建筑有三种：住宅建筑、公共建筑、工业建筑；住宅建筑占总体建筑的 2/3。目前，我们的住宅和公共建筑的建设与其他行业一样仍未从根本上摆脱粗放式的增长方式，高投入、高消耗、高污染、低产出的问题还没有从根本上解决。有专家学者指出，我们国家每生产出一美元 GDP 的资源耗费是西方七个国家的平均值的 7.9 倍，德国、法国的 7.7 倍，日本的 11.5 倍，我们的单位建筑能耗比同等气候条件下发达国家高出两到三倍，建筑用钢高出 10%~25%，每立方米混凝土多耗水泥 80kg 等。我国住宅与发达国家相比，能耗是同类气候条件住宅的三倍左右，钢材消耗高出 10%~25%，卫生洁具耗水高出 30% 以上。因此大力发展节能省地型住宅与公共建筑，抓住这一最大的主体，全面推进"四节一环保"：节能、节地、节水、节材和环保，才能有效实现可持续发展的目标。

建筑排污（pollution from building）

研究资料显示，建筑对全球的污染所占比例约为：空气污染占 24%；温室效应占 50%；水源污染占 40%；固体污染占 20%；CFC/UCFC 占 50%。其中，建筑在二氧化碳排放总量中，几乎占到了 50%，这一比例远远高于运输和工业领域，自从 2009 年哥本哈根会议的召开，低碳已成为建筑界的主流趋势。

1. 空气污染

（1）大气

由于当代建筑行业对矿物燃料的依赖性，使之成为了全球范围内碳排放量最大的行业。多年的测量结果已经证实了大气中 CO_2 浓度与平均气温的相关性，而大量的 CO_2 等温室气体随着矿物燃料的燃烧被释放到大气中，成为一系列环境问题中的关键因素。

国际能源机构在 "Bussiness as usual" 中对全球从 2008 年到 2030 年的能源消耗做了一个估算，预计到 2030 年全球一次能源的消耗可能增长 46%，这意味着温室气体的排放量将会增加一倍。19 世纪初，大气中的二氧化碳含量是 280ppm，到 20 世纪中期上升到了 350ppm。国际能源机构因此在全球能源展望中呼吁开展"能源革命"，同时提出了 "450ppm policy" 的建议方案。即如果到 2030 年要将大气中的二氧化碳浓度控制在 450ppm 的水平，那么，2020 ~ 2030 年期间的排放必须减少到 26Gt（$1G=10^9$），按照目前的数据，这意味着要减少 50% 的排放量。

造成温室效应和臭氧层破坏的气体中，有约 50% 的氟利昂产生自建筑物中的空调机、制冷系统、灭火系统及一些绝热材料等。约 50% 的矿物燃料（煤、石油、天然气等，为不可再生资源）的消费与建筑的运行有关，因此约 50% 的 CO_2（相当于 1/4 的温室气体）排自与建筑相关的活动。

我国是能源消耗大国，能源利用率低，能源结构落后，建筑能耗产生的温室气体约占排放总量的 25%，北方城市煤烟型污染指数是世界卫生组织推荐值上限的 2~5 倍，二氧化碳排放总量列世界第二，仅次于美国。而中国的经济总量仅为美国的 1/8 左右。建筑因与我国（全球相同）近一半的环境问题产生关系，它对温室效应、臭氧层损耗、酸雨等一系列关系我国及全球可持续发展大环境的问题负有重要责任。

（2）室内

世界卫生组织公布的"2002 年世界卫生报告"显示，人们受到空气污染主要来自室内。据美国环境保护署历时 5 年的专题调查：许多民用和商用建筑内的空气污染程度是室外空气污染的数倍、数十倍，甚至超过 100 倍。美国每年因室内空气品质低劣造成的经济损失高达 400 亿美元。因此，美国已将室内空气污染归为危害人类健康的五大环境因素之一。我国的情况也不容乐观，饭店和百姓烹饪中，大量采用油煎、油炸和爆炒方式，造成大量颗粒物和多环芳烃的散发。数据表明，我国每年室内空气污染引起的直接和间接经济损失约达百亿美元。

2. 水体污染

我国工业和城镇生活污水的年排放总量从 1980 年的 239 亿立方米增加到 2006 年的 731 亿立方米。大量未经处理的污水直接排入水体，造成严重污染。据 2001 年环保专家的估计，若当时排向水体的污染物总量再减少 50%，才能与水体的自净能力相平衡，但也只达到"不欠新债"的地步；若还清几十年的"旧债"，还有赖于排污染总量的进一步降低。

我国在治理固体废弃物、有毒、有害化学品污染等方面，起步比治水晚，力度也比治水小，各类污染物绝大多数会进入水体，直接或间接地造成对生态的破坏。所以，只有全面地、大幅度地提高污染治理水平，同时提高政府决策的科学性和预见性，我国的生态环境才有望真正改善。这也许从当年算起，不是再一个 30 年所能达到的。因此，无论国内还是国际，把 21 世纪称为生态世纪，把保护生态环境视为全人类的共同责任，不仅十分贴切，而且恰恰是实施可持续发展战略的核心所在。

3. 垃圾

建筑物的建造与日后的拆除过程中，将产生大量废弃物。据统计，每建造 $1m^2$（按楼板面积计算）的钢筋混凝土建筑物，在施工阶段约产生 $0.314m^3$ 的废弃物、$0.242m^3$ 的剩余土方以及 1.8kg 的粉尘。而在日后拆除阶段，还将产生相当数量的固体废弃物。

2005 年《各地区城市市容环境卫生情况》报告显示，由于我国目前城市垃圾处理能力低下，当年全国生活垃圾无害处理率仅为51.7%。可以从建设部2006年的调查中看出，全国600多座城市有1/3以上被垃圾包围。全国城市垃圾堆存累计侵占土地5亿平方米，相当于75万亩。以北京为例，北京日产垃圾1.84万吨，而垃圾日处理能力仅为1.03万吨，缺口8000吨。因此，迫切需要在大力进行减排的同时，研究垃圾无害化处理与资源化利用的新技术。

绿色建筑（green building）

1. 名称

我国《绿色建筑评价标准》（GB/T 50378—2006）中对绿色建筑的定义是："在建筑的全寿命周期内，最大限度地节约资源（节能、节地、节水、节材），保护环境和减少污染，为人们提供健康、适用和高效的使用空间，与自然和谐共生的建筑。"通俗地理解："绿色建筑"就是指在建筑寿命周期（规划、设计、施工、运行、拆除、再利用）内，通过降低资源和能源的消耗，减少废弃物的产生，最终实现与自然共生的建筑，它实际上又是"可持续发展建筑"的形象代名词。"绿色建筑"，就其所涉及的资源要素、性能品质和技术要求而言，应该具备的特征是：少消耗资源、高性能品质、轻环境污染、长生命周期以及多回收利用；由于"绿色建筑"对节能、减排、改善环境和振兴经济的巨大价值，得到了世界范围的空前重视，推行绿色建筑成为世界建筑业发展的总趋势。

当前，国际上除"绿色"外，比较流行的提法还有如"生态"、"节能"、"环保"等，就相关的建筑而言，其称谓也多种多样，如绿色建筑、生态建筑、节能建筑、低碳建筑，零能源（耗）建筑（zero energy consumption buildings）、可持续性建筑等，其理念多是指不消耗常规能源，完全依靠太阳能或者其他可再生能源，降低二氧化碳的排放量。据不完全统计，在欧盟国家关于低能耗的概念就有17种之多。经梳理，与现行建筑节能标准比较，低能耗建筑的能效水平从低到高的顺序为低能耗、被动房、超低能耗、近零能耗、净零能耗、零能耗和净产能，而低碳建筑的碳减排强度从低到高的顺序为低碳、超低碳、净零碳和生命周期零碳。其实，实质性内容是相近的，只是评估体系尚处于探索之中。

2. 标准

当前，净零能耗建筑和净零碳排放建筑已列入发达国家建筑节能长期发展目标，成为大势所趋；部分发达国家和地区（如美、英、欧盟、法、德、荷、匈等）制定了净零能耗和净零碳排放建筑实现计划，其中住宅部分的计划时限，除英国为2016年外，其他国家均为 2020 年；公共建筑部分的计划时限，除美国为 2025 ～ 2030 年、欧盟为 2018 年、英国为 2019 年外，其他均为 2020 年。

在 8 个国家已经制定的低能耗、超低能耗建筑标准中，各自的范围、定义和计算方法均存在差异，德国的被动房屋标准应用最广，被挪威、捷克、奥地利等国采用。在发达国家纷纷制定的超低能耗标准中，涉及的建筑能耗类别有：低能耗、超低能耗、被动房、可持续住宅，但有的则只提出了建筑的采暖、空调、通风、热水、照明或家用电器的年能耗总量，也有的就只泛规定了年采暖用能等，情况不尽相同；不过多数采用了一致的耗能指标 kWh/m^2a（千瓦小时 / 平方米・年），也有少数使用了同常规能耗相比较的办法。其中德国标准涉及的建筑类型及能耗指标都比较明晰，如：低能耗住房——总能耗低于 60 或 40 千瓦小时 / 平方米・年；被动住宅房屋——年采暖用能不超过 15 千瓦小时 / 平方米・年；总用能（包括采暖、空调、换气、热水、照明和家用电器）不超过 120 千瓦小时 / 平方米・年等。

3. 技术支持

低碳建筑是低能耗甚至是零能耗建筑，它需要技术和材料支撑。涉及的建筑主体部位，主要为屋面、外墙和外窗。需加大保温层厚度、减少热桥、使用三玻 Low-E 窗和活动外遮阳或者植物遮阳等技术手段，以降低建筑本体的能耗。能源方面，基本不消耗煤炭、石油、电力等不可再生能源，就能维持建筑的正常运转需要；利用地源热能、太阳能、风能等可再生能源和生物质能源等技术与材料，解决家居热水、生活用电、制冷采暖、空气调节的耗能问题，采用废热废水回收系统，中水、雨水利用系统以及智能建筑控制系统，提高能源利用效率，实现建筑使用期低碳甚至零碳排放。

4. 国内外差距

我国建筑节能标准与国外存在明显差距。

我国北方采暖地区开展建筑节能工作的时间早、工作基础好，与国外的差距比南方要小。然而，按照同气候区可比原则，与欧洲建筑节能标准比较，我国寒冷地区建筑围护结构保温隔热性能仍有约 35%~50% 的改进空间；与美国能源之星节能门窗标准相比，我国寒冷 B 区的遮阳系数大 12%~32%，门的传热系数偏大 2/3。

寒冷地区建筑终端采暖能耗与德国被动房标准比较，有 26%~76%，平均有 54% 的节能潜力（改进空间）。

从国内来看，寒冷地区与严寒 B 区比较，围护结构保温隔热性能有约 20% 的改进空间。

寒冷地区与严寒 A 区比较，围护结构保温隔热性能有约 30% 的改进空间。

北京市在我国建筑节能领域处先进水平，但与国外先进标准比仍有不小的差距。北京 1980 年前采暖期（125 天）建筑能耗热量指标 31.68 瓦 / 平方米，按照现行 114 天采暖期计算得到单位面积年耗能 86.68 千瓦小时 / 平方米，在此基础上节能 82.5% 时才能达到德国被动房标准。如果北京市在 2015 年达到 75% 节能标准，则可能到 2020~2025 年新建建筑能达到德国被动房标准，但那时欧盟国家则已实现近零能耗的目标。

我国在"十一五"期间大力推进建筑节能工作，取得显著成效。在"十二五"开局之年，北京市提出的 75% 节能目标引起业内广泛关注，针对节能目标的争论再次展开。

国家和地方政府应早日制定净零能耗 / 净零碳建筑规划，明确发展方向，因地制宜地制定积极的建筑节能标准，加大净零能耗建筑的研发与示范力度；大幅度地缩短与发达国家的差距。

节能减排建筑集成规划设计（energy saving and emission reduction in integrated building planning and design）

1. 聚焦"集成"

绿色建筑既是面向全寿命周期节能、减排的系统工程，又是集成多项专业节能、减排技术的整合工程；工程的全寿命周期决定了建筑师必须负责并参与绿色建筑的整个设计过程，贯彻始终；而工程的综合性又决定了建筑师必须在集成设计中负主导责任。在建筑师的主导下，形成规划设计单位、开发企业、部品生产企业、经营管理单位以及建筑使用者的全产业链的联动与整合。

在开始的场地选择阶段，就必须从地理环境、气候条件以及地质、地下水状态等来考虑，如：场地开发、总体布局、绿化植被、交通安排等各方面节能与减排的可行性。规划设计阶段的初期，建筑师就应将建筑全寿命周期的能源消耗以及环境协调性作全面的考量，整体建筑方案必须考虑在满足建筑功能要求的前提下，综合基地的风、水、日照等自然条件，对于建筑主体以及水、暖、电等各自方案中采用的专业节能减排技术与设备。进行不是简单的"叠加"，而要"集成"设计，即整合各单项生态技术，使之既发挥各子系统的长处，又成为一个有机整体。不仅如此，还要求建筑师在规划设计中，考虑为满足以后的建筑施工、建筑使用以及建筑寿命终了时的处理等各阶段对节能与环保的需求创造条件。在"集成"设计的具体关注中，还须强调两点，其一是遵守和控制建筑实体与空间的模数协调，除为便于工厂化生产构配件外，更重要的是满足不同专业的节能技术对构配件及空间的需求；其二是尽可能采用整体装配与构配件装配相结合的建筑方案，以减少环境污染、节省材料、提高工效，以利于主动节能或被动节能，"集成"设计必须充分综合考虑为各专业所需设备、材料、管线、空间与实体创造良好的安装、运转、维修以及材料与设备回收创造节能、高效与环保的实施条件。

绿色建筑聚焦资源的利用与保护，要求建筑师必须了解和熟知绿色建筑所涉及的问题，才有可能把各种相关的技术与成果综合融入建筑设计之中。需要强调的是，探索绿色建筑，将会涉及更大范围的"绿色"问题，因此建筑师的工作就不可能仅仅局限于同传统建设工程范围内的工程师合作，如结构工程师、水、电、暖等设备工程师等，而要跨出建筑行业之外，与更广泛的专业人员合作，走多学科，产、学、研相结合的道路。当然，绿色建筑更要求相关专业人士从建筑策划开始就要参加合作，并贯穿于绿色建筑设计的全过程，这样，才能创作出与环境协调，能源消耗最少、资源利用最佳、环境负荷最小、无损健康、具有优化节能系统、技术先进、功能适用、经济合理的全寿命周期节能建筑。

2. 延长建筑使用寿命

提高建筑物的耐久性和"可适应性"延建筑使用寿命，创造一个在一定程度上可因情况而变的、可供较长久使用的开放空间系统，将是节省资源、降低成本、减轻环境负荷的可持续发展之路。

（1）建筑使用年限应与土地使用年限相匹配

延长建筑使用年限，既可节省资源，降低成本，又会减轻环境负荷。例如住宅用地的使用年限多为70年，而作为普通建筑（非纪念性和特别重要建筑）国家标准规定其"结构设计使用年限"为50年。根据目前的材料和技术水平，如能采取必要的措施使之与土地的批租年限相吻合、不但减少了权属管理的矛盾，更会带来巨大的经济、环境和社会效益。

（2）增加建筑物的使用年限

在欧美，住宅的平均寿命至少为80年，在英国甚至长达百年以上。而在我国，许多建筑物远远未达到设计使用年限，就因各种"理由"或者因"不适用"而被拆除。仅2003年，全国共拆迁房屋1.61亿平方米，占当年商品房竣工面积3.9亿平方米的41.3%。对既有建筑的大量拆除，无疑是一种对资源的巨大浪费，也增加了环境的污染与负荷。

我们应当研究能增加建筑物耐久性的设计措施。例如，能适当增加建筑物的抗震性能，提高建筑物的结构强度等，将会有助于增加建筑物的耐久性；而合理采用高性能混凝土、高强度钢也会是一项有效措施。需要指出的是，管道使用寿命通常只有15年，在建筑物使用全寿命周期内,需对其作若干次更换与维修。应尽量将各种设备管道,如水管、电气管、通信管、煤气管、消防管等按明管设计,将会便利维修和更换,避免为日后维修而对建筑结构"伤筋动骨"。

（3）充分利用旧建筑、结构体系和建材

西欧国家每年新建建筑面积约只占旧建筑存量的1%,其建筑师的许多业务,是对旧建筑的维修、更新与改扩建。后者的营业额已达建筑市场的45%。我国也有一些将旧建筑加以改造利用的成功例子,许多旧建筑经更新改造后成为建筑设计的佳作和精品。

建筑师要有意识地充分利用尚可使用的旧建筑,使其经过更新和改造再现青春;这里还应提倡"适应性设计",提倡创造具有"可适应性"的建筑;应把建筑不看作是一个"终极产品",而是创造一个在一定程度上可因情况而变的开放空间系统。相应的结构与构件系统,也要在延长材料服务期的同时,满足未来不做重大修改的条件下,能够适应新用途的可能性;甚至也可考虑建筑物拆除后结构构件仍然可以异地再利用,这将大大有利于节能减排,符合可持续发展建筑的原则。

建筑师应考虑因地制宜地选用资源消耗和环境影响小的建筑结构体系,包括轻钢结构体系,砌体结构体系和竹木结构体系等,并且进而考虑整个结构体系或成套构件的再利用。把废弃物减少到最低程度。与之同时,应注意提升建筑标准化与工业化水平,将许多建筑构件,如墙板、楼梯、卫、厕单元等,改为工厂生产,现场组装,以减少施工时的废弃物,同时节约大量建筑材料,既有助于提高建筑质量,又为建筑将来的"拆解"创造条件。在此,结构工程师起着关键作用,设计时就要考虑到结构最终的再循环和再使用,所选择的材料对结构寿命终了时的处置方案起着重要作用。

还应当倡导土建与装修工程一体化设计施工,避免重复装修,对一些大空间,采用灵活隔断,以减少重新装修时的材料浪费和废弃物。

节能减排建筑场地选择（energy saving and emission reduction in site selection）

场址选择是形成绿色建筑的第一个关键。对于场地选择的评价,需从全寿命周期的角度看,该场地是否能为建筑物实现节地、节能、节水、节材、环保等目标,提供以下有利于自然资源、地理环境以及优化交通等条件,如：对自然资源和能源的消耗最小;污染排放最少;生态（自然）环境负荷最小;有利于形成健康、舒适和无害的室内外环境;有利于建筑的质量、功能、性能、经济与环保性统一。其中还需特别强调两点：

1. 节地

节约土地（主要是耕地）是我国的一项国策，全国耕地只占国土面积的 13%，目前，人均耕地每年还在下降。优质耕地少，后备资源严重不足。关于节地，国家已颁布了有关城市规划、国土规划中节约耕地的标准和法规。

节地有三个方面：第一，是规划的体现，包括城市里面的集约，城乡之间的集约统筹；第二，取消黏土砖，黏土砖每年毁坏农田 95 万亩，需要做好"禁实"和替代建材的开发；第三，鼓励城市地下空间的利用。

规划设计中应考虑少占或不占耕地、生态林地。应合理地选用荒地、废弃地进行建设，对已被污染的废弃地进行处理，变废为利，实现再利用；此外，还应对用地适当提高密度以容纳更多的建筑和人，如：探讨低层高密度、高层高密度、集约式住宅等设计方案，向天空要地、开发地下空间、屋顶绿化，等等。对于停止使用黏土实心砖，关系到节地的重要方面，目前已有不少做法和对策。

2. 环境利用

研究如何充分利用场地的自然资源，如：太阳能、风能、地热等；研究如何充分利用地理条件以及地形、地貌、地质等，综合解决好日照、通风、换气、采光、照明、采暖、降温、除湿、水体利用、排污等问题的现存可行性与经济性。

反对不顾地区实际、依赖设备解决一切的做法，要结合地方和气候条件、采用与环境相协调的技术手段进行设计：充分利用土地，立体地、三维地进行内部高效空间的设计；充分利用阳光，最大限度地增大朝向好的采光面、充分利用天光、光栅等实现自然采光，在不受光的空间（地下室、暗储藏室等）则利用国际先进的"光纤导光"技术引进自然光线；充分利用风能、结合建筑体型和风道最大限度地实现自然通风、包括穿堂风和垂直通风系统；充分利用日光热和地热的潜能，创造自循环的建筑供暖、冷却系统，充分利用水力和生物量。充分考虑利用现有的植物资源配以规划中的绿化，用来软化人工建筑环境和改善微环境的可行性。

节能建筑主体设计（energy saving in building mainpart design）

与国外相比，我国的单位建筑能耗是同等气候条件下发达国家的 3 倍，外墙的传热系数为 3.5~4.5 倍，外窗传热系数为 2~3 倍，屋面传热系数为 3~6 倍，门窗的空气渗透为

3~6 倍。与北京气候条件相近的德国，其建筑年消耗 1984 年为每平方米 24.6~30.8kg 标准煤，到 2001 年，降低至每平方米 3.7~8.6kg 标准煤。而北京的建筑年消耗，21 世纪初的几年一直是每平方米 22.5kg 标准煤，可见我国的建筑节能潜力巨大。

进行建筑主体节能设计就是根据不同地区气候和建筑能耗特点，在兼顾冬夏、整体优化的原则上，通过能耗模拟综合分析，采取各种有效节能途径（包括选择适宜体型系数、合理布置室内空间、提高围护结构保温隔热性能、控制不同朝向窗墙比、设计有效的夏季遮阳装置、改善自然通风等），从整体上降低建筑的采暖和空调能耗。

我国新节能标准，对围护结构的节能已做了明确的规定，这在进行太阳能建筑设计时必须遵守，以保证太阳能的有效利用。太阳能建筑对围护结构材料和构造的要求，包括外墙与屋面的保温方式、材料选择、构造做法要满足热工性能指标及保证良好的保温、蓄热性能。由于窗户的耗热量与空气渗透耗热量相加约占房屋全部耗热量的 50% 以上，是建筑节能的薄弱环节，要加强对门窗节能的综合研究，使窗户在墙面上尽可能成为得热构件。同时，在严寒和寒冷地区的采暖建筑中的地面也应增加保温措施。

总的来说，为了让建筑自然能耗缩到最小，实现建筑主体节能的关键是：1. 外墙散热面积；2. 建筑外围护结构的材料性能，即墙体、屋顶和窗等各自的传热系数。结构的密闭性和使用者的通风习惯都直接影响热得失率；3. 窗的面积、玻璃的保温隔热、太阳能的透射性以及可调的遮阳设施决定了太阳透射性的平均值；4. 建筑结构：内结构楼板、内墙体等材料蓄热量。以上四个方面决定了建筑室内的总蓄热能力。

1. 建筑方位节能（energy saving by setting proper orientaion）

控制建筑方位是为了使建筑物尽量多和快地得到太阳能辐射热。在冬季太阳能辐射热在 9 时 ~15 时是全天辐射热的 90% 左右。因此，在这段时间内要保证足够的日照时间是非常重要的，为了充分发挥太阳能辐射热的效能，可根据建筑的特征，例如：学校的教室上午希望室温尽快上升，而夜间室内无人；住宅建筑由于夜间住人，下午尽量使太阳能辐射热进入室内，分别按需调整建筑物的方位角。

2. 建筑表面积和建筑体型节能（energy saving by managing building shape and total surface area）

从利用太阳能的角度考虑，应使南墙面吸收较多的太阳能辐射热，且尽可能地大于其他向外散失的热量，以将这部分热量用于补偿建筑的净负荷。如果我们使除南墙面之外的其他的热工质量是相同的，则不难看出，建筑的净负荷是与面积的大小成正比的。因此，从节能建筑的角度考虑，对建筑节能的效果以外围护结构总面积越小越好这一标准来评价是不够的，而应以南墙面足够大，其他外表面尽可能小为标准来评价，即表面面积系数（建筑物其他外表面面积之和与南墙面积之比），这就是被动式太阳能建筑对围护结构面积的要求。除此之外，还要用建筑物的表面面积系数来研究建筑体型对节能的影响，从获得更多的太阳能辐射热，降低能耗的观点来看，长轴朝向东西的长方体体型最好，正方形次之，长轴朝向南北的长方体体型的建筑节能效果最差。

3. 围护结构节能（energy saving by building envelope）

（1）提高围护结构的隔热保温性能

采用保温隔热性能好的新型墙体材料，这是建筑节能的重点措施。鼓励采用高效能的墙体材料（如外墙外保温），严格按国家要求禁止使用实心黏土砖。推广新型墙体要与完善建筑体系结合起来，在减少普通砖混结构的同时，积极发展大开间的框架结构及复合结构，为应用新型墙材提供载体。

外墙外保温是比较理想的围护结构，但外饰面的材料选择、节点构造的优化、裂缝的消除等诸多问题，有待继续探索和实验，以期在大面积推广中取得更成熟的技术、材料和工艺规程。

通风式幕墙由内外两层玻璃幕墙组成，又称双层幕墙、呼吸式幕墙、热通道幕墙等，与传统幕墙相比，它的最大特点是由内外两层幕墙之间形成一个通风换气层。由于此换气层中空气的流通或循环的作用，使内层幕墙的温度接近室内温度，减小温差因而它比传统的幕墙采暖时节约能源 42%~52%；制冷时节约能源 38%~60%。

（2）采用节能外门窗

外门窗是耗能的主要通道，约占建筑能耗的一半，门窗隔热、密闭性能的优劣，直接关系到节能效果。据美国科学家估计，从普通窗户中损失的建筑能量是普通实体墙的 5~6 倍。

断热的铝合金门窗及塑料门窗具有较好的阻热性能，配以双层中空玻璃，特别是低辐射玻璃，效果会更好。此外，优质的遮阳帘及窗帘对减少能源辐射也有重要作用。

（3）改善窗、墙面积比

太阳能建筑对窗、墙面积比的要求是一个综合性问题，一要考虑窗户的大小对直接集热的影响；二要考虑窗户既是得热构件，又是耗能的主要环节；三要考虑窗间墙的大小、位置给墙体集热、蓄热带来的影响。在被动式太阳能建筑中，居住建筑南向窗墙面积比一般在 40% 左右，比节能建筑标准的要求略有提高；学校建筑中考虑到早晨希望室内提温尽量快些，南向窗墙面积比在 50% 左右，对其他朝向的窗户，应在满足房间光环境的要求下，适当减少开窗面积并采取措施降低窗户的传热系数、减少空气渗透量、加强夜间的保温等措施，以降低能耗。

建筑设计能源利用（energy resources use in building design）

1. 常规能源利用

这里的"常规能源"是指使用过程中不可逆、不能回收的可耗竭的自然资源，如：煤、石油、天然气等。

建筑运行能耗中，暖通空调能耗所占比例最大，超过 60%，减少暖通空调能耗是减少建筑运行能耗的关键；在建筑材料能耗中，非金属建材和钢铁材料能耗所占比例最大，分别达到 54% 和 39%；而在建筑间接能耗中，能源生产加工能耗所占比例最大，达到 71%。建筑施工能耗占建筑总能耗的比例较小，不大于 2%。

优化利用常规能源系统，主要可以从四个方面入手：（1）因地制宜进行冷热源优化选择，提高采暖、空调系统的能量转换效率；（2）采用合理的调控方式，节省输配系统能耗；（3）优化照明控制，减少照明能耗；（4）选用适宜能源制备生活热水，如利用工业废热、热泵、空调余热和分户燃气炉等制备热水。

使用先进的技术可以使建筑自身室内自由温度处在一个更为良好的状态，因此只需要非常低功率的辅助采暖或制冷设备对室内温度的不足进行调整，这就给采暖，通风和空调设计打开了新路：（1）以小型低功率可调控独立式住宅采暖设备代替复杂的大功率集中采暖设备；（2）使用低功率高效能天棚或地面式辐射采暖和制冷设备代替各种大功率高温采暖设备；（3）使用低交换率小温差的地面送风式空调技术和设备代替大功率，大温差的上给上排式空调设备。

2. 可再生能源利用

可再生能源指从自然界获取的，可以再生的非化石能源，包括风能、太阳能、水能、生物质能、地热能和海洋能等（GB/T 50378—2006）。

应首先通过计算机模拟分析方法对不同阶段设计方案的建筑耗能进行详细的预测和比较，并根据建筑类别、气候特点和可再生能源的可利用性来选择具体的可再生能源利用技术，主要包括风能利用、太阳能利用、地热、地源热泵利用和生物质能利用等技术。

我国的建筑节能潜力很大，节能重点应为建筑物本身的节能、采暖和空调系统节能和可再生能源的利用。

夏热冬冷地区建筑节能重点在于降低采暖能耗。北向外墙、外窗以及屋顶的保温隔热性能在设计时需比国家建筑节能标准要求有所提高。夏热冬暖地区建筑节能重点在于降低空调能耗。外窗及其遮阳性能对建筑能耗的影响比较大，提高空调能效比对降低建筑能耗是至关重要的。

建筑设计风能利用（wind energy use in building design）

1. 风能用于建筑自然通风

为了利用风能，设计师需掌握年平均风速及主导风向，以解决建筑的定位及朝向，用来促进夏季通风和遮挡冬季通风。

夏季，利用自然通风进行被动式降温可以减少空调能耗，并防止"建筑综合症"的发生。利用自然通风进行被动式降温有两种途径，一是"通风增加人的舒适度"，特别适合于气候炎热潮湿的地区，即将室外空气引入室内，使之直接吹过人的身体，加速皮肤水分蒸发，从而使人觉得凉爽；二是"夜间通风降温"，特别适合于炎热干燥、昼夜温差大的地区，即把夜晚凉风引入室内，使室内蓄热材料充分散热，第二天，被冷却的蓄热材料便起到"热库"的作用，可以使室内的温度不像室外那样迅速上升。

冬季，自然通风需要被控制在恰好能够驱除室内多余的潮气和污染物的程度，以减少采暖能耗。

在多风地区，可利用风压和热压（即利用热空气趋向于上升，冷空气趋向于下降，从而形成气流）促进建筑内部空间的自然通风，以减少制冷负荷并带走室内有毒及有异味的物质。热压通风效果与室内进、出风口间的高度差，以及室内外空气的温度差有密切关系：高度差越大，温度差越大，热压通风的效果越明显。一般在概念设计阶段就应考虑创造利于热压和风压通风的条件，尽可能避免阻碍自然通风的因素，必要时采取措施如：设置导流板等，以最大限度地减少不利影响。与之同时，建筑师还应注意室外周围的建筑密度、形式等环境条件，它们对建筑外围护结构上的风压分布有很大的影响。

在暖湿地区应注意利用风压的自然通风效应，地区气候特点是白天温度高、热辐射强，雨量充沛，这种气候特征要求建筑的首要任务是遮阳、通风和防潮。因此需要利用风压的自然通风效应，通常采用开敞的建筑平面，架空底层以利热气通过，而巨大的陡坡屋顶和深深出檐，又会加强通风散热，使室内十分阴凉，且有利于排除雨季的大量雨水。

在干热地区应注意利用热压的拔风效应，地区气候特点是强烈的太阳辐射，当地的房屋一般为多层，贯通几层的窄而高的天井，利用热压起着像烟囱一样的拔风作用，自然形成室内空气流动，营造出舒适凉爽的微气候环境。另外还有一种利用热压导风效应的气井，如埃及农村中使用的捕风塔，气流方向相反、原理相同。它是一套蒸发冷却系统，风井顶部的空气与井内壁接触而冷却，在风压的作用下自然下沉。井内设陶质水罐，冷空气因水的蒸发和冷气流的作用进一步降温，进入房间的空气湿度同时提高。

2. 被动节能自然通风

被动节能自然通风方式是利用清洁能源和建筑本身的特殊设计以自然通风为主的方式来改善建筑微气候的策略。它同时具有两大功能：一是通风换气，借以改善室内空气质量；二是得热或降温，借以改善室内热环境。

被动式自然通风中包含加强自然通风实现被动降温；再就是对空气进行被动式预冷处理或预热处理。

（1）加强自然通风型——诱导自然通风 + 缓冲空间降温

加强自然通风型适用于季节气候温和，所以主要注重诱导自然通风，其次是环境降温措施。诱导自然通风可分为诱导风压通风与诱导热压通风。两种通风方式要兼顾。风压通风在通风效率上有较大优势，但是受外部风环境制约较大，不是很稳定，所以需要以热压通风为辅助。利用风压通风最优先考虑的是穿堂风。贯穿建筑的横向腔体（如贯通的廊道）最易获得穿堂风。有时横向腔体和竖向腔体（如天井）结合，更能充分利用风压通风。

诱导热压通风是在设计中利用垂直腔体与温度分布，让建筑特定开口之间产生适当热压差，以促进建筑通风。热压通风的效率与高度差及温度差成正比。高大空间或者竖向腔体可以产生烟囱效应，这是利用了高度差；加热出风口处空气，也可以加强通风效果，这是利用了温度差。在大体量建筑中，热压通风的利用方式比风压通风更加灵活，天井、中庭、通风塔、楼梯间等都可以作为竖向腔体加以利用。单个房间也可以利用上下开口来获得热压差，一般房间内都存在热源（人员、设备、电器等），热气上升排出，新鲜空气从低处补充。

（2）被动预热 / 预冷型——控制自然通风 + 缓冲空间得热 / 降温

控制自然通风的目的是在外部气候不利的情况下维持健康通风水平，以减少被动措施的冷热负荷。在居住建筑中，通常依靠空气渗透和偶尔的门窗开启就能基本维持健康通风，但是对室内温度的干扰较大。在缓冲空间外表皮上设通风孔是既能满足新风要求又减少热干扰的控制自然通风方式。通风孔位于缓冲腔体外表皮，在腔体内利用被动措施预先加热或冷却新风。

被动预热或预冷型自然通风的缓冲空间通常是附加腔体。附加腔体较为封闭，可以充分发挥被动措施的热调节功效。附加腔体对外设通风孔可获得新风，并利用腔体内的热交换预热或预冷新风，通风孔的设计要点在于，它应设置在缓冲腔体外表皮，尽量避免直接开口于使用房间。利用腔体对从通风孔进入的空气进行预冷或预热。在屋顶和立面腔体类型中，表皮只设一个开口时，它既是进风口又是出风口，新风与出风混合进行热交换，有利于提高热效能。

建筑设计太阳能利用（solar energy use in building design）

为了利用太阳能，设计师需掌握日照资料、年逐时温度（最高、最低及平均）以及水平面太阳能辐射强度等，以确定建筑外围护结构、建筑定位及朝向、自然采光方式以及确定蓄热物质，用来考虑供热能量、利用冷却器转换成制冷能量、利用光伏电池转换成电能。

20世纪初，人们对工业革命以后的建筑进行反思，新建筑强调了对充足阳光和新鲜空气的重视，40～50年代是主动式太阳能技术研发的鼎盛时期。70年代石油危机的背景之下，被动式太阳能技术终于作为独立的概念被提了出来，同时主动式太阳能技术、太阳能光电技术也有了很大进展。

太阳能的利用方式通常可以分为被动式太阳能技术、主动式太阳能技术和太阳能光电技术：

1. 被动式太阳能技术（passive solar tech）

（1）原理

被动式太阳能利用是指不借助机械设备和复杂的控制系统而对太阳能进行收集、储藏和输配，它与建筑不可分割。例如建筑的方位，早上很早就需要采暖而傍晚和晚上不需要采暖的小学校，南偏东的朝向较好；在有晨雾和多云的地区，以及主要在晚间使用的建筑，可以采用南偏西的朝向；又如建筑的平面布置，应按功能进行不同的朝向分区等。被动式太阳能建筑要想获得良好的综合性能，必须提高维护结构的整体热工性能、减少空气渗漏，从根本上降低采暖和制冷负荷。建筑开窗面积应据采暖季节和制冷季节性能的热平衡来决定。对建筑采光面的恰当遮阳也非常重要，可以有效避免夏季过热。与之同时，高效的辅助采暖和制冷系统也常常整合于被动式太阳能建筑的设计中。

被动式太阳能的利用方式有：直接获取系统、间接获取系统和混合式系统。但无论哪种系统，都有五个基本要素：采光面或收集器、热吸收装置、蓄热材料、输送系统、控制装置：为了利用太阳能，必须先把它"收集"和"储存"起来，然后在适当的时候将其"分配"出去。这一过程必须加以"控制"。当获取或储存的太阳辐射热量不能满足采暖负荷的时候，则需要辅助热来补充解决。这种对太阳能的集、储、分、控、补的方法。可灵活运用于不同的太阳能采暖建筑中。这里对五要素分述如下：

1）采光面或收集器——最常用的是窗户。窗户的整体热工性能用 U 值来量度（U 值越小，绝热性能越好），而反映玻璃主要性能的参数是"太阳得热系数——SHGC"（越大的 SHGC 值表示越多的太阳辐射能够进入建筑）以及 K 值。被动式太阳能利用需要高 SHGC 值的玻璃（在被动式太阳能建筑中选用低 SHGC 值的玻璃是常犯的错误）。

2）热吸收装置——指蓄热材料的表面，一般为深色、硬质。它们被放置在阳光直射的路径上，入射阳光作为热量被吸收。其材料的颜色对阳光中短波辐射的吸收率影响较大，而材料的粗糙程度对长波辐射吸收率影响较大。

3）蓄热材料——指保留或者储存阳光产生能量的材料，如砖石砌筑墙体、盛水的容器、相变材料等，常位于热吸收装置的下面。

4）输送系统——指太阳能从收集和储存处循环到建筑不同区域的方法。被动式太阳能建筑中通常利用三种自然的热传输模式（即传导、对流和辐射），有时也会借助风扇、导管和风机。

5）控制装置——通常用来避免夏季过热，常用的有挑檐板、百叶以及通风口电子传感装置等。

上述五种要素的不同组合，可以产生千变万化的被动式太阳能建筑。

（2）被动式太阳能利用方式

1）直接获取系统

该系统让太阳辐射直接进入室内，让室内的墙面和地面蓄热，因此需要根据采暖需要计算所需蓄热材料的面积和厚度。其优点是，在拥有充足阳光的同时拥有开阔的视野，需要增加的额外建设费用很少，效率很高；缺点是室内温度波动大，容易发生夏季过热情况。为了保证蓄热材料得以暴露在直射阳光下，还需限制铺设地毯或在墙上挂画等。

2）间接获取系统

该系统将蓄热材料放置在采光面。例如，在南向的砖石砌筑墙体外侧 3cm 左右的位置安装单层或者双层玻璃，入射的阳光热能被墙体的深色表面所吸收后储存在墙体中，同时向使用空间进行辐射。不同的墙体厚度可以在不同的时间内持续向建筑内部释放热量。该系统的优点在于使用空间的热舒适性高，温度波动小，费用适中，尤其适于旧建筑改造；缺点在于可能会限制景观和视野，在阴天情况下较为不利。

3）混合式系统

该系统综合了前两种系统的一些特征，典型的如阳光间。阳光间接受阳光直射，本身可以作为舒适的起居空间。白天，通过门窗或者通风口，阳光间采集的阳光热能被输送到其他房间，同时，阳光间和其他空间之间的蓄热墙体储存热量以备夜间使用。其优点在于舒适性非常高，并可以提供额外的起居空间或温室；缺点在于投资费用高，在上述三种系统中效率最低。

2. 主动式太阳能技术与太阳能光电技术

（1）主动式太阳能技术（active solar tech）

主动式太阳能技术这个术语，是用来称呼专门用于采集太阳能以生产热，并把它保存起来备用的机械设备，工作流体通常是空气或水，主要有：利用太阳能提供热水、室内采暖、对通风空气进行预热、室内降温（较为少见）以及除湿（与干燥剂合用）等。这几种太阳能光热利用技术，对建筑初投资的影响不大，往往通过一定的建筑空间、建筑构造、建筑材料、建筑技术的合理配置，可以达到较理想的生态效果，具备较高的推广价值。近年来，能够为室内降温的太阳能空调发展迅速，但成本仍然偏高。

利用太阳能制备热水的技术经过近 20 年的发展，技术已趋成熟，很多太阳能热水器能够在冬季不利情况下方便地与辅助热源进行切换，保证全年使用的需要。目前，太阳能热水器已经实现大规模的商业化应用。到 2003 年底，我国太阳能热水器使用量为 5200 万平方米，年生产量是 1200 万平方米，约占全世界的 1/4。太阳能热水器的发展历经晒闷式热水器、平板式热水器、全玻璃真空管式集热器、真空管热管式集热器。

利用太阳能进行空间采暖可以结合热泵使用，不仅能将太阳热能这一不稳定的低位热源转变为较为稳定的高位热源，而且由于从室外进入到蓄热槽中的空气与采暖空间的循环空气彼此是独立的，因而可以满足空气质量要求。

太阳能集热器常常结合在建筑的屋顶上以避免遮挡，其倾角有一些经验数值可以参考：当用于制备热水时，倾斜角度（集热器与水平线的夹角）经验数值等于装置所在地区的纬度数值；当用于采暖时，经验数值是纬度加上 15°（即使稍微偏离这些优化角度，仍然有较好的效果）。

太阳能集热装置如何与建筑一体化是近年来的一个热点问题，国外近年来出现了一些能够与建筑外墙、窗户完美结合的集热系统，如空气收集板、窗户收集器等，由于这些装置是与建筑构造一起考虑的，所以与建筑的整体感很强。

（2）太阳能光电技术（solar photovoltaics）

1）原理及系统组成

按照太阳能转换方式的不同，太阳能技术主要包括两种：即太阳能光电利用和太阳能光热利用，后者已如前述。太阳能光电利用是指利用光伏技术将太阳能转化为电能，从而实现了能源的灵活运用。从长远来看，太阳能光电技术为城市类型的居住建筑提供了开阔的前景，但是初投资高、转化效率低。

太阳能光电板发电的原理主要是半导体的光电效应，一套基本的太阳能发电系统是由太阳电池板、充电控制器、逆变器和蓄电池构成。太阳能光电板捕获太阳能并生成直流电（DC），逆变器（电力调节器）将直流电（DC）转换成交流电（AC），直接和城市电网相连接，用以运行许多常用电器和设备。在太阳能电力充足的情况下向城市电网送电，反之则由城市电网补充电力的不足。在不能直接和城市电网相连接的时候则需要蓄电池储存电力，但是这个时候蓄电池的使用有可能造成环境的污染。

2）安装方式

直接在屋顶安装——这是最常见的一种模式，可以在旧建筑上直接安装太阳能光伏电系统，因而应用也是最广泛的。

墙面外挂或是形成墙面组成部分——通常在建成的建筑墙体外面可以加挂光电板，有时候也可以用来兼做遮阳板的作用。

作为建筑中庭采光屋顶——在部分建筑中，光电板被安装在中庭的顶部，既可以采光又可以充分地接受太阳光。

建筑设计天然光利用（natural light use in building design）

天然光取之不尽、用之不竭，相比其他能源具有清洁、安全的特点，充分利用天然光可节省大量照明用电。而电能主要由燃烧化石燃料生产（我国目前有75%的电能来源于燃煤），人类在获得电能的同时向大气排放了大量二氧化碳、二氧化硫、氮氧化合物等有害气体，这些气体是造成臭氧层破坏、温室效应等环境问题的重要原因。据统计，建筑在运行过程中照明能耗占总能耗的40%~50%。节约照明用电可间接减少自然资源的消耗及有害气体的排放。因此，天然采光是绿色照明的重要方面。

长期以来，人们一直对天然光存在一种误解，认为天然光进入室内的同时带来的热量要多于人工光源的发热量。下面给出了天然光与部分人工光源光热效率的比较，其中光热效率是指产生单位热量时的光通量（流明）：

晴天空（光源，下同）……… 150（光热效率 流明／瓦）

平均天空 ……………… 125（光热效率 流明／瓦）

150W 白炽灯 …………… 16~40（光热效率 流明／瓦）

40W 荧光灯 …………… 50~80（光热效率 流明／瓦）

高压钠灯 ……………… 40~14（光热效率 流明／瓦）

由上可以看出使用天然光的优越性。如果用天然光代替人工光源照明，可大大减少空调负荷，有利于减少建筑物能耗。随着人们对环境、资源等问题的日益关注，建筑师开始重视天然光的利用。新的采光技术与传统的采光方式相结合，不但能提高房间内部的照度值和整个房间的照度均匀度，而且可以减少眩光和视觉上的不舒适感，从而创造以人为本、节能、健康、舒适的天然光环境。

利用天然光——新的采光技术的出现，主要是解决三个方面的问题：1. 解决大进深建筑内部的采光问题。建筑功能的日趋复杂，建筑物的进深不断加大，仅靠侧窗采光已不能满足建筑物内部的采光要求。2. 提高采光质量。传统的侧窗采光，随着与窗距离的增加室内照度显著降低，窗口处的照度值与房间（高 3 米，进深 6.1 米）最深处的照度值之比大于 5：1。3. 解决天然光的稳定性问题。天然光的不稳定性一直都是天然光利用中的难点所在，通过日光跟踪系统的使用，可最大限度地捕捉太阳光，在一定的时间内保持室内较高的照度值。

为了利用天然光，设计师需掌握日照资料以确定建筑外围护结构、建筑定位及朝向、自然采光方式等。

新的采光技术往往利用光的反射、折射或衍射等特性，将天然光引入，并且传输到需要的地方。以下介绍四种先进的采光系统：

1. 导光管（light pipe）

最初的导光管主要传输人工光，20 世纪 80 年代以后开始扩展到天然采光。

用于采光的导光管主要由三部分组成：用于收集日光的集光器、用于传输光的管体部分以及用于控制光线在室内分布的出光部分。集光器有主动式和被动式两种：主动式集光器通过传感器的控制来跟踪太阳，以便最大限度地采集日光；被动式集光器则是固定不动的。有时会将管体和出光部分合二为一，一边传输，一边向外分配光线。垂直方向的导光管可穿过结构复杂的屋面及楼板，把天然光引入每一层直至地下层。为了输送较大的光通量，这种导光管直径一般都大于100mm。由于天然光的不稳定性，往往给导光管装有人工光源作为后备光源，以便在日光不足的时候作为补充。导光管采光适合于天然光丰富、阴天少的地区使用。

结构简单的导光管在一些发达国家已经开始广泛使用，德国柏林波茨坦广场上使用的导光管，直径约为500mm，顶部装有可随日光方向自动调整角度的反光镜，可将天然光高效地传输到地下空间。

2. 光导纤维（optical fiber）

光导纤维是20世纪70年代开始应用的高新技术，最初应用于光纤通信，80年代开始应用于照明领域，目前光纤用于照明的技术已基本成熟。

光导纤维采光系统一般也是由聚光部分、传光部分和出光部分三部分组成。聚光部分把太阳光聚在焦点上，对准光纤束。用于传光的光纤束一般用塑料制成，直径在10mm左右。光纤束的传光原理主要是光的全反射原理，光线进入光纤后经过不断的全反射传输到另一端。在室内的输出端装有散光器，可根据不同的需要使光按照一定规律分布。

对于一幢建筑来说，光纤可采取集中布线的方式进行采光。把聚光装置（主动式或被动式）放在楼顶，同一聚光器下可以引出数根光纤，通过总管垂直引下，分别弯入每一层楼的吊顶内，按照需要布置出光口，以满足各层采光的需要。

因为光纤截面尺寸小，所能输送的光通量比导光管小得多，但它最大的优点是在一定的范围内可以灵活地弯折，而且传光效率比较高，因此同样具有良好的应用前景。

3. 采光搁板（daylight shelfboard）

采光搁板是在侧窗上部安装一个或一组反射装置，使窗口附近的直射阳光经过一次或多次反射进入室内，以提高房间内部照度的采光系统。房间进深不大时，采光搁板的结构可以十分简单，仅是在窗户上部安装一个或一组反射面，使窗口附近的直射阳光，经过一次反射，到达房间内部的天花板，利用天花板的漫反射作用，使整个房间的照度和照度均匀度均有所提高。

当房间进深较大时，在侧窗上部增加由反射板或棱镜组成的光收集装置，反射装置可做成内表面具有高反射比反射膜的传输管道。通常设在房间吊顶的内部，为了提高房间内的照度均匀度，在靠近窗口的一段距离内，向下不设出口，而把光的出口设在房间内部，配合侧窗，这种采光搁板能在一年中的大多数时间为进深小于9m的房间提供充足均匀的光照。

4. 导光棱镜窗（optic prism window）

导光棱镜窗是利用棱镜的折射作用改变入射光的方向，使太阳光照射到房间深处。它可以有效地减少窗户附近直射光引起的眩光，提高室内照度的均匀度。同时由于棱镜窗的折射作用，可以在建筑间距较小时，获得更多的阳光。

导光棱镜窗如果作为侧窗使用，人们透过窗户向外看时，影像是模糊或变形的，通常是安装在窗户的顶部或者作为天窗使用。导光棱镜窗作为天窗，室内光线均匀柔和。

建筑设计地源热能利用（earth energy use in building design）

1. 原理

过去曾用"地热"一词同时描述两种完全不同的能源系统；一种是指利用地表下的土层作为冬天的热源和夏天的热库，另一种是指从地球深处采集热能，现在则把前者更准确地称为"地源热"，也是这里要讨论的内容。为了设计利用一定深度土壤下（或地下水）的"地源热"作为冷源或热源，以及确定建筑结构和蓄热物质等，设计师需掌握水文及地质资料。

地表浅层是一个巨大的太阳能集热器，收集了 47% 的太阳散发到地球上的能量，比人类每年利用能量的 500 倍还多。它不受地域、资源等限制，量大面广、无处不在。这种储存于地表浅层（地表土壤、地下水或河流、湖泊）的低温位热能——地热资源，也被称之为地能（earth energy），是清洁的可再生能源的一种。

地源热泵是利用地球表面浅层地热资源（通常小于 400m 深）作为冷热源，进行能量转换的建筑供暖空调系统。该系统实际上是将传统空调器的冷凝器或蒸发器延伸至地下，与浅层岩土或地下水进行热交换，或者是利用封闭环路中循环流动的中间介质（如不冻液）作为热载体，在中间介质流经浅层岩土时将环境中的热能提取出来，或者将建筑物中的热能释放出去，从而实现利用低温位浅层地能对建筑物内供暖或制冷。夏季它可以将富余的热能存于地层之中以备冬用；同样，冬季它可以将富余的冷能贮存于地层以备夏用。地源热泵是通过利用地层自身的特点实现建筑物与环境能量交换的一种节能、环保型的新能源利用技术。由于电能在这个过程中只用来抽取热量，所以可大幅度地降低能耗。而地源热泵的污染物排放，与空气源热泵相比，相当于减少 40% 以上，与电供暖相比，相当于减少 70% 以上，在发达国家中，供热和空调的能耗可占到社会总能耗的 25%~30%。因此地源热泵技术被誉为"21 世纪最有效的空调先进技术"。近年来，地源热泵空调系统在美国、加拿大、瑞士、瑞典等国家发展迅速，我国的地源热泵市场也日趋活跃。1998 年美国环保署颁布法规，要求在全国联邦政府机构的建筑中推广应用地源热泵系统。

根据地源热泵系统与环境的作用关系，可以将其分为闭式和开式两种形式。闭式对环境主要是通过交换热能相互影响；而开式就需要提取地下水或地表水，与环境内部产生一部分物质交换，因而对环境的影响比较大，选用之前需对环境进行评估。闭式系统以其良好的环保作用而得到广泛应用，并受到国际地源热泵协会（IGSHPA）的推荐。闭式循环系统在封闭的管路充填传热介质，一般为防冻液，以避免冬季出现的结冰现象，并通过与周围土体或者水体发生热交换而达到制冷或供热的目的。地表 10~20m 以下地层中为常温层。一般在地下进行水平布管对地下常温层的位置影响不大；若垂直布管对常温层干扰就比较大，会使常温层下移。

2. 技术方案

地源热泵的技术方案分为两种：一种是土——气型地源热泵技术；另一种是水——水型地源热泵技术，前者是从浅层土壤或地下水中取热和排热，通过分散布置于各个房间的热泵机组直接转换成热风或冷风；后者是从地下水中取热和排热，经过热泵机组转换成热水或冷水，然后再经过布置在各房间的风机盘管转换成热风或冷风给房间供暖或制冷。与建筑设计关系密切：

（1）选址与场地规划

地源热泵通过在建筑物周边土地打竖井或是挖深沟（当采用卧式环路系统时）、直接抽取地表水（当周边有水温、水质、水量符合要求的可用地表水时）输送到板式换热器、将盘管直接放入河水或湖水中（水温，水质，水量符合要求）等几种方式进行热交换，无论哪种方式都必须对场地及周边的水文地质情况进行详细的调查，看是否有可利用的条件。如果采用第一种方式，建筑周围要有足够空间（空地、停车场等）进行埋管，如果采取第二、三种方式，需要设计合理的取水构筑物，这都影响到场地规划设计。

（2）机房位置与大小

通常地源热泵机组放在室内，没有了通常空调所需的冷却塔，利于建筑的整体造型设计。"一机一户，深井回灌"系统，没有集中机房，而是各户的小型热泵，能够像普通空调那样自行调节和分户计量，并且不必悬挂室外机。

（3）末端装置

地源热泵的末端装置有多种选择，常见的有风机盘管，也可采用辐射吊顶，但必须注意克服夏季吊顶表面结露问题，这些末端装置会影响室内的造型与空间设计。

节水建筑设计（water saving in building design）

中国的大宗资源，诸如耕地、森林、淡水、能源等，大多处于相对匮乏状态。以水资源来说，据专家测算，我国单位面积淡水资源相当于全球平均值的 91.5%，但由于单位面积人口为全球平均的三倍，致使我国人均水资源不足全球平均的 1/3。

我国目前水资源短缺日趋严重，全国人均水资源量约为 2200m³，仅为世界人均占有量的 30% 左右，为美国的 1/5，俄国的 1/7，加拿大的 1/50。

大力推广中水回用、加强节水管理并推广采用节水型设备和器具、更多利用雨水，是节水措施的几个重要方面。

1. 中水回用（use of recycle water）

中水，是指水质次于上"水"，优于"下水"的水，故称为中水。建筑中最主要的节水技术就是中水系统的利用。中水系统，是一种分等级的给水系统，按照用途供给不同的水质。中水系统不仅可获得一部分主要集中于城市的可利用水资源，还在于体现了水的"优质优用、低质低用"的原则。

事实上，对于各种用途并非所有的用水场合都需要优质水，而只需要满足一定的水质要求即可。人们在城市生活需要的水的比例是生活占 40%，商业占 15%，工业占 25%，其他占 20%。工业、商业及公共场所不需要大量的饮用水，室内住宅需水中 40% 用于盥洗，30% 用于洗涤，15% 用于洗衣服，6% 用于洗碗筷，5% 用于饮食以及 4% 用于其他。因此，从健康角度看，人们需要的优质水实际仅为 5%，而其他大量的不与人体直接接触的杂用水，并无过高水质要求。净水一次使用过后的污水，经再生处理达到一定的水质标准，可作为非饮用水加以重复利用，实现水的良性循环。中水可广泛用于绿化、冲洗车辆、厕所以及其他杂用，从而替代原来使用的饮用水，为城市增加了非传统水源。

因此，供水系统只采用一种给水方式，即不管什么用途都按照标准饮用水供给是对水资源的一种浪费，也是对人力与能量的浪费。采用中水系统可以节约大量饮用水源及经常性水净化费用、动力费用等。为达到污水和废水重复利用的目的，国外普遍推行中水系统技术。该系统要求有一定规模的宾馆、机关、院校或住宅小区，将生活污水处理成中水后回用于市政和生活杂用。

我国的中水利用已进入推广使用阶段。北京市人民政府（1987）60 号文，关于"北京市中水设施建设管理试行办法"规定：建筑面积 2 万 m² 以上的旅馆、饭店、公寓，建筑面积 3 万 m² 以上的机关科研单位、大专院校和大型文化及体育等建筑，以及按规划应配套建设中水设施的住宅小区、集中建筑区等应配套建设中水设施。自 20 世纪 80 年代以来，我国已建成了不少中水系统的试点。但在我国大量的老、旧住宅区中，如何从设施建设与物业管理等方面增加中水使用，还是一个亟待解决的问题。

2. 推广采用节水型设备和器具

在建筑中推广采用节水型的设备和器具是节水的有效措施之一。

2000 年，城市生活用水量约占世界总用水量的 7%。从一些国家的家庭用水调查看，做饭、洗衣、冲洗厕所、洗澡等用水占家庭用水的 80% 左右。由此可见，利用节水型家用设备是节约用水的重点。

节水器具和设备的主要节水方法是：限定水量；限时，如各类限时自闭阀；建筑中主要的节水器具和设备包括水龙头、淋浴器、厕所冲洗设备及自来水管道等。

（1）推广使用节水器具

水龙头，是遍及住宅、公共建筑、工厂车间、大型交通工具的用水器具，是应用范围最广、数量最多的一种盥洗洗涤用水器具。它同人们的关系最为密切，其性能对节约用水效果影响最大。目前，开发研制的节水型水龙头有延时自动关闭水龙头，手压、脚踏、肘动式水龙头，停水自动关闭水龙头和节流水龙头等，这些节水型龙头都有较好的节水效果。

生活用水中，淋浴用水约占总用水量的 20%~35%。因此淋浴节水也很重要。带定量停止水拴的淋浴器，能自动预先调好需要的冷热水量，防止浪费冷水和热水。改革传统淋浴喷头是改革淋浴器的方向之一，现在已经使用的空气压水掺气式喷头可以节省一半的水。

便器冲水是耗水的重点，一般要占家庭用水的 30% 以上。除了利用中水作厕所冲洗用水之外，目前已开发研制出许多种类的节水设备。若在新建住宅中推广使用冲水量为 6 升的坐便器淘汰一次冲水量 9 升以上的坐便器，以每年 500 万套新建住宅计算可节水 6000 万 m^3，若对 7000 万套旧有坐便器更新，每年可节水 9 亿 m^3。

（2）减少管网漏水损失

节水的前提是防止渗漏。漏损的最主要途径是管道。自来水管道漏损率一般都在 10% 左右。为了减少管道漏损，在管道铺设时要采用质量好的管材，并采用橡胶圈柔性接口。另外，还应增强日常的管道检漏工作。

城市供水管网系统的水漏失是相当普遍的，北京估算漏失率高达 15%~20%，个别城市甚至达到 40%。禁止使用冷镀锌钢管用于室内给水管道，推广应用铝塑复合管、交联聚乙烯（PE-X）管、三型无规共聚聚丙烯（PP-R）管或铜管，在此基础上还应注重室外供水管材的选择问题，以从根本上堵住漏洞，并保证水质的卫生标准。

除管道系统之外,还有水龙头、淋浴器等。一个关不紧的水龙头,一个月可滴走 $3m^3$ 水,而目前节水型水龙头的市场占有率仅为 20%,应按规定禁止使用螺旋升降式铸铁水龙头,改用节水型水龙头。

（3）加强用水管理

实行用水定额管理,可达到节约用水的目的。国外实行水定额管理已不罕见,而且执行严格。可以科学地核定标准的用水额度,保证居民的基本正常用水,对超额部分用加收水费的办法加以限制。

3. 雨水利用（use of rain water）

雨水向来是作为废水排到下水道中,但雨水是一种既不同于上水又不同于下水的水质,要特别对待,做到物尽其用,现在更多的是将雨水作为中水的源水加以利用。雨水存在着不容易控制流量的特点,较难收集。在建筑中可采用渗水性能好的材料,并设置储水设备,以收集和储存雨水,用作中水。

饮用水由于水质标准的要求,制备花费较大,而且通常建筑用水中,仅有 3% 的用水量需要达到饮用水标准,因此设计新建筑时,应考虑雨水的集中和使用。使用雨水不仅可以作为中水使用,还可以冷却建筑外围护结构或建筑构成元素。表面积水则有利于促进自然通风,利用蒸发效应制冷。为了有效地利用雨水、确定景观及渗水材料,实现灌溉、冲洗和制冷等目标,设计师需掌握年平均降水量资料。

（1）作为中水使用

适度净化的雨水不仅可以用来灌溉花园、清洗和卫生间冲水等,面积较大的屋顶——尤其是绿化屋顶——能收集大量的雨水,收集到的雨水蓄积在蓄水池中,可经过初步的净化,并使用各种附加的过滤器进一步净化,以保证使用时的水质。

（2）表面积水,冷却建筑外围护结构

建筑周围的蒸发效应可以有效促进自然通风,还能用来冷却建筑外围护结构。莱比锡博览会的玻璃大厅就采用了雨水冷却外表面的设计策略。这种策略非常有效,夏季玻璃结构外表面温度降低到了足以保证室内空间热舒适的程度。

除以上所述大力推广中水回用、采用节水型设备以及更多利用雨水等节水措施外,在加强设施建设、行政管理建设和制度建设的同时,更需加强节水的宣传教育以启发市民的自觉。在日常生活中（如储存盥洗与厨事用水供冲洗或浇灌等次级使用）建立良好的节水理念,养成一水多用的节水习惯,以节水为荣,以节水作为生态文明建设中衡量个人行为道德的标准之一。

节材建筑设计（materials saving in building design）

1. 选用低"内含能量"的建材

建筑师在选材时，（1）应尽先选择低内含能量的建材或耐久材料，少使用内含能量大的材料（如混凝土等）或者减少它们的用量；（2）使用新材料的同时应考虑充分使用旧的建材；（3）如果能多使用一些地方材料，也会有助于减少材料的运输能耗。

建筑材料的生产制造运输过程以及建筑施工过程中所消耗的能量，构成了"内含能量"（embodied energy），也称"固化能量"，是建筑产品在原料开采、生产制备、产品运输等过程中消耗的全部能量，单位为 MJ/kg（兆焦 / 千克）。上述过程中，随着化石能源的消耗而排放出大量的 CO_2。内含能量以及碳排放的多少与原料的开采、制造的过程和方法、运输距离的远近等都有密切关系，重视建筑材料的内含能量是减少建筑能耗和减少碳排放的一项重要内容。关于对建筑物"内含能量"的节能考量，需结合建筑的全寿命周期能源使用情况来进行总体评价。

各国学者大都结合各自不同的国情作了不同的计算，美国还专门出版了有关材料内含能量的手册，并根据每年的变化情况予以不断修订。上海市能源研究所对上海市 1996 年的新建建筑的建材能耗进行了调研，这一年的数值为 500.3 万吨标准煤，占 1996 年上海市总能耗的 10.8%，而该年上海市建筑物的使用能耗仅为 619.9 万吨标准煤，占上海市总能耗的 13.4%，可见建筑材料内含能量的影响之大。

2. 重复利用旧建材

旧材料的循环利用主要有回收利用和再利用两种方式：（1）回收利用是将材料粉碎、熔化后作为生产环节的原料；（2）再利用是对材料采用切割、去污等方法进行加工而后直接用于房屋建造。前者仅节约资源开采的能耗，后者保存了全部固化能量，减排效应更佳。提高废旧材料的循环利用率，尤其是再利用率，可以大大缩短不必要的生产过程、减少能耗和碳排放。

"再使用"或"重复使用"是一种新的选材思想。建筑师需要在创作中，首先考虑利用以往材料与设备的可能性；其次，即使在选用新材料时，也应考虑这些选用材料和设备以后被再利用的可能性。考虑材料和设备的价格时，也应该照顾到今后可能被再利用的因素。

加拿大温哥华的不列颠哥伦比亚大学（The University of British Columbia）校园内的亚洲研究院办公楼（C.K. CHOI Building）就是一个循环利用建筑材料的佳例。整幢大楼中，有 50% 左右的建筑材料是重复使用的，同时又有 50% 左右的材料还可能在以后被再利用。该楼除了梁、柱等利用了大学校园内一座建于 20 世纪 30 年代已废弃的军械库的构件外，一些门、窗、洗涤设备以及金属导线等材料亦都重复利用了温哥华赫纳比（Hornby）大街上一家商业建筑改造时的废弃材料，外檐红砖则重复使用了市区一家建筑的废旧红砖。该楼的建筑师在建筑物的施工投标时，还对施工单位提出了明确的要求，要求他们能够制订出针对建筑废料的管理计划，以此提高建筑废料的重复利用率。

3. 利用当地材料、再生材料及固体废弃物等

加强利用低内含能量的当地材料，如：山石、草料、竹木压制品等。尽量减少不必要的原材料使用，减少了运输量，使用地方材料往往又会突显地方的建筑特色。

加强利用再生材料，如：速生木材应用，钢材再利用等。从结构用材来看，钢材便于回收再利用且钢结构在某些方面还具有其他结构体系难以比拟的优势。

加强对各种固体废弃物的合理循环利用，如利用废渣做成的砌块、骨料、玻璃、水泥等，但循环利用需要消耗一定的能量。

上述种种对建筑材料不同方式的利用，包括对建筑废弃物进行处理，都是节材方面有待研究、试验和开发的重要课题。实际工程中的节能效果如何，还需尽可能地从全周期的整体消耗与产出之间的平衡来评价。

减排建筑设计（emission reduction in building design）

1. 污染排放与耗能耗材同步

消耗能源与材料的过程，也就是污染环境、排放 CO_2 及有害气体的过程。建筑上的一砖、一瓦、一铁、一石，都是能源与资源的固化物，在其生产和制造过程中，无不排放大量二氧化碳。据统计，每生产 1kg 水泥，会排放 $0.8kgCO_2$；每生产 1kg 钢，会排放 $1.37kgCO_2$；每生产 $1m^2$ 瓷砖，会排放 $7.38kgCO_2$。在我国，每建造 $1m^2$ 建筑物，需消耗钢材 50 ~ 60kg，消耗混凝土 0.2 ~ 0.23 吨，砖 0.15 ~ 0.17 吨。每平方米中层住宅楼所使用建材的 CO_2 排放量约为 300kg。

建筑规模越大，建筑材料消耗越多，能源消耗多，CO_2 排放也就多。按照目前建筑用钢来计算，如果 $1m^2$ 的建筑面积消耗钢材 40kg，而生产 1 吨钢材就需消耗煤炭 0.566 吨，燃烧 1 吨煤则产生 2.43 吨 CO_2。因此多用 1 吨钢就多排放 1.375 吨 CO_2，多建 $1m^2$ 建筑面积就多排放 0.055 吨 CO_2。我国近年来每年的新建建筑面积在 20 亿平方米左右，如果紧

缩 10%，即 2 亿平方米，就可减少 1100 万吨碳的排放。

科学统计表明，全球范围内，建筑占用 40% 的能源与材料、25% 的原始木材、16% 的供水，推算下来，建筑须对 30% 导致全球变暖的二氧化碳排放和 40% 导致酸雨的二氧化硫负责；并估计全世界 30% 的新建及改建建筑存在着导致建筑病态综合症（SBS）的室内空气质量问题（IAQ），与之相关的医疗费用和生产力下降的损失每年约 100 亿美元（Roodman and Lenssen，1995）。

2. 减排减污措施

（1）减少环境负荷的基本策略

减少环境负荷的基本原则，一是减少污染源——少排，二是降低污染强度——低污。要最大限度地减少污染排放，并力争排放的无害化。因此，首先就须减少常规能源用量。规划设计阶段，须考虑充分利用自然资源和地理条件解决好通风、换气、采光、日照、集热、降温、除湿等基本要求。在满足生理要求的前提下，使居住空间尽可能处于"自然状态"，既有利于健康，又减少能耗。其次是尽量利用清洁能源。我国能源的特点是"富煤缺油少气"，在一次能源中仍然以煤为主，所以，当必须使用能源时，也要尽量利用清洁能源，如太阳能、风能、水能、核能、地源热能等，以减少污染的强度。再次是加强污水处理、积极推行垃圾资源化。目前，城市的污水处理率还比较低（2002 年仅为 39.9%），当务之急是加快污水处理能力建设，尽快提高处理率。有机垃圾生化处理，是垃圾资源化和无害化的出路之一。最后要有效控制室内环境污染，保证人身健康，为了有效地控制室内环境污染，从源头上消除或减轻污染危害，采用的材料无论是化学建材还是天然建材，其有害物质限量均应符合国家十项强制性标准，以保证人身健康。

（2）使用再生建筑材料

应当大力研究使用再生建筑材料。目前发达国家对于建筑物已有"建筑回收率"的规定，规定新建建筑必须使用 30% ~ 40% 以上的再生建材，如再生玻璃、再生混凝土砖、再生木材等。早在 1993 年，日本对于混凝土块、沥青混凝土块的再利用率已达 67%、78%。整体营建废弃物之回收再循环使用率已达 51%。近年，加拿大温哥华对于废弃混凝土与废沥青的再利用率已达 84.8%。各种利用再生建材的设计已成为新建筑美学的时尚。这方面我们与国际先进水平相距甚远，潜力巨大。

（3）废弃物资源化无害化

坚持循环理念，国内在利用余热或废热提供建筑所需蒸汽或生活热水；利用排风对新风进行预热（或预冷）处理；以及生活污水处理后再利用等方面，已拥有一定经验。

关于对建筑垃圾和生活垃圾的循环再利用，例如：把有机垃圾变为肥料，焚烧可燃垃圾发电，利用有些硅酸盐材料铺路或筛选后重新充当骨料或制成新型建筑材料，实现大量建筑垃圾的资源化再利用，还需大力推进。

住区的有机垃圾生化处理是在垃圾分类的前提下，利用微生物菌消化分解有机垃圾的生物技术，不但使垃圾排放减量，降低废弃物的污染，还能做到垃圾的资源化和无害化。上海规定 2.5 万 m² 以上的新建小区均可进行试点，各类示范工程更应积极采用这项新技术。

瑞典对垃圾回收和能量循环使用的工作做得很好。据有关资料介绍，"目前，瑞典的能源需求结构中可再生能源比例占 40%，尤其是在交通领域可再生能源所占比例甚至超过 2/3"，其主要措施是"垃圾分类系统很发达，大部分垃圾被循环再利用了，不能再利用的垃圾焚烧用来发电或者满足区域供热。他们把垃圾分为三类：可燃的、有机的和废纸。可燃垃圾由热电厂焚烧后，一部分能量转化为电能，另一部分被水流吸收加热，作为热水供应住宅小区；有机垃圾被送到沼气池，产生的沼气一部分供居民使用，另一部分供小区动力车使用；废纸送造纸厂回收再生产。"

住区产生的污水，必须经过处理达到排放标准。但对位于城市污水处理系统服务范围之外的住区，如某些远郊住宅——"郊区化"的产物，由于无法利用城市污水处理设施，就应单独自行处理后再排放。

节能减排建筑施工（energy saving and emission reduction during building construction）

建造过程会对环境资源造成严重的影响。但具有环境意识的绿色施工方法能够显著减少对现场环境的干扰，减少填埋废弃物的数量以及建造过程中使用的自然资源，并将建筑物建成后对室内空气品质的不利影响减少到最低程度。值得提倡的是：一个优秀的承包商能够在没有法规限制或合同约束的情况下自觉地实施对环境更为有利的施工过程。

1. 推广和使用工厂化生产、装配式施工

面对"绿色建筑"的挑战，建筑业传统的施工方式正在进行一场颠覆性的革命。推广和使用工厂化生产、装配式施工的方式，已成为建筑行业实现节能减排目标最有效的途径之一。据了解，与传统施工方式相比，工厂化生产装配式施工在钢材、木材、水泥和水这四方面均有较大幅度的节约。总体上工期节约 30%，人工节约 70%，周转材料节约 80%，造价降低 10% 以上，有的能降低 15%。

2. 加强对施工材料和用水等资源管理

加强对施工材料和用水等资源管理：据典型分析，原材料消耗约占土建成本的55%，而水的消耗则约占建安成本的0.2%；从节约资源出发，施工中须大力节约用水，使用节水型小流量设备与器具，现场收集、沉淀雨水、污水，用于冲洗车辆、降尘和灌溉；施工中须多使用可再生材料和简单包装的产品，分类收集、贮存和回收利用现场废弃物。

3. 对现场用能进行管理

对现场用能，包括煤、天然气、液化气、电、汽油、柴油等进行管理：以清洁能源代替污染大的能源（如煤）；减少设备的无负荷运转；逐步淘汰能耗大的工艺和设备。

4. 防止建筑施工污染

采用围挡、淋水、垃圾封闭等措施，控制来自拆迁、土方、搅拌、材料运输与堆放的各种扬尘；采用消声、吸声、隔声和阻尼以及限时施工或使用低噪声设备等措施，控制来自土石方、打桩、结构施工以及机电设备安装的各种噪声；设置独立的雨水、污水（生活、施工）管网，处理后分别排入市政管网；实行固体废弃物的"减量化、资源化、无害化"，对现场固体废弃物的产生、排放、收集、储存、运输、利用、处置的全过程统筹规划。

节能减排建筑运行（energy saving and emission reduction during building operation）

1. 建筑运行成本、能耗与排放

成本

就初期建造成本与消费期消耗、维护（运行）成本相比较而言，人们往往忽视后者，其实，在漫长的消费过程中，运行成本是很可观的。美国的经验是：住宅"初期成本"只占到生命周期成本的5%~10%，而运营和维护成本占到60%~80%。

能耗

美国目前每年消耗的能源约为全球总的能源消耗的1/4，其中约1/3用于建筑运行，因此美国的建筑运行约消耗全球总的能源消耗的1/12。中国目前消耗的能源约为全球总的能源消耗1/8，建筑运行能耗约占总能耗的20%，因此中国建筑能耗为全球的1/40。

CO_2 排放

我国建筑业的 CO_2 排放量占整体排放量的比例：住宅运行占7.0%~7.6%，公共建筑运行占 5.0%~5.8%。

可以看出，建筑在运行、使用过程中如何降低能源的消耗，提高资源的利用率，保护与改善环境，是一个需要从具体着手、放眼全球、影响深远的重大问题。

2. 建筑运行的节能减排

能源效率

以一栋典型的50年生命周期的办公建筑为例，能源消费大约占其总消费的34%。因此，为了达到能源消耗最少，应在保证舒适、健康的室内环境前提下，引入智能化管理系统，保持设备系统的经济运行状态，提高能源使用效率。

资源效率

为了达到资源最佳利用，在建筑物运行过程中，应采用易再生及长寿命建筑消耗品，产生的大量固体废弃物中，大部分可以通过分解而减少。提高资源利用效率可以从以下方面开展工作，使废弃物的产生量降到最低：首先减少"初始废弃物"，如购买包装简单或者发生废弃物较少的产品；其次，减少建筑物运行过程中经常产生的废弃物，如纸张、玻璃、报纸及其他物件；最后，建立垃圾的分类回收处理系统，对产生的废弃物进行综合利用。

环境质量

绿色建筑除了要提供健康的室内空气，还要对热、冷和湿度进行控制，合适的热、湿环境对建筑使用的健康、舒适性和工作效率非常必要；在节水方面，普及运用各类节水型卫生器具如节水龙头等，推广中水系统，建立废水、废气在排出前的无害化处理系统；在照明方面，推行"中国绿色照明工程"实施方案，采用节能的照明灯具、配线器材及控光设备和器件；以及保持合适的声环境，保证建筑系统的安全及清洁，确保它们不产生污染物和有毒物质。

建筑寿命终结期节能减排（energy saving and emission reduction during the end of building life）

如何对待面临寿命周期既将终结的建筑物，是"拆除"还是"改造、更新"？是"拆毁"还是"拆解"？需要十分慎重研究考虑，这里的"更新"、"改造"以及"以拆解代替拆毁"都是指对旧建筑的再利用；是指走节能减排最佳之路。

1. "改造"、"更新"

旧建筑物建造过程中已消耗了大量资源和能量，且同时产生了不少废弃物，已经影响了生态环境。如能对其进行更新改造，满足新的功能需求，重新发挥作用，就可以大大减少资源和能源的消耗、节省大量建材、减少因大拆大建而产生的建筑废弃物与垃圾。

目前，我国正处在城市化进程迅猛、城市建筑快速发展的时期，建设过程中除了需对那些年久失修、质量低下又无历史价值的旧建筑给予拆除外，对于那些质量尚好、具有改造可能或有历史保护价值的建筑，则应采取更新改造的策略。这不但可以节约大宗物力、财力，而且减少能耗、材耗，减少抛向自然界的废弃物，符合可持续发展的原则，更有助于保持不同地区的城市特色，维持建筑文脉的延续。

对旧建筑的更新改造在西方发达国家已经十分普遍。西方社会兴起的当时，对旧建筑改造的原始动机倒并不是为了追求可持续发展，而更多的是出于对保护城市文脉、保护城市中心区的建筑特色、促进城市中心区的复兴等因素的考虑。但如今，他们已逐渐认识到旧建筑更新改造的生态意义，更认识到旧建筑的更新改造具有社会—经济—生态的综合效益，以致不少城市已经把旧建筑改造与城市规划政策结合起来，由政府部门、建筑学院、文物保护部门、博物馆等作为发起单位，联合发展商和经济界人士，共同寻找旧建筑更新改造的现实途径和实施对策。

2. 以"拆解"代替"拆毁"

当建筑物被宣布必须拆除时，以"拆解"方式代替"拆毁"，将会大大节省建筑材料，20 世纪 90 年代国外专家学者开始关注建筑拆除问题。"建筑拆解"（或称"选择性建筑拆除"）这一概念最早出现在 1996 年在加拿大召开的第 1 届旧建筑材料协会（UBMA）会议上。2000 年美国布莱雷·盖伊教授（Bradley Guy）对"建筑拆解"解释为：建筑拆毁方式使结构拆除后材料只得填埋，而建筑拆解是从建筑结构中以人工或机械方式回收旧材料的过程。澳大利亚学者菲利普·克劳泽（Philip Crowther）认为，拆解是以材料再利用为目的的系统化建筑拆除。德国学者弗兰克·舒尔曼（Frank Schultmann）这样定义：拆解，或称选择性拆除，是将建筑分解为不同部分，促使废旧材料的再利用或回收利用。综合各国学者研究，建筑拆解是"以回收建筑材料为目的，将建筑中不同类型的构件逐一拆除使之分离的过程"。与简单的拆毁方式相比，拆解具有的优势是：（1）减少建筑废弃物及其环境污染；（2）促进废旧材料循环利用从而减少 CO_2 排放；（3）显著提高建筑材料的再利用率，进而保存了固化能量。

"再利用"、"重复使用"就是指重复使用一切可以利用的材料、构配件、设备和家具等。其实，建筑物中的很多构件，如钢构件、木制品、照明设施、管道设备、砖石配件等都有重复使用的可能性。1998 年意大利学者巴拉兹·萨拉（Balazs Sara）等人在意大利摩德纳和雷焦艾米利亚地区（Modena & Reggio Emilia）进行了为时两年的建筑拆解研究项目（VAMP，Valo-rization of building demolition materials and products）。其主要目标是：（1）减少废弃物填埋量；（2）优化所有可循环利用的材料构件；（3）鼓励新建建筑使用废旧材料；（4）在回收领域创造更多就业机会。具体研究对象是一栋货运公司办公楼，全程记录建筑拆除过程中的施工周期、材料利用与资源能源节约。该研究主要通过建立一个新型、高效的信息系统以支持建筑拆解，量化建筑拆解技术与材料再利用在节约资源能源上的优势，鼓励以最小的环境影响处理废旧建筑材料。分析数据可知：黏土砖、木屋架等材料再利用率可达 70%，黏土砖对资源能源的贡献约占总量一半。对比建筑拆解与拆毁方式，前者可以节约 1320 吨资源、1283GJ（$1G=10^9$）能量；后者耗费 299 吨资源、21.6GJ 能量。

3. 建筑拆解的技术条件

设计时往往没有考虑到未来的建筑拆解问题，因此，为了确定现存建筑项目是否适宜拆解，进行经济效益初步评估是十分必要的。建筑拆解的基本要求是将不同种类的构件或材料分离，而最佳目标是保持建筑构件的完整性，便于再利用。

在美国，一般适于拆解的建筑其所具备的特点是：

（1）高附加值建筑。使用美洲粟木、道格拉斯冷杉和多年生南方松木等大体积实木建造的房屋，拆解工作非常方便而且拆除下来的废旧木材回收价格高，可以提高拆解的综合效益，若建筑中的局部构件回收价值高，也适用于拆解方式，例如室内构件中的硬木地板、门窗或电气装置。

（2）某些砖混结构建筑。如果砖混结构建筑使用强度高、质量好的实心黏土砖和低标号、易清除的砂浆，就适于拆解，这种组合利于砖块的分离和清理。

（3）整体结构良好，密闭性强的建筑中构件材料很少被风化、腐蚀，也便于拆解后直接再利用。

这里，还可以列举若干普遍原则，供拆除单位判断建筑拆解的可行性：

（1）框架结构建筑——可在保留主体建筑结构前拆解其他室内构件、门窗、墙体填充材料等，最后大尺寸结构件统一由大型机械拆除。

（2）结构简洁、规律性强——整个建筑结构系统和使用的材料类似，并规律地布置：结构系统和构件的连接方式容易拆解，材料类型和尺寸较为一致。

（3）小尺度构件为主——由少量的大构件组成的结构通常比由大量的较小的构件组成的结构更容易无损害地拆解。

（4）材料易分离——附属构件与主体结构便于分离，如采用干挂法铺设的立面幕墙材料就可以在拆除时回收利用，湿法黏结的材料就只能敲碎拆毁。尤其多种材料复合而成的板材很难拆解，除非作为整体具有再利用价值。

"被动房"建筑（"passive house" building）

1. 概述

按照欧盟委员会支持的欧洲"被动房"建筑促进项目（Promotion of European Passive Houses）中对"被动房"建筑的定义，"被动房"建筑是指不通过传统的采暖方式和主动的空调形式来实现舒适的冬季和夏季室内环境的建筑。通俗地说，被动屋就是指按照"被动屋设计标准"建造的一类房屋。其围护结构要求做到隔热气密，通风装置配有高效热交换器（heat exchanger），在保证清洁换气的同时尽量不丢失热能，因而可高度节能减排。各国研究者比较一致的观点认为"被动房"建筑最大特点在于通过被动式设计，使得建筑对采暖和空调需求的最小化。而由于"被动房"建筑的研究与实践始于德国，根据德国的气候条件，目前欧洲大多数的"被动房"建筑的技术措施着眼于冬季采暖需求的最小化。

"被动房"建筑的概念是在德国 20 世纪 80 年代低能耗建筑的基础上建立起来的。1988 年瑞典隆德大学（Lund University）的阿达姆森教授（Bo Adamson）和德国的菲斯特博士（Wolfgang Feist）首先提出这一概念，他们认为"被动房"建筑应该是不用主动的采暖和空调系统就可以维持舒适室内热环境的建筑。1991 年在德国的达姆施塔特（Darmstadt）建成了第一座"被动房"建筑（Passive House Darmstadt Kranichstein），在建成至今的十几年里，一直按照设计的要求正常运行，取得了很好的效果。1996 年，菲斯特博士在德国达姆施塔特创建了"被动房"的研究所（Passivhaus Institut），该研究所是"被动房"建筑研究最权威的机构之一。如今，在欧洲很多国家和美国都建立了"被动房"建筑的研究机构。在欧洲已经有上万座"被动房"建筑建成，并且"被动房"的理念已经不再只局限于住宅建筑中，在一些公共建筑中，也逐渐开始采用"被动房"的标准进行建设。

2. 建筑标准

"被动房标准"（Passive House Standard）实际上是一个实现建筑超低能耗的设计标准。这个标准并非官方制定，而是源于德国和瑞典两个学者在 1988 年的一次讨论和相继进行的一系列研究项目；是研究者们达成的一个共识。纯属自愿，但因可行性强，效果好，而受到欢迎。在欧洲国家，特别是在北欧和德语地区。上述地区较为寒冷，冬季需燃烧化石燃料取暖，因节能减排的需求促成。要真正被认证为"被动房"建筑必须满足两条标准：（1）建筑每年的采暖能耗不超过 15kWh/m²a；（2）建筑每年总能耗（采暖、空调、生活热水、照明、家电等）不超过 120kWh/m²a。事实上，自古以来寒冷地区的建筑都是墙壁厚、门窗面积小且向阳。但目前这个标准对隔热的要求更为严格。而且它更好地解决了隔热与通风的矛盾。冬季密闭门窗，则室内空气逐渐恶化，若开窗换气，则热气外泄冷气入侵，刚积的热就会迅速丧失。关键是如何回收这外泄的热量。

被动屋力求外形紧致、减少外表面积，主窗面向赤道方向。但墙和顶壁用材则强调超级隔热（superinsulation）；要求气密（airtightness），以防空气经缝隙对流散热。不过围护内部材料则要求有足够的热质量（thermal mass），以保证室内温度稳定。窗户特别强调高热阻值的隔热玻璃窗，如三层低辐射镀膜玻璃，内充氩或氪。

按照这些标准，建筑的冬季采暖能耗可以被减少到欧洲现有同类型建筑的 10% 以内，建筑每年的总能耗可以减少到 30% 以内，CO_2 的排放可以减少到 50% 以内。

3. 建筑技术措施

（1）加强建筑围护结构体系的保温性能

建筑围护结构体系主要由外墙、屋面和外窗组成，加强围护结构体系的保温性能是"被动房"建筑设计和建造中最为重要的技术措施。为建筑穿上一件最保暖的外套。

（2）提高建筑的气密性能

基于"被动房"的理念，建筑应该是一个尽量不受室外环境干扰的独立系统。因此，建筑围护结构应该具有可以隔绝室内外空气渗透的功能，这一点在冬季尤为重要，所以，"被动房"建筑与室外空气交换都是通过可以控制的机械系统来实现。建筑的气密性能对于"被动房"非常重要，好的密闭性除了可以降低热量损失以外，还可以控制室内环境的湿度和保护建筑结构。在"被动房"建筑的设计中，不少窗扇都是固定不可以打开的，部分可开启窗扇在关闭时也要满足很高的气密性要求。

（3）机械送新风并进行热回收

当建筑的气密性能大大提高以后，适宜的通风换气方式对于"被动房"建筑就尤为重要了。要保持室内空气的清洁与健康，必须要满足一定的新风量。在欧洲各国中，新风量的指标为室内空气每小时换气 0.4 ~ 0.9 次，我国北京居住建筑节能设计标准中规定的冬季换气指标为 0.5 次，与欧洲各国的要求大致相同。在现有建筑中，开启窗户和门窗缝隙的渗透是实现建筑冬季换气的常用方式，但这样无疑会带来大量的热量损失，并且产生室内吹冷风的不舒适感。在"被动房"建筑中，这一换气指标则完全需要通过机械通风的方式来完成，在每套住宅中，室内污浊的空气从厨房和卫生间的排风口排入风管中，新鲜空气则从起居室和卧室的送风口进入房间。

最关键的就是热量回收通风装置（heat recovery ventilation，HRV）。入室冷空气先要经过埋于房屋地下 1.5 米处长约 40 米直径 20 厘米上下的地温管（earth warming tube）预热，以防在交换器中结冰。所谓的热交换或所谓热回收是指将外排废气中的热量转移给入室的洁净冷气。这个转移方式又称逆流交换（countercurrent exchange），即外排管中气流和内输管中气流，相互比邻反向而行，故称逆流，两管紧邻并列，出管的热量传递给入管乃完成热量回收。把建筑排风中的热量回收，用以预热室外的新鲜空气并送入室内是实现"被动房标准"的关键技术之一。在欧洲目前使用的热交换器的热回收效率非常高，可以达到 75% ~ 90% 热回收率，所以传统建筑在冬季通风换气损失的热量在"被动房"建筑中很大程度上被避免了。新风排风热交换器的体积很小，通常装在建筑吊顶或者阁楼内就可以。由于"被动房"建筑对采暖所需的热量需求已经很少，所以甚至可以通过新风系统来调节房间的温度，经过加热的新风送入房间就足够保持设计的室内气温，这样，建筑内就可以完全不用安装传统意义的采暖系统了。

（4）低热负荷采暖

通过上述三方面的措施，"被动房"建筑的冬季采暖需求已经被降到很低的程度，只需要很少的热量即可以达到室内的设计温度，有研究者在"被动房标准"中提出，"被动房"建筑的采暖热负荷应该低于 $10W/m^2$。这时候，作为被动式建筑的设计理念已经实现了，在这个基础上，为建筑提供采暖的热源就完全可以摆脱对传统采暖设备的依赖，设计者可以充分发挥想象力利用各种"免费"能源来为建筑提供热量。其中利用太阳能是最常见的方式，满足"被动房标准"的建筑，可以通过被动式太阳房的设计获得热量，也可以通过建筑立面的设计，使充足的阳光在冬季直接照射到建筑室内，所获得的太阳能能够提供相当一部分采暖的热量。另外，建筑内的电灯、家用电器和厨房设施产生的热量都能为房间供暖，甚至人体自身产生的热量也可以维持房间的温度。当然，这些都不是稳定的热源，所以建筑内一般也会有小型的采暖设施作为备用。通过加热新风或者安装小型低温热辐射器是常见的方式，采暖设施的热量可以通过小型的地源热泵、生物质燃炉、太阳能集热器等可再生能源设施来获得。

上面所谈主要是高纬度寒冷地区，其实被动屋也可建于低纬度温热地区，夏季可用于空调，只是此时的矛盾已由保温与通风的矛盾转为致冷与通风的矛盾了。此时热交换的方向改变了，而且在温热地区还存在去湿（dehumidification）的问题。而能同时解决去湿问题的系统另称为能量回收通风装置（energy recovery ventilation，ERV）。

　　一般说，被动屋的设计标准要因地制宜，因气候条件而变。目前所建大都位于北纬40°～60°之间，不需要另添供热系统，室温基本可以稳定在15℃。但到了60°以北，可能就需要另加热源了。此外还有一个问题，就是建造被动屋或改建一般房屋为被动屋，成本要比建造一般房屋高些。

检索
INDEX

D

英语检索
ENGLISH INDEX

参考文献

[1] Andrewartha, HG and LC Birch, 1954, *The Distribution and Abundance of Animals*.

[2] Carson, R,1962, *Silent Spring*.

[3] Colinvaux, P, 1986. *Ecology*.

[4] Ehrlich, PR, AH Ehrlich and JP Holdren, 1977, *Ecoscience: Population, Resources, Environment*.

[5] Forman, R.T.T. and M. Godron, 1986, Landscape Ecology

[6] Harper, JL, 1977, *Population Biology of Plants*.

[7] Hutchinson, GE, 1965, *The Ecological Theatre and the Evolutionary Play*.

[8] Hutchinson, GE, 1978, *An Introduction to Population Ecology*.

[9] Krebs, CJ, 1978, *Ecology: The Experimental Analysis of Distribution and Abundance*.

[10] MacArthur, RH and EO Wilson, 1967, *The Theory of Island Biogeography*.

[11] Meadows, DH, DL Meadows, J Randers and WW Behrens, 1972, *The Limits to Growth*.

[12] Molles, MC, 2008, *Ecology: Concepts & Applications*.

[13] Odum, EP, 1971, *Fundamentals of Ecology*, 3rd ed.

[14] Pianka, ER, 1978, *Evolutionary Ecology*.

[15] Raven, PH and GB Johnson, 2002, *Biology*, 6th ed.

[16] Schmidt−Nielson, K, 1983, *Animal Physiology*, 3rd ed.

[17] Solbrig, OT and DC Solbrig,1979, *An Introduction to Population Biology and Evolution*.

[18] Whittaker, RH, 1975, *Communities and Ecosystems*, 2nd ed.

[19] Articles from *Encyclopedia Britannica* 2011 and *Wikipedia* up−to now.

[20] 程胜高等 . 环境生态学 .2007.

[21] 戈峰等 . 现代生态学 .2007.

[22] 孔繁德等 . 生态学基础 . 2006.

[23] 李洪远等 . 生态学基础 . 2006.

[24] 李建龙等 . 现代城市生态与环境学 . 2006.

[25] 李振基等 . 生态学（第二版）. 2005.

[26] 李铮生等 . 城市园林绿地规划与设计（第二版）. 2007.

[27] 孙濡泳等 . 基础生态学 . 2006.

[28] 王浩等 . 生态园林城市规划 . 2008.

[29] 王淑莹等 . 环境导论 . 2004.

[30] 王云才 . 景观生态规划原理 . 2007.

[31] 吴良镛 . 建筑・城市・人居环境 . 2003.

[32] 徐文辉等 . 城市园林绿地系统规划 . 2007.

[33] 杨京平 . 环境生态学 . 2006.

[34] 俞孔坚等译 . 景观设计学（第三版）. 2000.

[35] 中国大百科全书 .《环境科学》. 1984.《建筑、园林、城市规划》. 2004.
《生物学 I II》. 1991.《生物学 III》. 1992.

[36] 相关文章，选自《建筑学报》迄今 .

书后语

借以此书的出版

怀念先母张舜华女士、先父符定一先生；

永志我与已故老师吴冠中先生的相识与相知；

遥慰已故清华好友苏州沈宗澂君、刘希文君。

济湘，时年八十有三

作者简介

　　1954 年毕业于清华大学建筑系。教授级高级建筑师。国家一级注册建筑师。曾在中国电子工业部第十设计研究院从事建筑设计与专题科学研究三十年；其后曾在中国建筑工程总公司任设计部总建筑师。著有《洁净技术与建筑设计》一书，参与主编的《工业企业洁净厂房设计规范》获国家级科技进步奖等奖项；译有《锚》(美斯蒂芬·霍尔著)一书；2000 年至 2014 年初，曾为《建筑学报》英译论文提要。

图书在版编目（CIP）数据

生态文明之绿色术语 / 符济湘编著. —北京：中国建筑工业
出版社，2014.9
ISBN 978-7-112-17201-6

Ⅰ.①生… Ⅱ.①符… Ⅲ.①生态建筑–研究 Ⅳ.①TU18

中国版本图书馆CIP数据核字（2014）第194071号

　　本书环绕"生态文明建设"，以生态学、城市规划和建筑设计的
视角和条目的形式，分别从生态建设和环境保护方面梳理了与"生
态"、"景观"、"环境"、"城市"和"建筑"等五个专题有关的
基本概念、术语、历史、系统构成、技术脉络、现实问题和治理之
路；专题中，"生态"、"景观"侧重于宏观理论阐述；"环境"既
介绍了有关环境科学、环境保护、可持续发展等宏观方面，又阐述了
人类与环境间相互关系的种种实际问题；"城市"除理论介绍外，定
量地陈述了城市作为人造环境的巨大消耗、污染及其治理；"建筑"
则着眼于"建筑是城市的细胞"，定量陈述了在其全寿命周期中不同
阶段的能源、资源、土地、材料、人工等消耗，以及相应的节耗与减
排策略。五个专题叙述，向读者介绍了"生态文明建设"这一全球关
注和迎战的课题。

责任编辑：唐　旭　黄居正　张　华
责任校对：李欣慰　刘梦然

生态文明之绿色术语
符济湘　编著
＊
中国建筑工业出版社出版、发行（北京西郊百万庄）
各地新华书店、建筑书店经销
北京嘉泰利德公司制版
北京画中画印刷有限公司印刷
＊
开本：787×1092毫米　1/16　印张：$20\frac{1}{4}$　字数：401千字
2015年1月第一版　2015年1月第一次印刷
定价：**68.00**元
ISBN 978-7-112-17201-6
　（25938）